Thomas Pyczak

THAT'S ME!

Wie Sie Purpose als Kompass zum Erfolg nutzen

Rheinwerk
Computing

Liebe Leserin, lieber Leser,

es lag auf der Hand, dass sich Thomas Pyczak nach seinem Bestseller Tell me! und der Kraft des Geschichtenerzählens für den eigenen Erfolg damit beschäftigt, wie sich die eigene Arbeit als sinnvoll erleben lässt. Sinnvoll für sich selbst, sinnvoll für das Unternehmen, sinnvoll für die Welt. Herausgekommen ist ein Buch, das den so schillernden Begriff »Purpose« ergründet: Warum tun wir, was wir tun? Wie lässt sich der eigene Purpose entdecken, verinnerlichen und stärken? Wie schafft man es den eigenen Purpose mit dem des Unternehmens in Einklang zu bringen? Und natürlich auch: Wie kann man den Unternehmenspurpose finden, etablieren und kommunizieren?

»That's me« ist ein Lesebuch, wie man es sich spannender nicht vorstellen kann. Thomas Pyczak nimmt Sie mit auf eine Reise zu Philosophen und Soziologen, Schriftstellern und erfolgreichen Unternehmern und hilft Ihnen, das Beste für sich aus der Beschäftigung mit Ihrem Purpose herauszuholen. Systematisch und zugleich kreativ spielerisch.

Um die Qualität unserer Bücher zu gewährleisten, stellen wir bei Rheinwerk stets hohe Ansprüche an Autorinnen und Autoren sowie Lektorat. Falls Sie dennoch Anmerkungen und Vorschläge zu diesem Buch formulieren möchten, so freue ich mich über Ihre Rückmeldung.

Ihr Stephan Mattescheck
Lektorat Rheinwerk Computing

stephan.mattescheck@rheinwerk-verlag.de
www.rheinwerk-verlag.de
Rheinwerk Verlag · Rheinwerkallee 4 · 53227 Bonn

Wir hoffen, dass Sie Freude an diesem Buch haben und sich Ihre Erwartungen erfüllen. Ihre Anregungen und Kommentare sind uns jederzeit willkommen. Bitte bewerten Sie doch das Buch auf unserer Website unter **www.rheinwerk-verlag.de/feedback**.

An diesem Buch haben viele mitgewirkt, insbesondere:

Lektorat Stephan Mattescheck
Korrektorat Annette Lennartz, Bonn
Herstellung Maxi Beithe
Typografie und Layout Vera Brauner
Einbandgestaltung Mai Loan Nguyen Duy
Satz III-Satz, Husby
Druck und Bindung mediaprint solutions, Paderborn

Dieses Buch wurde gesetzt aus der PT Serif (9,25 pt/15 pt) in FrameMaker.
Gedruckt wurde es auf chlorfrei gebleichtem Offsetpapier (90 g/m²).
Hergestellt in Deutschland.

Bibliografische Information der Deutschen Nationalbibliothek:
Die Deutsche Nationalbibliothek verzeichnet diese Publikation in der Deutschen Nationalbibliografie; detaillierte bibliografische Daten sind im Internet über *http://dnb.dnb.de* abrufbar.

ISBN 978-3-8362-7999-4

1. Auflage 2021

Informationen zu unserem Verlag und Kontaktmöglichkeiten finden Sie auf unserer Verlagswebsite **www.rheinwerk-verlag.de**. Dort können Sie sich auch umfassend über unser aktuelles Programm informieren und unsere Bücher und E-Books bestellen.

INHALT

TÜR

Danke

Herzlichen Dank allen, die mich bei der Entstehung von »That's me!« unterstützt haben. Für die bereichernden Gespräche und Interviews sowie deren Organisation danke ich der Investorin Dr. Aline Vedder von Ananda Impact Ventures, der Malerin Professor Dr. Brigitte Witzer, Dr. Antje von Dewitz, Birgit Weber und Martina Milz von Vaude, Ursula Schemm und Kurt Schöffer von auticon, Yoad Rowner und Brian Robertson von HolacracyOne, den INSEAD-Professoren Marc Le Menestrel und Ian Woodward, der digitalen Innovatorin Ilka Dekan, Stephanie Walther, Max Wiedemann und Dr. Stefan Knupfer von der AOK PLUS, Dr. Roman Miserre von Burda Procurement, dem Experten für digitale Transformation Peter Pries und dem Unternehmer und Schriftsteller Karlheinz Bonny. Ganz besonderen Dank an Dr. Reinhard Gärtner für all die bereichernden Gespräche über Purpose und vor allem für die Titelidee, Ute Winkler für ihr kluges und inspirierendes Feedback zu Text und Thema sowie der Schriftstellerin Claudia Brendler für das Sparring auf allen inhaltlichen und stilistischen Ebenen. Lieben Dank meiner Frau Bettina für ihre Geduld und Empathie, ihre einzigartige Fähigkeit, zuzuhören und zu fragen und mit wenigen Worten alles zu sagen. Danke auch für ihre Verwandlung meiner Skizzen in all die exzellenten Grafiken. Ohne meine Eltern hätte ich mich niemals an dieses Thema getraut, ein ganz besonderer Dank gilt deshalb meiner Mutter Karin und meinem Vater Reimar für die Werte, die sie mir vermittelt haben.

Einleitung

Bereits als kleiner Junge hatte Purpose für mich eine starke Bedeutung, allerdings in negativer Form. Ich wusste immer sehr genau, was ich *nicht* wollte, und fasste meine Haltung gegenüber Sinnfragen in vier Worten zusammen: Ich. Muss. Gar. Nichts. Man sagt, ich war kein ganz einfaches Kind. Es dauerte eine Weile, bis ich diese Einstellung hinter mir ließ. Erst während einer Auszeit im Alter von 20 Jahren erkannte ich, dass mein Leben erfüllter wäre, würde ich meiner Passion für das Schreiben folgen. So machte ich mein Abitur nach, studierte Literatur und Philosophie, wurde Journalist, Chefredakteur, schließlich Geschäftsführer.

Ende Juli 2014 fand ich mich zusammen mit Managern aus aller Welt mit geschlossenen Augen auf dem Boden eines Seminarraumes liegend. Es war ein warmer Tag, die Balkontüren standen offen, im Wald sangen die Vögel. Die ruhige Stimme eines Professors führte uns durch eine Meditation. Dreaming & Visioning hieß die Session. Ich war in Fontainebleau, 50 Kilometer südlich von Paris, am INSEAD, wo wir im Rahmen eines Studienprogramms für Leadership dem nachspürten, woher wir kamen und wohin unsere Lebenswege uns führen könnten.

An diesem Nachmittag zwischen Traum und Wirklichkeit entschied ich das, was ich schon lange gespürt hatte. Ich ließ mein CEO-Leben hinter mir und wurde Autor. Das ging einher mit einer Nachjustierung meines inneren Kompasses, für die ich insgesamt drei Jahre benötigt hatte. Purpose war damals noch kein starker Begriff in Deutschland – anders als heute. Doch es ging um nichts anderes: meine Bestimmung, meinen Daseinszweck, mein Warum und Wozu. Ich wollte Menschen inspirieren, den roten Faden in ihrem Leben zu finden. Bücher zu schreiben war der Weg meiner Wahl.

Heute ist Purpose Teil meiner Workshops und Consultings, die sich neben meiner Autorentätigkeit entwickelt haben. Das Thema gehört einfach zum strategischen Storytelling dazu. Wer von sich, seinem Team, seinem Unternehmen, seiner Marke, seinem Produkt erzählen will, der beginnt am besten nicht irgendwo am Rand, sondern im Kern. Müssen die Workshop-Teilnehmer dafür am Boden liegen und meditieren? Nein, es geht auch im Sitzen und mit offenen Augen.

Der englische Begriff *Purpose* enthält einen Zauber. Darin schwingt etwas von Aufbruch und Umbruch mit, von einer positiven Zukunft und einem Wirgefühl. Purpose – das bedeutet für mich kurz gefasst eine lebendige und zeitgemäße

Erschließung von Sinn. Es geht um ein tieferes Gefühl für Dinge, die uns wirklich etwas bedeuten: um sinnvolle, erfüllende Berufe, die Spaß machen, um langfristiges Denken mit Blick auf gesellschaftliche Herausforderungen.

Tatsache ist: In den USA bezeichnen sich immer mehr Unternehmen als Purpose-Driven, verändern ihre Kultur und ihre Haltung, setzen sich für eine nachhaltige Wirtschaft, das Wohl der Gemeinschaft und die Gesundheit der Umwelt ein. Sie sind damit, wie eine überwältigende Anzahl an Studien belegt, deutlich erfolgreicher als ihre Marktbegleiter. Nicht nur das: Im persönlichen Bereich korreliert Purpose mit Glück und Zufriedenheit – und ebenso mit Erfolg. Nur definieren wir Erfolg heute häufig anders. Es geht weniger um Status und ein hohes Einkommen als vielmehr darum, der Gesellschaft etwas zu geben sowie nach eigenen Vorstellungen zu leben und zu arbeiten.

»That's me!« fragt: Wie kann ich als Individuum Purpose zum Leitstern meines Handelns machen? Wie geht das für Unternehmen? Wie funktioniert das Matching zwischen Menschen und Unternehmen? Denn genau darin liegt der Schlüssel für eine Wirtschaft, die Gemeinschaft und Natur in den Mittelpunkt rückt sowie für ein Leben, in dem wir gern zur Arbeit gehen, weil diese unserem Dasein Sinn verleiht.

Das Buch ist in drei Hauptteile gegliedert: Fenster, Spiegel, Tür. Im ersten Teil blicken Sie aus dem Fenster und betrachten das Thema aus verschiedenen Perspektiven. Sie werden es durch die Augen von Psychologen, Philosophen, Soziologen, Gehirnforschern, Vertrauensforschern, Investoren, Marketeers sehen. So entwickeln Sie ein Gefühl für dieses schillernde Phänomen.

Im zweiten Teil blicken Sie in den Purpose-Spiegel. Er offenbart tiefere Wahrheiten über Sie selbst, Ihr Team, die Organisation, für die Sie arbeiten. Dafür stelle ich eine Reihe von Modellen, Tools und Canvases vor und zeige Ihnen, wie sie sich anwenden lassen, um sich Schritt für Schritt dem Thema anzunähern.

Im dritten Teil gehen Sie durch die Tür und finden da draußen Beispiele von Menschen und ganz unterschiedlichen Unternehmen, die Purpose leben und damit sehr erfolgreich sind. Sie werden der Aktivistin Greta Thunberg begegnen, der Dichterin Amanda Gorman und dem Visionär Elon Musk. Sie erleben Purpose als Betriebssystem für Unternehmen, Schulen und Stiftungen. Alle verschieben Grenzen im Kleinen und im Großen – durch Mut, Empathie und ein Gespür für das, was die Welt jetzt braucht.

Zwischen den Hauptteilen finden Sie zwei Meditationen. welche die emotionale Seite des Themas betonen. Lauschen und Empathie heißt die erste Meditation, Spüren und Achtsamkeit die zweite. Sie enthalten Inspirationen von Menschen wie dem Ex-Präsidenten Barack Obama, dem Schriftsteller George Orwell und dem Neurowissenschaftler Antonio Damasio. Die Meditationen sollen Sie auch dazu einladen, das Buch beiseite zu legen und Pause zu machen. Die Beschäftigung mit Purpose braucht neben Zeit auch Ruhe und Entspannung.

Was genau ist der Nutzen von »That's me«? Das erklärt vielleicht am besten eine kleine Anekdote. Ich durfte einmal in einer Gruppe ein Wochenende mit dem Bergsteiger Reinhold Messner in Tirol wandern. Ich fragte ihn, wie er sich auf die Besteigung eines Berges vorbereiten würde. Er erklärte mir, dass er wochenlang vor Ort in der Ebene wandere, den Berg, den er besteigen wolle, ständig im Blick. So würde er sich akklimatisieren und ein Gefühl für das bekommen, was ihn erwarte, ein Gefühl für die Natur, seine Begleiter und sich selbst in dieser fremden Umgebung. Vielleicht mögen Sie »That's me!« als eine solche Wanderung in der Ebene betrachten, eine gelassene Form der Annäherung an ein großes Thema, das, wenn es Sie einmal gepackt hat, ein Berg sein wird, den Sie besteigen wollen. Denn darüber sind sich alle einig: Ein bisschen Purpose geht genauso wenig wie ein bisschen Mount Everest. Entweder ganz oder gar nicht!

Ich bin davon überzeugt, dass wir alle, privat oder im Business, in den nächsten Jahren mit wachsender Intensität mit dem Thema Purpose konfrontiert werden. Warum und wozu tun wir, was wir tun? Das wird zur zentralen Frage einer Gesellschaft werden, die sich neu orientiert. »That's me!« möchte Sie dazu inspirieren, sich dieser Frage schon jetzt zuzuwenden, systematisch, doch zugleich auch kreativ-spielerisch. So entwickeln Sie ein Gefühl dafür, welche Kräfte Purpose freisetzen kann, insbesondere, wenn es gelingt, persönlichen Purpose mit dem der beruflichen Rolle, des Teams und des Unternehmens in Deckung zu bringen.

Ich wünsche Ihnen viel Vergnügen beim Lesen und auf Ihrer Purpose-Entdeckungsreise!

Thomas Pyczak, Herrsching am Ammersee, im April 2021

FENSTER

Hinsehen, staunen, wirken lassen!
Warum Purpose in Zukunft immer wichtiger wird

Purpose ist angesagt. Sie finden das Thema im Marketing, in der Philosophie und der Gehirnforschung. Dieser Abschnitt öffnet ein Fenster in die Welt des Sinns, des Zwecks und der Bestimmung.

In dem englischen Wort Purpose schwingen verschiedene positive Bedeutungen mit, deswegen habe ich es gewählt, um den Inhalt von »That's me!« zu beschreiben. Es meint einen frischen Wind, der durch die Welt weht und Themen wie Sinn, Zweck, Bestimmung in unsere Lebens- und stärker noch in unsere Arbeitswelten trägt. Blicken Sie aus dem Fenster, entdecken Sie das Thema Purpose in den verschiedensten Bereichen der Wissenschaften: in der Psychologie, der Gehirnforschung, der Philosophie, der Religion, der Soziologie. Sie finden es im Rahmen von Sinnfragen und Resonanz, von Marketing, Branding, Leadership und Organisationsstrukturen, von Spitzenleistungen und Status, von Glück, Tugend und Vertrauen. Sie entdecken Purpose zunehmend häufiger in Studien, etwa über die verschiedenen Generationen von den Babyboomern bis hin zur Generation Z, oder in Studien über mentale Widerstandskraft in Zeiten von Corona. Natürlich finden Sie Purpose in den Diskussionen über WFA (Work from anywhere) als Bindemittel in Unternehmen, die sich in Netzwerke von Kollegen im Homeoffice verwandelt haben. Sie finden Purpose aber auch bei Menschen, die beruflich ihrer Bestimmung folgen, zum Beispiel beim Pflegepersonal und Menschen, die sozial oder mit Tieren arbeiten – Existenzen zwischen Erfüllung und Ausbeutung.

In diesem Teil von »That's me!« geht es darum, ein Fenster für Purpose zu öffnen, um ein Gefühl dafür zu bekommen, wie bedeutsam das Thema geworden ist und welche Dynamik es in den nächsten Jahren entwickeln wird. Es geht um das große Bild – vom guten, sinnerfüllten Leben bis hin zum Unternehmen, das der Gemeinschaft dient und die Natur zum Stakeholder macht. Dieses Kapitel wirft Schlaglichter auf Bewegungen, die so alt sind wie die antike Philosophie und so neu wie der Dreiklang von Purpose, Profit und Planet.

Purpose, Sinn, Zweck, Vision
Raus aus dem Dschungel der Begriffe

Anfang 2020 war ich mit einem Freund in Vietnam, und auf einem unserer Bummel durch Saigon erzählte ich ihm von meinem neuesten Buchprojekt. *»Purpose?«*, sagte er und blickte mich fragend an. *»Was bedeutet das?«* Er ist Jurist und Coach und hochgebildet, doch für ihn war es ein neues Wort. Wir gingen in ein Café, ich erklärte ihm das Konzept, und von da an hatten wir einige Diskussionen über das Thema, das er augenblicklich als spannend empfand. So wie mit ihm erging es mir häufig, wenn ich mit Menschen über Purpose sprach. Immer die gleiche Reaktion: Purpose. Fragezeichen. Pause. Warten auf eine Erklärung. Diskussionen.

Ja, Purpose. Ein seltsames, kleines englisches Wort. Vielleicht beginnen wir damit, dass wir uns dieses Wort einmal etwas genauer anschauen. Machen wir einen kleinen Spaziergang durch eine Welt der Begriffe, in der auch das Wort Purpose beheimatet ist. Diese Welt ist etwas unübersichtlich, man könnte sie auch einen Dschungel nennen. Ich führe Sie hindurch. Zunächst ein Schritt in die Vergangenheit, zu den Wurzeln des Wortes, sie finden sich im Lateinischen. *Propositum* bedeutet, eine vorgeschlagene oder beabsichtigte Sache, aber auch Thema, These, Handlung oder Lebensweise. Im Anglonormannischen existiert das Wort *purpos*, dies meint ein Ziel, eine Absicht. *Propósito* heißt es heute noch im Spanischen und Italienischen. Beim englischen Wort *Purpose* bewegen wir uns durch ein vergleichbares, doch breiteres Bedeutungsspektrum: Absicht, Zweck, Ziel, Vorsatz, Bestimmung, Zwecksetzung. So viel zum Wort und seiner Herkunft.

In den letzten Jahren hat sich Purpose in den USA zu einem zentralen Begriff im Kontext von Wirtschaft entwickelt. Die Amerikaner sprechen auch von Higher Purpose, Social Purpose oder Authentic Purpose. So wird das Wort aufgeladen mit Vorstellungen von Menschen mit Haltung, die ihre Existenz in den Dienst einer Aufgabe stellen, die groß ist und nicht nur dem Einzelnen nützt, sondern der Gemeinschaft. In der Umgebung von Purpose begegnen Sie so häufig auch Begriffen wie Nachhaltigkeit oder Diversität. Es geht um eine bessere, gerechte Welt.

Auch in Deutschland wird der englische Begriff Purpose immer populärer. Man könnte sagen, er entwickelt sich zu einem Modebegriff – durchaus positiv besetzt. Deshalb wird das Wort in Unternehmen auch gern vom Marketing gekapert.

Purpose sells! Sie werden sehen, dass das keine gute Idee ist, auch wenn es kurzfristig so aussehen mag.

Im Umfeld von Unternehmen trifft Purpose auf ein ganzes Begriffsfeld, das ältere Rechte beansprucht: Mission, Vision, Leitbild, Leadership-Prinzipien, Strategie, Taktik etwa. Diese Schlagwörter werden Ihnen im Buch immer wieder begegnen, doch eigentlich brauchen Sie sie nicht. Ganz einfach deshalb, weil es Fachbegriffe sind und kaum jemand aus dem Stand sagen kann, was genau das ist, eine Vision, eine Mission, und so ganz einig sind sich Experten auch nicht. Mal geht es um das Zukunftsbild des Unternehmens, mal um das Vorgehen, mal um den Sinn, mal um lebendige Werte, mal um Strategie. Das Leitbild fasst all das meist sehr individuell zusammen. Hier geht es um das Selbstverständnis und die Grundprinzipien einer Organisation inklusive Purpose.

Im privaten Bereich werden diese Begriffe kaum verwendet, hier sprechen wir eher von Sinn, Bestimmung oder Berufung. Wer sich gepflegt ausdrücken will, der verwendet ein französisches Wort: *raison d'être* – der Grund, zu sein.

Den Weg aus dem Begriffsdschungel zeigte 2009 Simon Sinek mit dem Konzept des Golden Circles. Seinen Ansatz, den ich im zweiten Teil von »That's me!« ausführlich vorstelle, empfinde ich bis heute als Wohltat. Sinek sagt, um eine Sache, einen Menschen oder eine Organisation zu beschreiben, muss ich nur drei Fragen stellen: warum, wie, was? Die zentrale Frage sei die nach dem Warum. Warum ist die Purpose-Frage.

Orientieren wir uns an Fragen, die jedes Kind stellen kann, für deren Beantwortung sich aber auch kein Spitzenpolitiker oder Unternehmenslenker zu schade sein sollte, wird die Beschäftigung mit Purpose einfach. Es gibt sogar noch einen Bonuspunkt, den ich sehr schätze. Er wurde mir erst in meinen Workshops zum Thema Purpose Storytelling immer deutlicher: Die Frage nach dem Warum hat zwei Aspekte, sie weist sowohl zurück als auch nach vorn.

Ein Beispiel: Warum hast du dich für diesen Job entschieden? Ich wollte schon immer gern in einem Start-up arbeiten. Das ist das subjektive Warum, wir blicken nach innen und zurück. Das objektive Warum könnte so klingen: Ich finde es großartig, dass wir mit unserer neuen App die Welt der Pflege durch Angehörige vereinfachen.

Wenn wir uns in »That's me!« mit Purpose beschäftigen, dann beschäftigen wir uns im Kern mit diesen beiden Fragen: Warum möchte ich das? Wozu ist es gut? Purpose beschreibt die Bestimmung oder Berufung. Purpose gibt ein Gefühl für das, was einen Menschen im Innersten bewegt und wohin es diesen zieht und drängt. Das gilt auch für Organisationen. Dort lässt sich Purpose darüber hinaus viel leichter nachvollziehen, weil das Thema gerade in den letzten Jahren zu einem wesentlichen Element unternehmerischer Selbstreflexion und -darstellung geworden ist. Was leistet eine Organisation für ihre Kunden, ihre Mitarbeiter, ihre Partner, die Gesellschaft, die Natur?

Purpose ist in der Start-up-Phase von Unternehmen fast ausnahmslos vorhanden, kaum ein Unternehmen entsteht rein um des Geldverdienens willen. Doch manchmal wird dieser ursprüngliche Funke später vergessen oder vom Erfolg kompromittiert, und so kommt es, dass gerade in unserer Zeit Organisationen viel Mühe darauf verwenden, ihn wiederzuentdecken oder upzudaten. »Refresh« nennt das Satya Nadella, der CEO von Microsoft, mit Blick auf den großen Change-Prozess in seinem Unternehmen. Drück den Refresh Button wie in einem Browser.

In der Regel wird der Purpose schriftlich festgehalten, doch das ist nur der erste Schritt, denn entscheidend ist, dass er in den Herzen aller Mitarbeiter lebt und in ihren Taten zum Ausdruck kommt. Es geht um Identität, bezogen auf jeden einzelnen und auf Gruppen, Vereine, Teams, Organisationen.

Macht ein gut formulierter Purpose die Beschreibung von Leitbild, Werten, Vision, Mission obsolet? Ich würde Ihnen raten, die Auswahl der Elemente so weit wie möglich zu reduzieren. Kein Begriffsdschungel. Entscheidend ist, dass Sie sich gut orientieren können. Am Ende ist Purpose ein Navigationsinstrument.

Zwölf Purpose-Mythen, die sich im Laufe der Lektüre auflösen werden

1. Mit Purpose wird man geboren – oder auch nicht.
2. Purpose gern, aber erst kommt der Profit.
3. Purpose ist nur ein Thema der Generationen Y und Z.
4. Purpose ist etwas für Helferberufe.
5. Purpose braucht nur das (Selbst-)Marketing.
6. Purpose braucht nicht jeder Mensch.
7. Purpose ist ein neues Modewort für Sinn.
8. Purpose beschreibt einen Zustand.
9. Purpose lässt sich niemals ändern.
10. Purpose braucht nicht jedes Unternehmen.
11. Purpose gehört in die Non-Profit-Welt.
12. Purpose hat der Leidenschaft zu folgen.

Take-away

Purpose ist die Frage nach dem Warum und Wozu. Es ist ein einfaches und zugleich sehr eingängiges Konzept, den Kern einer Sache zu erfassen und den Daseinsentwurf eines Individuums oder einer Organisation zu beschreiben.

Eine Frage des Matchings

Purpose und Passion

In seiner legendären Stanford-Rede im Juni 2005 sagte Apple-CEO Steve Jobs den Absolventen: *»Finde, was du liebst!«*[1]

Die gesamte Ansprache ist eine Hymne an die persönliche Passion, die Sie unter keinen Umständen ignorieren sollten. Im Gegenteil: *»Wenn du es noch nicht gefunden hast, hör nicht auf, danach zu suchen. Gib dich nicht mit weniger zufrieden.«*

Seine Worte fanden ein vielfaches Echo. Auch in Deutschland hielt der Jobs-Stil Einzug: Jeans, Sneakers, Sweater – und nicht nur klug über das Business reden, sondern mit Passion. Die abschließenden Worte von Steve Jobs *»Stay hungry. Stay foolish.«* wurden hemmungslos in Business-Präsentationen kopiert, und zwar bevorzugt von Leuten, die bis dahin weder durch Lebenshunger noch durch die spezifische Form von Naivität aufgefallen waren, die der Zen-Buddhist Jobs auch gern als Anfängergeist beschrieb.

Drei Jahre später, es ist wieder Juni, stand Amerikas erfolgreichste Talkshow-Moderatorin Oprah Winfrey vor der Abschlussklasse in Stanford und rief: *»Ich sage euch, vergesst die Überholspur. Wenn ihr wirklich fliegen wollt, verbindet eure Energie mit eurer Passion. Ehret eure Berufung. Jeder hat eine. Vertraut eurem Herzen und ihr werdet erfolgreich sein.«*[2]

---

1 Steve Jobs: You've got to find what you love, Stanford, Juni 2005: *https://www.youtube.com/watch?v=D1R-jKKp3NA*

2 Oprah Winfrey: 2008 Stanford Commencement Address, Juni 2008: *https://www.youtube.com/watch?v=Bpd3raj8xww*

Wir haben verstanden: Die Erfolgreichen dieser Welt nutzen ihr Herz als Kompass, sie reden nicht über Zahlen, sondern über Passion.

Ich liebe diese Ansprachen. Sie inspirieren mich. Allein die Steve-Jobs-Ansprache habe ich unzählige Male gehört, ihre Botschaften analysiert und die Elemente des einfachen und überaus wirkungsvollen Storytellings im Kontext von Workshops an Kunden vermittelt. Zehn Jahre nach Oprah Winfreys Ansprache, im Sommer 2018, kaufte ich mir ein Buch mit dem Titel »Great at Work«. Es war gerade erschienen, und der Autor ist ein Weggefährte und Co-Autor des Management-Gurus Jim Collins, den ich bewundere. Das Buch basiert auf Studien zum Thema persönliche Bestleistungen. Die Ergebnisse in Kurzform: Es geht nicht darum, mehr und mehr und mehr zu arbeiten. Im Gegenteil: Der Verfasser Morten T. Hansen kommt zu dem Ergebnis, dass Top-Performer sieben einfachen Regeln folgen.[3] Eine davon bezieht sich auf die Passion. Sie lautet Psquared, also P zum Quadrat oder im Klartext: Menschen, die Bestleistungen erbringen, verbinden Passion mit Purpose (siehe **Abbildung 1**). Und im Zweifelsfall orientieren sie sich eher an Purpose. Das irritierte mich zunächst, ich dachte an Steve Jobs und Oprah Winfrey und war versucht, die Lektüre von Hansens Buch einzustellen. Doch meine Neugier war größer und schon bald konnte ich nicht mehr aufhören zu lesen.

Hansen beginnt damit, die Größenverhältnisse zu erklären. Er sagt, es sei klar, dass Überflieger wie Steve Jobs oder Oprah Winfrey und viele andere erfolgreiche Menschen von Passion sprächen. Sie würden es genauso empfinden. Doch ein Blick auf die Kohorte würde zeigen, dass die Masse derjenigen, die den Weg der Passion gewählt haben, es nicht so gut getroffen hat. Nicht jeder Koch, der seinem Herzen folgt, wird ein Tim Mälzer, nicht jeder Philosoph ein Richard David Precht, nicht jede Schauspielerin eine Iris Berben, nicht jede Schlagersängerin eine Helene Fischer, nicht jede Pflegerin eine Mutter Theresa.

---

3 Morten T. Hansen: Great at work. How top performers do less, work better and achieve more. London: 2018. Das sind Hansens 7 Regeln für Menschen, die Bestleistungen erbringen: 1. Do less, then obsess, 2. Redesign your work, 3. Don't just learn, loop, 4. Passion and Purpose, 5. Forceful champions, 6. Fight and unite, 7. The two sins of collaboration. Sie gelten für sich genommen, verstärken sich aber laut Hansen in Kombination. Sie lassen sich in jedem Job anwenden, so verschieden die Definitionen von Bestleistungen auch sein mögen.

Die Erfolgsformel

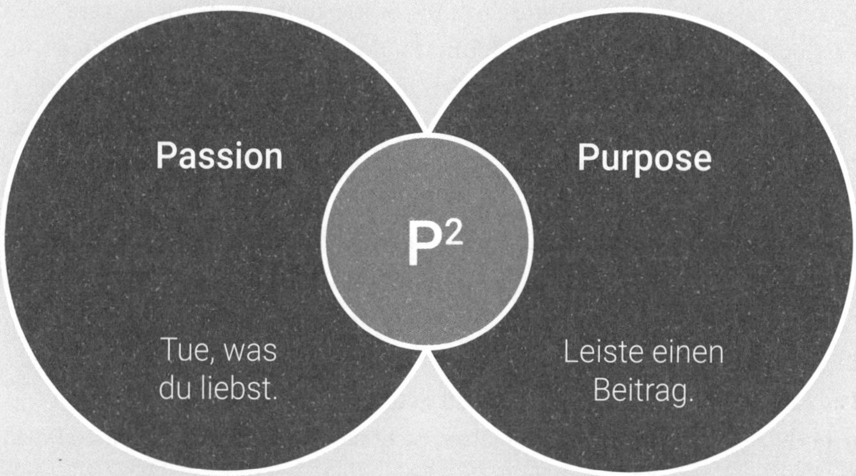

1 *Was wirkt sich stärker auf Erfolg aus: Passion oder Purpose? Es ist die Verbindung aus beidem, kurz P², ergaben Studien des Autors und Managementprofessors Morten T. Hansen.*

Wir hören nur einfach nichts von denen, die ihrer Passion gefolgt und dabei nicht zu Top-Performern geworden sind. So sehr die Passion einen Steve Jobs zu Höchstleistungen beflügelt hat, so sehr hat sie andere davon abgehalten, ihr volles Potenzial zu entfalten. Andererseits läuft ein leidenschaftsfreies Berufsleben Gefahr, aseptisch und öde zu werden. Hansens Lösung klingt verlockend: Ordne deine Leidenschaft einem höheren Sinn unter, dann findet deine Energie einen idealen Rahmen, um sich zu entfalten. Seine Studie ergab, dass Manager und Angestellte, die Purpose und Passion verknüpften, 18 % bessere Leistungen erbrachten als diejenigen, die das nicht taten. Darüber hinaus gaben diese Personen an, dass sie sich nicht in Überstunden verlören, weil sie einfach in jeder Stunde mehr schafften.

Die Erkenntnis von Hansen lässt sich in der Theorie leicht umsetzen: Zeichnen Sie zwei Kreise, die sich überschneiden, schreiben Sie in den einen Kreis Ihre Passionen und halten Sie im anderen Kreis mögliche Purposes fest, dann fokussieren Sie auf die Schnittmenge, denn dort liegt die richtige Mischung, die Sie zu einem Top-Performer machen kann. Mir scheint das eine wunderbare Übung, weil sie den Blick auf das Wesentliche lenkt und einfach ist. Wollen wir noch näher an die Praxis, zum Beispiel bei der Auswahl des besten Jobs für einen selbst, ist es sinnvoll, sowohl Purpose als auch Passion detaillierter zu beschreiben.

Beginnen wir mit Purpose. Für Hansen gibt es drei verschiedene Horizonte, und mit jedem Horizont verschiebt sich das Gefühl für Purpose, es wird stärker:

1. Wert schaffen, ohne anderen zu schaden
2. Entwickeln persönlicher Sinnhaftigkeit
3. Suchen einer sozialen Mission

Fangen wir mit dem ersten Horizont an, mit seiner Arbeit Wert schaffen, ohne dabei anderen zu schaden. Wer keinen oder nur wenig Wert schafft – zum Beispiel ein Controller, der monatliche Reportings schreibt, die niemand liest –, der mag das zwar mit Leidenschaft tun, doch der Wert seiner Arbeit tendiert gegen null und dient damit auch keinem höheren Zweck. Also: Wer Wert für sein Unternehmen schafft, dient diesem Purpose, dabei ist nur das Wie zu beachten. Wer Wert schafft, indem er andere verletzt, ist auf dem falschen Weg. Das ist sicherlich leichter gesagt als getan, doch wer sich mit dieser Frage intensiv auseinandersetzt, wird automatisch auch den Wert seiner Arbeit verbessern und sich auf den Weg machen, den zweiten Horizont zu erschließen, die persönliche Bedeutung der Arbeit. Hansen zitiert die Reinigungskraft eines Krankenhauses, die sich gern mit den Patienten unterhielt und ihren persönlichen Daseinszweck darin fand, die Stimmung der Patienten zu heben. Der dritte Horizont ist die soziale Mission, weit über das Geldverdienen hinaus. Ein aktuelles Beispiel wäre das Mainzer Unternehmen Biontech, das einen Impfstoffs zum Schutz vor der Coronavirus-Infektion entwickelt hat.

Auch der Begriff Passion enthält verschiedene Aspekte. Das sind die sechs Segmente des Passionszirkels (siehe **Abbildung 2**):

1. *Freude*
   Ich bin leidenschaftlich in meinem Beruf, weil ich jeden Tag meiner Arbeit genieße.
2. *Leistung*
   Ich bin leidenschaftlich in meinem Beruf, weil ich die Erfahrung genieße, etwas zu erreichen und erfolgreich zu sein.
3. *Kreativität*
   Ich bin leidenschaftlich in meinem Beruf, weil mich der kreative Aspekt meiner Arbeit energetisiert.
4. *Menschen*
   Ich bin leidenschaftlich in meinem Beruf, weil ich den Umgang mit Menschen genieße.
5. *Lernen*
   Ich bin leidenschaftlich in meinem Beruf, weil ich gern lerne und wachse – beruflich und persönlich.
6. *Kompetenz*
   Ich bin leidenschaftlich in meinem Beruf, weil ich die Möglichkeit habe, das zu tun, was ich am besten kann.

Um die Beschäftigung und Bewertung der Bereiche von Purpose und Passion zu vereinfachen, habe ich ein Canvas entwickelt, das ich im zweiten Teil von »That's me!« vorstelle. Das Canvas findet sich als Vorlage im Anhang. Entlang dieser Stationen dürfte Ihnen der Weg zum idealen Fit erheblich leichter fallen.

Doch hier ein Beispiel für eine konkrete Auseinandersetzung mit Purpose und Passion im Kontext der Suche nach einem neuen Job. Laura arbeitet als Assistentin des CEOs.

Die sechs Passionen

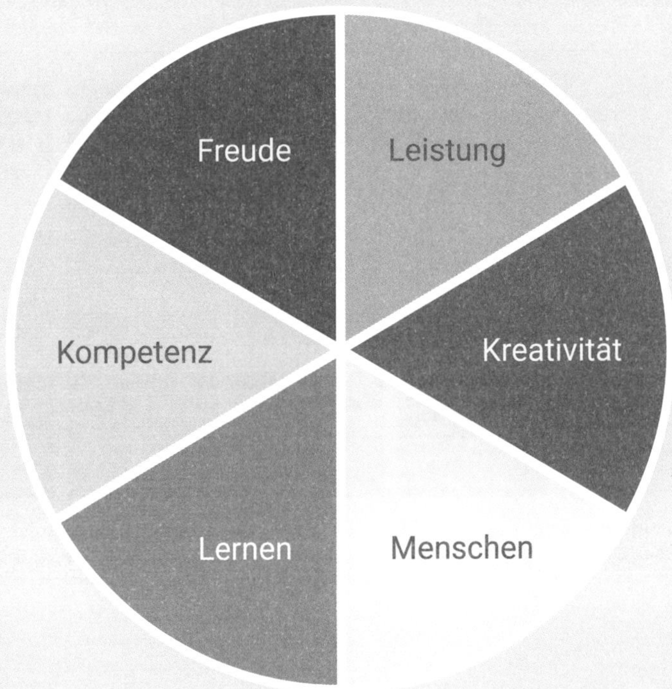

2 *Passion bei der Arbeit ist ein Zirkel, der sechs Bereiche umfasst. Im besten Fall lassen sich alle erfüllen.*

Lauras Suche nach P^2

	aktuelle Rolle: Assistenz CEO	Projekt-managerin	Start-up	HR
Purpose: Gewinn bringen und Anerkennung bekommen	✓	✓	?	✓
Passion: → Menschen entwickeln	✗	✓	?	✓
→ Unternehmen gestalten	✗	✗	✓	✓
Match: Passion und Purpose	✗	✗	✗	✓

3 *Lauras Suche nach der Verbindung von Purpose und Passion im Beruf. Das perfekte Matching für sie findet sich im Bereich HR.*

Sie mag diesen Job, weil sie hervorragend organisieren kann, viel Kontakt mit Menschen hat, ein gutes Gefühl und Verständnis dafür aufbringt, was ein Unternehmen im Kern bewegt, sowie die Perspektiven der unterschiedlichen Stakeholder kennen und schätzen lernt. Sie ist Ende 20, und um sich weiterzuentwickeln, begibt sie sich auf die Suche nach einem neuen Job. Sie geht mit einem offenen Blick auf den Arbeitsmarkt, spricht mit Freunden und Bekannten, auch mit ihrem Chef, um sich ein Bild zu machen. Schließlich findet sie drei Bereiche, in denen sie sich vorstellen könnte zu arbeiten. Sie könnte im gleichen Unternehmen ins strategische Projektmanagement wechseln, sie könnte in ein Start-up gehen oder in die HR-Abteilung eines großen Konzerns. Sie wägt entlang der beiden Linien Passion und Purpose ab. Passion bedeutet für sie zweierlei: Kann ich Menschen helfen zu wachsen und kann ich unternehmerisch tätig sein? Purpose bedeutet für sie: Kann ich in meinem Job tatsächlich Wert schaffen und möglichst viel zum Gelingen des Ganzen beitragen?

Lauras Aussagen habe ich in **Abbildung 3** festgehalten. Eine solche Tabelle hilft jedem von uns, sich zu sortieren, um die bestmögliche Entscheidung zu fällen. Sie enthält eine einfache Gegenüberstellung der Möglichkeiten. Wichtig ist nur, dass Sie sich zuvor überlegen, was genau Purpose und Passion für Sie bedeuten.

Take-away

Purpose wirkt stärker in Kombination mit Passion. Wer von den Top-Performern lernen will, der widmet sich dem Thema des Matchings im Detail, analysiert seinen Daseinszweck und seine Passionen und sucht einen Job, der beide verbindet, um sich und seine Leistung voll zu entfalten und dabei persönlich und beruflich zu wachsen.

Das wohlige Schnurren der Katze

Resonanz, Purpose, Spitzenleistungen

Ich erinnere mich, wie ich in meiner Jugend mit meinen Eltern am Frühstückstisch saß. Mein Vater las schweigend Zeitung, versunken in seine eigene Welt. Meine Mutter sah aus dem Fenster und sagte zu meinem Bruder und mir: *»Seht mal den*

Himmel! Heute wird ein besonders schöner Tag.« Meine Eltern arbeiteten beide in Behörden. Beide mochten ihre Arbeit. Während mein Vater als Abteilungsleiter in der Finanzbehörde mit seinem Team durch eine Welt der Zahlen hetzte, sah meine Mutter ihre Arbeit in der Statistikabteilung nur vordergründig als Zahlenarbeit. Sie hatte vor allem Freude an den sozialen Kontakten und dem Austausch mit anderen Menschen, zu dem ihr der Job Gelegenheit gab. Nach Feierabend fanden wir meinen Vater häufig lesend auf dem Sofa, eine seiner Lieblingstätigkeiten, während meine Mutter im Chor sang, bevor sie erfüllt von der Musik Bachs und Beethovens nach Hause kam. Mein Vater machte Karriere, für meine Mutter war das nicht wichtig. Mein Vater fuhr immer Auto. Meine Mutter fuhr mit Bus und Bahn, doch eigentlich war sie Fußgängerin. Mein Vater war in der Rushhour seines Lebens. Meine Mutter war immer im Gleichtakt unterwegs, das ist sie bis heute. Mein Vater liebte in seiner Freizeit den Rückzug in Innenräume, meine Mutter streifte mit offenen Sinnen und offenem Geist durch die Welt.

Beide wären niemals auf die Idee gekommen, ihren Purpose zu bestimmen, indem sie Post-its mit Werten, Wünschen und Zwecken beschriften, sie auf Whiteboards kleben und sortieren. Hätte ich ihnen damals den Golden Circle in die Hand gedrückt und gesagt: »Füllt das doch mal bitte aus«, hätten sie mich vermutlich sehr seltsam angesehen. Sie folgten dem, was sie für richtig und gut hielten und als sinnvoll erachteten und waren dabei auf eine ganz unterschiedliche Art in der Welt.

Im Leben käme es auf die Qualität der Weltbeziehung an, sagt der deutsche Soziologe Hartmut Rosa. Es gelänge nicht automatisch, *»wenn wir reich an Ressourcen und Optionen sind, sondern, so banal [...] dies zunächst klingen mag: wenn wir es lieben.«*[4] So entstünde das, was er einen *»vibrierenden Draht zwischen uns und der Welt«* nennt. Dieser würde gebildet durch intrinsische Motivation (siehe **Abbildung 4**) und intakte Selbstwirksamkeitserwartungen. Das bedeutet, wir machen die Dinge aus eigenem Antrieb und wir haben das Gefühl, die Menschen in unseren Sphären erreichen zu können und dort etwas bewegen zu können und so erfahren wir auch uns selbst als beweglich und berührbar. Wir lassen uns *»erreichen, bewegen und ergreifen, von anderen Menschen, von Pflanzen und Bergen, von Musik, von Geschichten, von Herausforderungen.«*[5] Rosa nennt das ein *»anschmiegsames Weltverhältnis«*, in dem wir uns im Leben aufgehoben fühlen. Was dieses Verhältnis im Kern kennzeichnet, ist Resonanz.

---

4 Hartmut Rosa: Resonanz. Frankfurt am Main: 2018, S. 24.
5 Ebd., S. 25.

Die fünf Motivationen

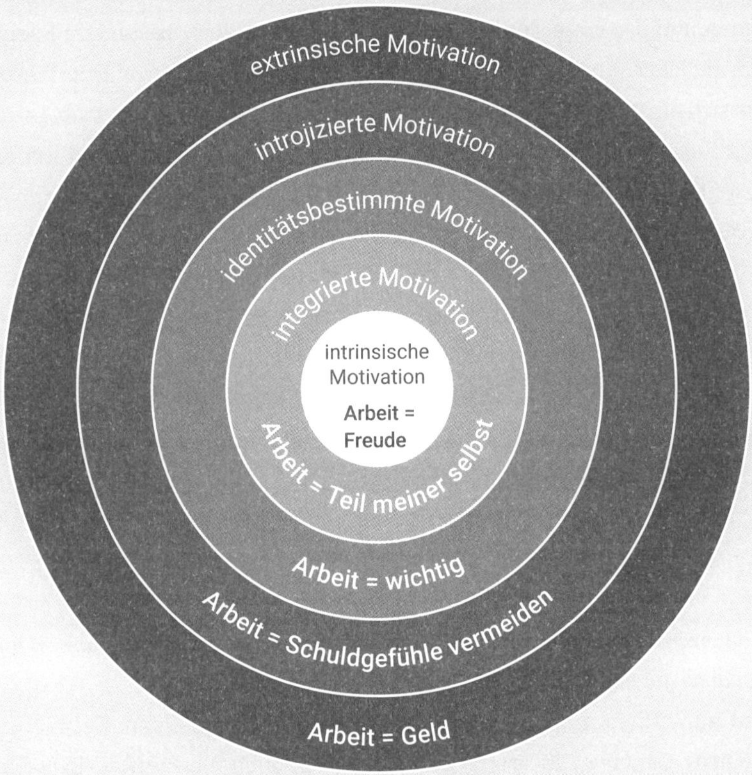

4 *Die fünf Formen der Motivation und die jeweilige Interpretation der Arbeit – von Freude bis Geld verdienen*

Was ist Resonanz? Hartmut Rosa erklärt es auf 800 Seiten, ich will eine Kurzfassung versuchen: Resonanz ist das Gefühl, wenn wir eine Katze streicheln und sie schnurrt. Wir fühlen uns mit ihr verbunden. Doch das Schnurren der Katze kann ausbleiben. Es gibt kein verbindliches Abkommen mit der Katze, das besagt, wenn ich dich streichle, dann schnurrst du. Die Katze macht, was sie will. Resonanz lässt sich nicht erzwingen oder vorhersagen. Gelingende Resonanz beschreibt einen Zustand der Verbindung mit der Welt, den Menschen, der Natur, der Arbeit, in dem Sie plötzlich ganz nah bei sich selbst sind. Etwas schwingt. Sie hören Ihre Lieblingsmusik, sie berührt Sie tief. Sie haben ein faszinierendes Projekt übernommen und das erste Treffen des Teams erzeugte diese besondere Energie im Raum, die jeder sofort spürte, die alle verband. Das wären Resonanzerfahrungen. Ob sie sich einstellen, hängt stark vom jeweiligen Blick auf die Welt ab. Die Chancen auf Resonanz im Leben meiner Mutter zum Beispiel standen und stehen gut.

Resonanzerfahrungen sind für Hartmut Rosa deswegen so elementar, weil sie sein Gegenentwurf sind zu unserem beschleunigten und stressigen Leben. Wir fühlen uns in die Welt geworfen, ihrer Hektik ausgesetzt. Wir scheinen zu glauben, dass Mehr besser ist, dass schneller besser ist, dass effizienter besser ist. Ganz abgesehen von den fatalen Folgen für die Welt verstummen laut Rosa in unserem Leben die Resonanzachsen. Resonanz ist aktuell ein kostbares Gut.

Aber, schreibt er, Resonanz sei nicht nur fundamental für persönliches Glück, sondern auch für außergewöhnliche Arbeit: *»Nur in den Bereichen, in denen Subjekte von einer Sache wirklich berührt und ergriffen werden, nur dort, wo sie sich selbst aufs Spiel setzen und zur Selbstverwandlung bereit sind, können sie wirklich innovative und herausragende Leistungen erbringen – das wissen Unternehmen wie Unternehmensberatungen; das wissen Schulen, Universitäten und Regierungen; und das wissen auch die Individuen.«*[6]

Und nun? Wie erhöhen Sie die Chancen auf Resonanz, zum Beispiel im Arbeitsleben? Gängige Glücksratgeber schweigen, auch die Purpose-Experten haben das Thema noch nicht für sich erobert. Hartmut Rosa sagt, was definitiv nicht weiterführe, sei die Optimierung Ihrer Ressourcenlage – besser bezahlter Job, fitter, vernetzter. All das reicht nicht aus.

6 Ebd., S. 623.

Ich meine: Wir sollten dem Thema Resonanz überhaupt erst einmal Aufmerksamkeit schenken. Dann wird uns vielleicht auffallen, dass eine Arbeitsumgebung, die Sinnhaftigkeit ins Zentrum rückt, allen erkennbar mehr Möglichkeiten einräumt, solche Resonanzerfahrungen zu machen. Ganz einfach, weil nicht Funktionsträger oder Stakeholder am Tisch sitzen, sondern Menschen, die sich als Menschen sehen, die gemeinsam eine Vision realisieren wollen. Eine positive Folge von Purpose in Unternehmen ist ja gerade das Streben in Richtung Organisationsstrukturen, die Freiheiten im geistig-kreativen und im realen Raum erlauben, Strukturen, die das Leben wertschätzen, die Spiel, Neugier und Berührtsein ermöglichen, Strukturen, die achtsam und empathisch sind und spüren lassen, dass Angst und Leere und die Produktion von Gewinnern und Verlierern niemandem nützen.

Insofern ist der Fokus auf Purpose, wie auch immer dieser im Detail formuliert ist, ein Schritt in Richtung Resonanz. Und mehr Resonanz wiederum bedeutet bessere Arbeit ... Stopp! Genau in diesem Sinne wollen wir das jetzt nicht denken. Mehr Resonanz bedeutet zunächst einmal mehr Resonanz. Mehr schnurrende Katzen. Und das ist gut.

Take-away

In der Beschäftigung mit Purpose erscheinen die Studien des Soziologen Hartmut Rosa zu Resonanz wie ein Randthema. Das sind sie nicht. Resonanz als eine andere Art des In-der-Welt-Seins ist zwar ein schwer zu fassender Entwurf, doch lässt er ahnen, wie in einer vom Purpose bestimmten Ökonomie eine neue Art von Sensibilität entstehen kann.[7]

7 In-der-Welt-sein ist ein Begriff aus der Welt des Philosophen Martin Heidegger, der unser Dasein beschreibt. Hartmut Rosa knüpft an dessen Analysen des modernen Menschen an. Es gebe – bei aller Unterschiedlichkeit – eine Verwandtschaft im Denken, sagte Rosa in einem Interview mit dem Philosophie-Magazin im April 2019: *https://sola-gratia.ch/wp-content/uploads/2019/06/Interview-Hartmut-Rosa-2019.pdf*

Purpose, Profit, Planet
Der neue Dreiklang

In seinem »Brief an den CEO« von 2018 schreibt Larry Fink unter dem Motto »einen Sinn für Purpose«: *»Die öffentlichen Erwartungen an Ihre Firma sind nie größer gewesen. Die Gesellschaft verlangt, dass Firmen einem sozialen Purpose dienen. Um langfristig zu gedeihen, muss jede Firma nicht nur finanziell performen, sondern auch zeigen, wie sie einen positiven Beitrag zur Gesellschaft leistet. Firmen müssen für all ihre Stakeholder Gutes tun, eingeschlossen Aktionären, Angestellten, Kunden sowie Communitys, in denen sie tätig sind. Ohne einen Sinn für Purpose kann keine Firma, ob öffentlich oder privat, ihr volles Potenzial erreichen.«*[8]

Das kam für viele dann doch überraschend. Der Chef von BlackRock, dem weltgrößten Vermögensverwalter, sprach von Purpose? Das tat er, und zwar sehr deutlich. Purpose gehöre ab jetzt dazu. Punkt. Er als Investmentbanker sehe schlechte Zeiten für egozentrische Unternehmen ohne einen Daseinszweck, der sie mit der Gesellschaft und der Natur verbindet: *»Firmen müssen sich fragen: Welche Rolle spielen wir in der Gemeinschaft? Wie managen wir unseren Einfluss auf die Umwelt? Arbeiten wir, um eine diverse Belegschaft zu kreieren?«*[9]

Wer nach Fakten fragt, der bekommt im CEO-Brief von 2021 eine Zahl zu lesen (siehe **Abbildung 5**): *»2018 forderte ich in meinem Brief jedes Unternehmen auf, seinen Zweck und Nutzen für alle seine Stakeholder klar zu artikulieren – für Aktionäre, Mitarbeiter, Kunden und die Gesellschaft, in denen es tätig ist. Im Verlauf des vergangenen Jahres konnten wir sehen, wie diejenigen Purpose-orientierten Unternehmen mit besseren Umwelt-, Sozial- und Governance-Profilen ihre Wettbewerber hinter sich ließen. 81% einer global repräsentativen Auswahl von Nachhaltigkeitsindizes übertrafen 2020 ihre Ursprungsindizes. Noch augenfälliger war ihre überdurchschnittliche Entwicklung während des Markteinbruchs im ersten Quartal.«*[10]

---

8 Larry Fink: Brief an den CEO, Januar 2018: *https://www.blackrock.com/corporate/investor-relations/2018-larry-fink-ceo-letter*

9 Ebd.

10 Larry Fink: Brief an den CEO, 2021: *https://www.blackrock.com/de/privatanleger/2021-larry-fink-ceo-brief*

Triple Bottom Line

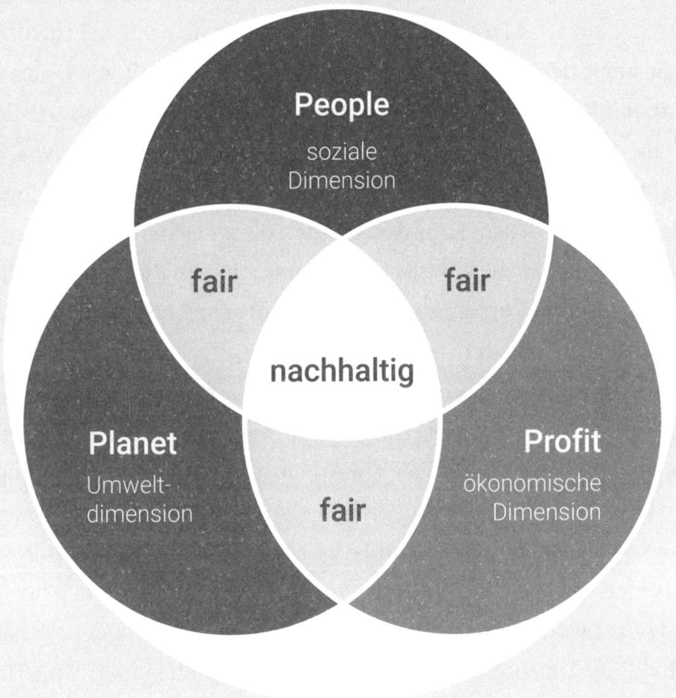

5 *Triple Bottom Line – nachhaltiges Wirtschaften ergibt sich aus einer erweiterten Perspektive, die diese drei P verbindet: People, Profit, Planet*

Purpose bedeutet Profit, das ist die einfache Gleichung. Oder sagen wir es etwas vorsichtiger: Mit Purpose steigen die Chance auf Profit massiv. Schon 2017 hieß es in der Interbrand-Studie, dass Marken, die darauf zielen, unsere Lebensqualität klar zu verbessern, 120% besser performen als der Aktienmarkt.[11] Eine andere Zahl von Unilever zu ihren Purpose-getriebenen Marken für nachhaltiges Leben beeindruckt nicht weniger: Im Jahr 2018 wuchsen diese Marken knapp 70% schneller als die anderen Marken, verglichen mit knapp 50% im Jahr 2017. Es gibt keinen Zweifel: Die Konsumenten bevorzugen schlichtweg Marken, die aktiv ihren Daseinszweck kommunizieren, die einen Standpunkt beziehen, weil sie einfach für mehr stehen als für die Produkte und Services.[12]

Es gibt jede Menge Studien zum Thema Purpose. Die meisten von ihnen blicken entweder auf das Marketing, was meiner Meinung nach viel zu kurz gedacht ist, oder sie analysieren die Generationen, die die Wirtschaft von heute und morgen bald dominieren werden: Millennials und Generation Z, also die Generationen der von Anfang der 1980er Jahre bis 2015 Geborenen. *»Purpose ist alles«*, schreibt eine große globale Studie von Deloitte über diese Generationen.[13] Die Pandemie, ist dort zu lesen, habe den Wunsch dieser Generationen nur verstärkt, die Welt zum Positiven zu verändern, im Großen und im Kleinen. Sie drängen darauf, dass Firmen und Regierungen sich ebenfalls dazu bekennen und Menschen höher bewerten als Einnahmen, ebenso wie Umweltthemen, Diversität und eine gerechtere Einkommensverteilung. Sie wollen den Dialog und dass ihnen zugehört wird, sie wollen vom höheren Sinn nicht nur hören, sondern diesen auch in Aktion sehen. Sie wollen sich über die Arbeit in ihren Communitys engagieren. Sie trauen Firmen und Marken eher als den Menschen an der Spitze dieser Marken und Firmen. Das Gleiche gilt für politische Leader. Jedoch: Leader in Non-Profit-Organisationen sowie Aktivisten genießen bei diesen Generationen höchstes Ansehen. Sie selbst wollen sich in der Arbeit nicht verstellen, sondern genauso sein, wie sie sind. Das Topsorgenthema ist der Klimawandel, gefolgt vom Thema Gesundheit.

---

11 Interbrand: Grow. Change. Grow, 2017: *https://www.interbrand.com/wp-content/uploads/2018/02/Best-Global-Brands-2017.pdf*

12 Accenture: From me to we: The rise of purpose-led brands, 2018: *https://www.accenture.com/_acnmedia/Thought-Leadership-Assets/PDF/Accenture-CompetitiveAgility-GCPR-POV.pdf#zoom=50*

13 Deloitte: The Deloitte Global Millennial Survey 2020: *https://www2.deloitte.com/global/en/pages/about-deloitte/articles/millennialsurvey.html*

Noch einmal zurück zu Larry Fink und seinem Ruf nach Purpose. Im Grunde bleibt ihm kaum eine Wahl, das machen die Zahlen zu Millennials und Generation Z deutlich. Wer glaubt, er könne die Bedürfnisse dieser Generationen ignorieren, träumt. Wenn sie ihr Geld investieren, dann ganz sicher in nachhaltige Papiere und in Unternehmen, die ihre Ziele teilen, die für etwas stehen, eine klare Antwort auf die Warum-Frage geben und diese mit Leben füllen.

Zum Schluss dieses Abschnitts steigen wir in die Zeitmaschine und besuchen den Gründer von Ford, durch den das Auto zum Massenprodukte wurde. 1916 schrieb der Erfolgsunternehmer über das Verhältnis von Mitarbeitern, Kunden und Gewinnen einen Text von ungebrochener Aktualität: *»Meiner Meinung nach sollten wir nicht versuchen, mit unseren Autos übermäßige Gewinne zu erwirtschaften. Ein angemessener Gewinn ist genau richtig. Ich halte es für besser, viele Autos mit einer niedrigen Gewinnspanne zu verkaufen. Denn so kann sich ein größerer Kreis von Personen ein Auto leisten und die Freude am Fahren erleben. Und außerdem werden auf diese Weise viele gut bezahlte Arbeitsplätze geschaffen. Dies sind meine beiden Lebensziele.«*[14]

Take-away

Profit, Purpose, Planet – das ist der neue Dreiklang in den Ohren der Investoren. Sie erkennen, in welche Richtung sich die Wirtschaft dreht, und Larry Fink, CEO von BlackRock, wiederholt immer wieder, wie fundamental dieser Dreiklang für Unternehmen sei, die auch morgen noch erfolgreich sein wollen. Dass Purpose Profit bedeutet, daran lässt er keinen Zweifel. Diverse Studien bestätigen dies.

---

14 Henry Ford: in Detroit News, Dezember 1916. Zitiert nach Jim Colins: Immer erfolgreich. Stuttgart, München: 1997.

Vorausschauende Rückblicke
Purpose und das langfristige Denken

Als 1993 in San Francisco das Wired Magazine auf den Markt kam, beschrieb der Chefredakteur den Inhalt so: *»Es sollte sich anfühlen, als wäre es aus der Zukunft an uns gemailt worden.«*[15]

Und so fühlte es sich auch an. Jede Timeline in Artikeln begann in der Vergangenheit und wurde ein paar Jahrzehnte in die Zukunft verlängert. Technologischer Optimismus wechselte mit Dystopien. Die Werbung – tot. Die Zukunft – braucht uns nicht. Sharing – große Sache. Change – bitte mehr. Wired war mutig in der Einschätzung der digitalen Welt von morgen und damit so etwas wie das Leitmedium für Nerds. Was können wir von Wired lernen? Mut!

Tschou En-Lai, einem Weggefährten Maos, wird ein legendäres Bonmot zugeschrieben, als er von US-Präsident Richard Nixon (vielleicht war es auch Henry Kissinger, niemand erinnert sich genau) gefragt wurde, was er denn über die Französische Revolution denke. Er antwortete, es sei wohl noch ein wenig früh, darüber ein Urteil abzugeben. Immerhin wären erst knapp 200 Jahre vergangen.[16] Was können wir von Tschou En-Lai lernen? Demut!

Purpose, davon bin ich überzeugt, braucht beides: das radikale Nachvorndenken und den besonnenen Blick zurück, Mut und Demut. So ergibt sich Zusammenhang, Bedeutsamkeit und Bestimmung (siehe **Abbildung 6**). Und das Ziel? Wir würden gute Vorfahren, sagt Roman Krznaric in seinem TED Talk »Wie man ein guter Vorfahre wird«[17], indem wir unsere Zeitwahrnehmung änderten und sie auf Langfristdenken umstellten. Die zerhackte Zeit, die wir zwischen Twitter, Facebook, Netflix, Clubhouse, WhatsApp, Zoom usw. erlebten, halte uns davon ab, eine Perspektive einzunehmen, die mit Ruhe einfach weit blicke und sich frage: Was ist das Richtige? Was ist das Richtige für mich, für meine Lieben, die Gemeinschaft, die Natur? Wie sieht das ganz große Bild aus? Das zu bestimmen, darin sind wir ebenso wenig geübt wie in der Wahrnehmung von Exponentialfunktionen, wie etwa bei Viren oder der Digitalisierung.

---

15 David Karpf: 25 years of WIRED predictions: why the future never arrives, September 2018: *https://www.wired.com/story/wired25-david-karpf-issues-tech-predictions/*

16 Zitiert nach Reinhard Blomert: Historia magistra vitae. In: Leviathan, März 2014.

17 Roman Krznaric: How to be a good ancestor. TED: Oktober 2020. *https://www.ted.com/talks/roman_krznaric_how_to_be_a_good_ancestor/up-next*

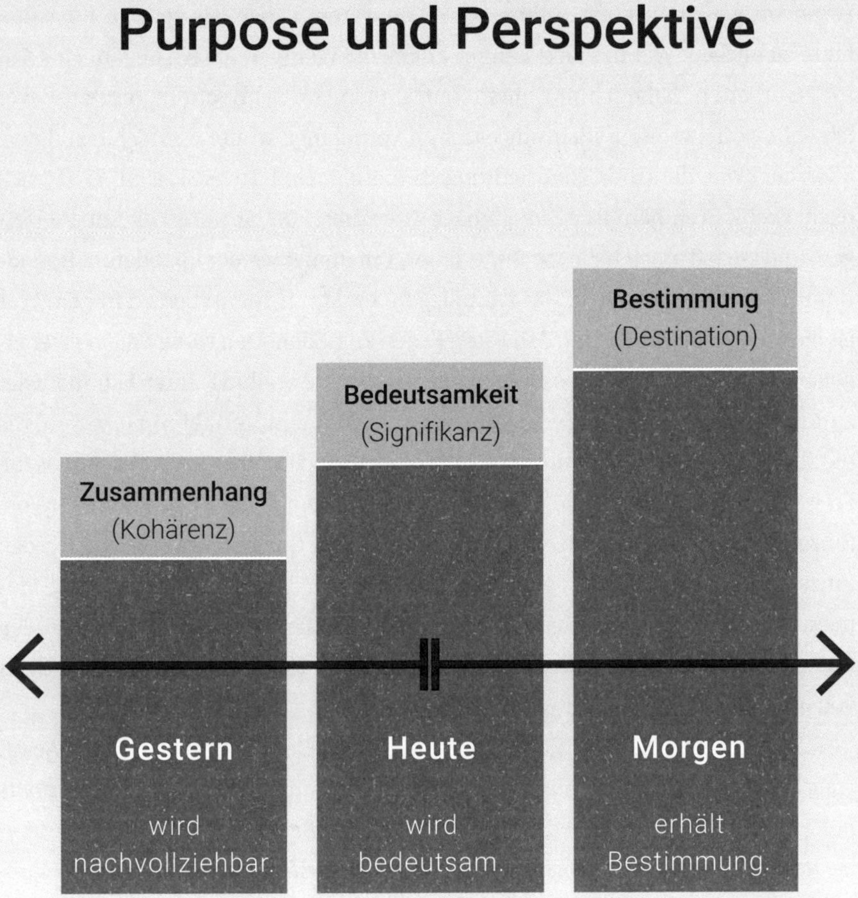

6 *Purpose und Perspektive: Wir verbinden das Gestern mit dem Heute und dem Morgen, geben unserem Leben so Zusammenhang, Bedeutsamkeit und Bestimmung in Verbindung mit einem weiten Blick.*

Wie lang ist denn Langfristdenken? Als Medienmanager haben mein Team und ich mit verschiedenen Zeitfenstern gearbeitet. Es gab den Jahresplan, dazu Boxenstopps im Quartal. Es gab einen strategischen Plan, der ging über drei Jahre. Wenn wir ganz mutig, fast schon verwegen waren, haben wir gewagt, über fünf Jahre zu blicken. War das jetzt Langfristdenken? Weniger. Als ich begann, als Autor zu arbeiten, habe ich mir einen Zeitrahmen von zehn Jahren gesetzt, bevor ich, falls nötig, größere Richtungswechsel vornehmen wollte, weil ich fest davon überzeugt war, dass die Grundrichtung stimmte. Mein Purpose kristallisierte sich nach zwei Jahren heraus, so lange hat es gedauert. Davor waren es Annäherungen, und auch danach habe ich mir erlaubt, ihn immer wieder upzudaten. Irgendwann wusste ich, bei allem, was ich tue, geht es darum, Menschen zu fragen: Was ist die Story? Es geht darum, den roten Faden zu finden. Den roten Faden ihrer eigenen Geschichte, den ihres Unternehmens, ihrer Abteilung, ihrer Familie. Hier zu inspirieren, Denkanstöße zu geben, Strukturen und Verfahren zu zeigen, die nützlich sind, um den Faden zu entdecken, ist mein Daseinszweck. Da geht es um Fragen des Storytellings, der Identität, des Purpose. Ich denke dabei immer vom Einzelnen aus, mit Büchern, Coachings, Trainings, Consultings erreiche ich den Einzelnen und von dort aus geht es in die Gruppe. Natürlich gibt es da Aha-Momente, doch insgesamt reden wir über Prozesse, die Zeit benötigen. Wir reden immer über langfristiges Denken oder Fühlen oder Handeln, das sich auch nicht von einer Pandemie aus der Bahn werfen lässt.

Krznaric sagt in seinem Vortrag: *»In der letzten Dekade hat eine globale Bewegung begonnen. Sie besteht aus Menschen, überzeugt davon […] unsere Zeithorizonte in Richtung eines längeren Jetzt auszudehnen. Diese Bewegung ist immer noch fragmentiert und sie hat auch noch keinen Namen. Ich stelle mir diese Pioniere als Zeit-Rebellen vor. Man findet sie in Japans visionärer Zukunftsdesign-Bewegung, welche die kurzen politischen Zyklen, die Politik dominieren will, überwindet, indem sie das Prinzip ›Entscheidung der siebten Generation‹ nutzt, das auch von vielen Gesellschaften amerikanischer Ureinwohner verwendet wurde.«*[18]

Future Design bringt Bürgerinnen und Bürger zusammen, um die Zukunft der Städte zu diskutieren, in denen sie leben. Die Gruppe wird geteilt. Der einen

18 Ebd.

Hälfte wird gesagt, ihr seid Bürger von heute. Der anderen Hälfte aber wird gesagt, dass sie Bürger im Jahr 2060 sind. Wie zu erwarten, spricht sich diese Gruppe für viel größere Veränderungen aus, sei es im Gesundheitswesen oder in Bezug auf den Klimawandel. Und diese innovative Form der Planung breitet sich in Japan aus und ist vielleicht bald auch in der westlichen Welt ein Thema, weil sie Purpose nicht nur einfordert, sondern inszeniert. In welcher Welt wollen wir oder sollen die Generationen nach uns leben? Welche Werte wollen wir in städtisches Leben übersetzen?

Während eines internationalen Leadership-Trainings hatte ich das Glück, in meiner Peer Group einen Manager aus Singapur zu haben. Kelvin war verantwortlich dafür, das Erfolgsmodell Singapur in andere asiatische Staaten zu exportieren, und er erklärte uns, was aus seiner Sicht ein Schlüssel für den Erfolg des Stadtstaates sei: Langzeitplanung. Das heißt 40 bis 50 Jahre sind der Zeithorizont für den sogenannten Konzeptplan und 10 bis 15 Jahre sind der Zeithorizont für den Masterplan. Während der Konzeptplan vor allem auf das Thema Verkehrswesen sowie die strategische Landnutzung blickt (Singapur trotzt Schritt für Schritt dem südchinesischen Meer Land ab), übersetzt der Konzeptplan die große Strategie in kleinere Ziele. Er wird alle fünf Jahre überprüft. Das Ganze ist eingebettet in ein Modell, das Ökonomie, Ökologie und Gesellschaft balanciert, um – Purpose – ein nachhaltiges Singapur zu schaffen, in dem die Lebensqualität in jeder Beziehung den Ansprüchen der Bevölkerung gerecht wird, was nicht unbedingt heißen muss, dass diese Balance europäischen Ideen entspricht. Doch der Erfolg gibt Singapur recht.

Take-away

Purpose lässt sich nicht mit Kurzfristdenken vereinbaren. Es geht vielmehr darum, mit Mut und Demut weit in die Zukunft zu sehen und von dort auf unsere Zeit zurückzuschauen, zu handeln aus dem Geist der Nachfahren, die Jahrzehnte später leben werden. Japans Future-Design-Bewegung zeigt, wie das möglich ist.

Es gibt kein richtiges Leben im falschen

Erfüllung und das Ende der Work-Life-Balance

In einer Beurteilung der Führungskräfte bekam ich einmal attestiert, dass ich eine gute Work-Life-Balance hätte. Das hat mich überrascht, denn ich hatte nie auf diese Balance geachtet. Dachte ich. Doch die Mitarbeiter*innen haben etwas gesehen, das ich nicht sehen wollte. Die Umfrage war im Jahr 2014, es war das Jahr, in dem ich einen Schlusspunkt unter mein Leben als Medienmanager setzte, ausstieg, Autor und Consultant wurde. Einer der Gründe war, dass ich wieder *mein* Leben leben wollte. Zur Zeit der Beurteilung durch die Mitarbeiter war ich stark mit mir selbst beschäftigt, und zum ersten Mal seit langer Zeit erschien mir meine Arbeit öde und entkoppelt von mir. Hätte ich zu der Zeit an einer Umfrage des Markt- und Meinungsforschungsinstituts Gallup zu meinem Motivationsstand teilgenommen, wäre ich bei den zwei Dritteln der arbeitenden Bevölkerung gelandet, die nicht gern arbeiteten, die Arbeit als Mittel zum Zweck ansahen, als den dunklen Teil ihres Lebens. So flüchtete ich mich in die Freizeit.

Das Interessante: Zuvor hatte es diese Freizeit für mich gar nicht gegeben, sie ist erst mit der von mir entkoppelten Arbeit entstanden, die weder Freude bereitete noch gelang. Ich meine damit nicht, dass es zuvor nicht diese Stunden am Schreibtisch und diese Stunden mit meiner Frau gegeben hätte. Nein, aber die Arbeit floss ganz natürlich durch mein Leben, sie bereitete mir Freude, weil ich viel gestalten wollte und konnte, weil ich faszinierende Menschen um mich hatte und immer eine Herausforderung auf mich wartete. Und all das war natürlich auch noch am Sonntag da. Genauso wie der Thomas, der gern joggte und las und reiste, auf der Arbeit präsent war. Es gab keinen Schalter in mir, den ich am Morgen, am Abend, am Wochenende umlegte. Beide Bereiche waren ein Leben, mein Leben, und erst mit der Unzufriedenheit am Arbeitsplatz entstand das Konzept von Freizeit.

Zum ersten Mal begriff ich den Satz des deutschen Soziologen Theodor W. Adorno: *»Es gibt kein richtiges Leben im falschen.«*[19]

Das falsche Leben war für mich das Leben, in dem ich eine Tätigkeit ausübte, die mir völlig sinnlos erschien. Es hatte mich, wenn nicht zum Freizeitaktivisten,

19 Theodor W. Adorno: Minima Moralia. Frankfurt am Main: 1985, S. 42.

aber doch zum freizeitorientierten Menschen gemacht. Natürlich habe ich das damals nicht begriffen, ich konnte es nicht klar sagen, doch ich konnte es fühlen. Ich spürte, dass Menschen mit einer guten Work-Life-Balance eigentlich ein Problem haben, wie ich selbst.

Aaron Hurst, einer der Purpose-Pioniere, sagt, es sei ein Mythos, dass man ein erfülltes Leben leben könne, wenn man seine Arbeit dabei ausklammern müsste. Sein Unternehmen Imperative erhob 2019 den »Workforce Purpose Index«, eine Studie über Wege zur Erfüllung bei der Arbeit:[20] *»Wir entdeckten etwas, das uns überraschte«*, heißt es dort, *»es ist statistisch unmöglich, ein erfülltes Leben zu leben, wenn dich deine Arbeit nicht erfüllt.«*[21]

Nur 1% der für die Studie befragten Menschen, die ein erfülltes Leben lebten, gelang das, obwohl sie ein unerfülltes Arbeitsleben lebten. Erfüllung gliedert die Studie in drei Bereiche: Beziehungen, Wirkung, professionelles und persönliches Wachstum am Arbeitsplatz.

Im weiteren Fortgang fragt die Studie in die Tiefe, eruiert den Unterschied zwischen Engagement und Erfüllung mit einer Botschaft: Auch wenn das Engagement ein zentrales Maß für das Management geworden ist, sind die Angestellten einen Schritt weiter – sie wollen Erfüllung in Arbeit und Leben. Die Wörter, die sie mit Engagement assoziieren sind: beschäftigt, aktiv, herausfordernd. Die Wörter, die sie mit Erfüllung assoziieren sind: Glück, Liebe, Unterschied.

Die Grenze zwischen Arbeit und Freizeit ist da gedanklich längst aufgehoben, und zwar nicht als Traum oder Utopie von einer besseren Welt, die aber in weiter Ferne ist. Die Befragten glauben, dass Erfüllung möglich ist, weil sie diese als etwas sehen, für das sie selbst verantwortlich sind.

Wie messen wir Erfüllung? Der Workforce Purpose Index schlägt einen eNPS (Employees Net Promoter Score) vor, der zwischen Promotern und Kritikern unterscheidet. Erfüllte Mitarbeiter sind Promoter, die in hohem Maße empfehlen, in ihrem Unternehmen zu arbeiten. Erfüllte Mitarbeiter sind überdies Performer und sie bleiben dem Unternehmen länger treu.

Die Studie findet vier Basiselemente der Architektur einer Unternehmenskultur, die erfülltes Arbeiten ermöglicht:

---

20 Imperative: 2019 Workforce Purpose Index: *https://www.imperative.com/2019wpi*

21 Ebd.

1. *Fördere Selbsterkenntnis!*
   Die Studie fordert, allen Mitarbeitern bei der Beantwortung der Frage zu helfen: Was ist mein persönlicher Purpose? Dieses Bewusstsein ist der erste Schritt in Richtung Zufriedenheit und Erfüllung.
2. *Fördere Peer Coaching!*
   Mitarbeiter, die Kollegen coachen, wachsen an ihren Aufgaben, knüpfen bedeutungsvolle menschliche Kontakte und fühlen sich sicher, Risiken einzugehen.
3. *Fördere eine Kultur, bei der die Mitarbeiter an erster Stelle kommen!*
   Die Studie sagt, es sei wichtig, den Purpose in Bezug auf die Kunden zu kennen, aber Mitarbeiter gewichten den Purpose in Bezug auf sich selbst höher.
4. *Fördere ein Purpose Mindset des Leadership-Teams!*
   Die Aussagen der Studie sind deutlich: Leadern und Managern, die Geld und Status vor Purpose stellen, wird kein Vertrauen geschenkt.

Es ist alles in allem keine komplexe Architektur, die dem Streben der Mitarbeiter nach einem erfüllten Leben und der Aufhebung der Spaltung von Arbeit und Freizeit entgegenkommt. Im zweiten Teil dieses Buches werden Sie die Tools kennenlernen, die dies ermöglichen. Im dritten Teil folgen Beispiele von Menschen und Unternehmen mit nativem Purpose und solchen, die diesen erst finden bzw. wiederfinden mussten.

Im Sabbatical den inneren Kompass neu justieren

Sabbaticals sind in Mode. Einer Studie von Leadership Insiders zufolge hält knapp die Hälfte der deutschen Arbeitnehmer eine Auszeit vom Job für sinnvoll.[22] Die Gründe können wir uns vorstellen: Zeit zum Reisen, Zeit für die Familie, Zeit zur Weiterbildung, Zeit für sich selbst. Ein Nebeneffekt ist häufig folgender: Wir justieren unseren inneren Kompass neu und bekommen wieder ein tieferes Gefühl für die Dinge, die uns wirklich etwas bedeu-

22 Sabbatical – eine Studie zum Change der etwas anderen Art. August 2018: *https://www.leadership-insiders.de/sabbaticals-eine-studie-zum-change-der-etwas-anderen-art/*

ten – auch wenn wir vielleicht vorher gedacht haben, es sei doch alles in Ordnung. Und: Wir trauen uns, jetzt, wo wir Abstand zu den Details der Arbeit gefunden haben, wieder größer zu denken und zu fühlen.

Der Gründer von Toms Schuhe, Blake Mycoskie, erzählt von zwei Auszeiten, die er nahm, einer, in der ihm die Idee für Toms Schuhe kam, und einer zweiten, in der er das Unternehmen sechs Jahre nach der Gründung neu erfand.[23] Er ist tief überzeugt vom Wert des Sabbaticals für die grundlegende Ausrichtung unseres Lebens nach etwas, das über uns hinausgeht. Im ersten Sabbatical kam ihm in Argentinien beim Anblick der vielen Kinder ohne Schuhe die Idee für Toms Schuhe: Immer, wenn ein Paar Schuhe verkauft wird, geht ein zweites Paar an ein Kind, das diese Schuhe braucht, sie aber nicht bezahlen kann. Dieses 1-für-1-Modell wird ein Riesenerfolg, sechs Jahre nach der Gründung hat Toms Schuhe zehn Millionen Schuhe an Kinder gegeben. Doch mit dem Erfolg veränderte sich der Fokus vom Warum auf das Wie und Was. Weggefährten gingen zu Start-ups, die sie spannender fanden. Mycoskie wäre ihnen insgeheim am liebsten gefolgt, denn Toms Schuhe ist ein Unternehmen wie viele andere, und dort zu arbeiten ist, wie in vielen anderen Unternehmen zu arbeiten.

In seiner zweiten Auszeit, die er in einer anderen Stadt in den USA verbrachte, erkannte Mycoskie, dass er Toms wieder in eine Bewegung verwandeln musste. Mit einer verrückten Idee, Toms Roasting, kehrte er nach Los Angeles zurück. Sie würden eine Kette von Cafés starten und nach dem Muster von Toms Schuhe Kaffee verkaufen. Die Idee: Mit jeder Tüte verkauften Kaffees stellt Toms eine Woche sauberes Wasser für einen Menschen zu Verfügung, der es braucht. Oder kurz: coffee for you – water for all. Mycoskie sagt, dass es nicht nur diese Idee war, die er mitbrachte, sondern vielmehr den neuen alten Spirit des Unternehmens. Er erkannte, dass sein ursprüngliches Warum von Toms war, *»das einflussreichste, inspirierendste Unternehmen der Welt zu schaffen«*, und dass es noch viel zu tun gab. Der Erfolg seines Sabbaticals: Alle dachten wieder in anderen Dimensionen und sahen Toms nicht mehr nur als Ziel, sondern als Weg.

---

23 HBR Emotional Intelligence Series: Purpose, Meaning + Passion. Boston: 2018, S. 149 ff.

Aus der Praxis: Patagonias Logik von flexibler Zeit

Yvon Chouinard, der Gründer von Patagonia, folgte bei der Idee von Arbeit einer einfachen Logik, er stellte Leute ein, die wie er selbst die Natur liebten und Sport machten. Flexible Arbeitszeiten waren für ihn von Anfang an vollkommen selbstverständlich. Surfen lässt sich nicht im Voraus planen. Wenn die Wellen hoch sind, dann geht es raus. Wichtig dabei war und ist nur, dass die Arbeit getan wird und Kollegen daraus keine Nachteile entstehen. Die Idee dahinter ist ganz einfach: Die Mitarbeiter sollen sich nicht wie in einer speziellen Arbeitswelt fühlen, sondern wie in einer Familie. Außerdem sind Naturliebhaber freiheitsliebende Menschen. Wie Chouinard selbst, der 1979, sieben Jahre nach der Gründung von Patagonia seiner Kollegin Kris sagte: *»Hier ist Patagonia. Mach damit, was du willst. Ich gehe klettern.«*[24] So wurde sie CEO und führte das Geschäft 13 Jahre lang, damit Chouinard auch sich selbst die Freiheit zugestehen kann, die er seinen Mitarbeitern zugesteht.

Take-away

Work-Life-Balance ist für Mitarbeiter, die Erfüllung in ihrer Arbeit finden, kein Thema. Sie leben *ein* Leben. Unternehmen, deren Purpose die Mitarbeiter ins Zentrum rückt und sie dabei unterstützt, Erfüllung in ihrer Arbeit zu finden, gewinnen Promoter, Coaches, Performer.

24 Yvon Chouinard: Let my people go surfing. New York: 2016, S. 38.

Von Status zu Sinn

Die Babyboomer und die Generationen X, Y und Z

Einen sinnvollen, erfüllenden Beruf haben, der Spaß macht – das ist für die Generation Z das wichtigste Ziel.[25] Für die Vorgängergeneration, Generation Y, ist das ebenfalls eines der Topziele. Sinn ist das dominante Thema der jungen Generationen im Arbeitsleben (siehe **Abbildung 7**). Und es wird radikal höher bewertet als bei den anderen beiden Generationen im Arbeitsleben, der Generation X und der Babyboomer.

Sie wissen nicht genau, was diese Begriffe bedeuten, wofür sie stehen? Es ist auch verwirrend und beginnt schon damit, dass die Einteilung der Generationen etwas Künstliches hat. Alle 15 Jahre machen Soziologen einen Schnitt und die Kohorte bekommt einen Namen und eine Reihe von Attributen zugeordnet siehe (**Abbildung 8**). Wem nützt das, außer der Wissenschaft? Vor allem dem Marketing, um Zielgruppen zu bestimmen, aber auch uns allen, wenn wir uns über Altersgruppen unterhalten wollen, solange wir uns nicht dazu verleiten lassen, in Klischees abzurutschen. Im Zentrum sollte immer der jeweilige besondere Mensch stehen und nicht die Gruppe.

Babyboomer, das ist die Generation der zwischen 1950 und 1965 Geborenen. Darauf folgt die Generation X oder kurz Gen X, geboren zwischen 1965 und 1980. Danach kommt die Gen Y, geboren zwischen 1980 und 1995, und schließlich Gen Z, die zwischen 1995 und 2010 Geborenen. Und danach geht es wieder von vorn los im Alphabet, allerdings im Griechischen, es folgt die Generation Alpha, zu der die Kinder zählen, die jetzt geboren werden. Was zeichnet diese Generationen aus?

Die Babyboomer sind die geburtenstarken Jahrgänge, nie wurden so viele Kinder in Deutschland geboren wie in dieser Zeit. Noch dominieren sie die Führungspositionen in Wirtschaft und Politik. Viele von ihnen sind gut situiert, sie gelten als beruflich sehr ehrgeizig, karrierefixiert und sind auch politisch aktiv. Das Arbeiten in Hierarchien ist ihnen vertrauter als das Arbeiten in agilen Teams.

---

25 Zukunftsinstitut im Auftrag von Ford: Eine Trendstudie über die Generation Z, die mobile Generation: *https://www.zukunftsinstitut.de/artikel/mobility-zeitgeist-studie-2020-generation-z/*

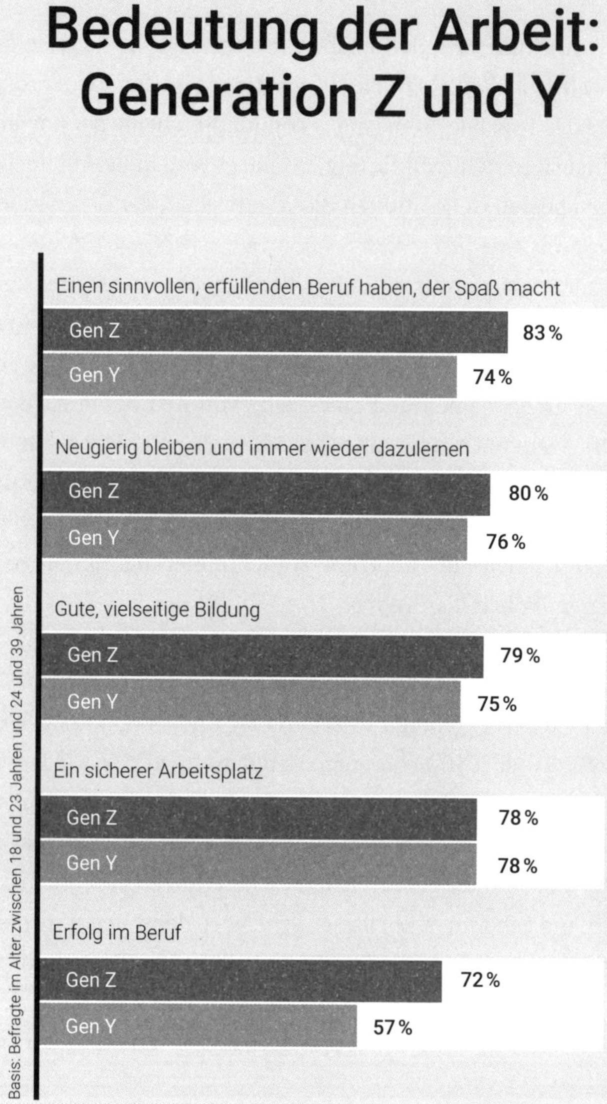

7 *Bedeutung der Arbeit: ein Vergleich von Generation Z und Generation Y (Quelle: Mobility Zeitgeist, Ford)*

Die Generationen im Überblick

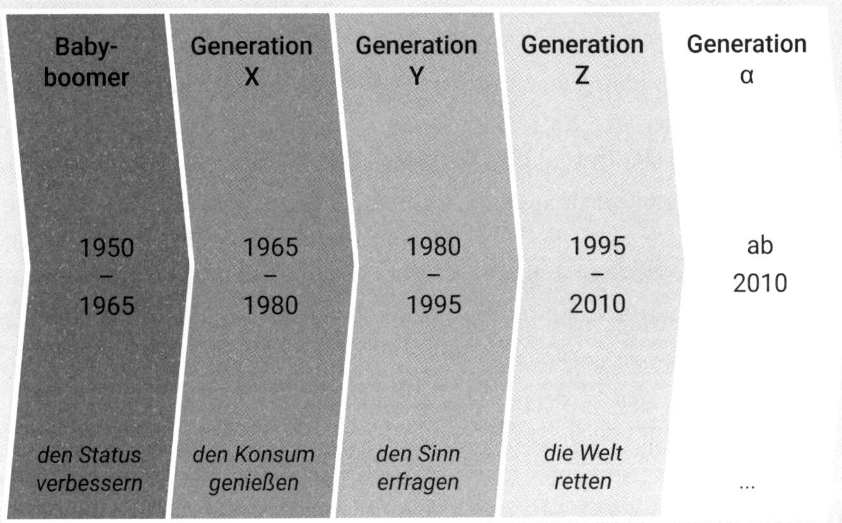

8 *Die Generationen im Überblick – von Status über Konsum zu Sinn und zur Rettung der Welt*

Sie sind eher treue Angestellte, die auch ihr ganzes Arbeitsleben in der gleichen Firma bleiben. Purpose zielt für sie weniger im Sinne eines höheren Daseinszwecks in Richtung bessere Welt als vielmehr in Richtung Status und Prestige. Sie waren häufig die ersten in der Familie, die ihr Abitur gemacht und studiert haben. Es geht ihnen ökonomisch im Mittel gut. Die jungen Generationen werfen den Boomern, aber auch der Generation X vor, dass sie Missstände in unserer Welt zu verantworten haben, etwa die Klimakrise. Im Kern richtig, doch verkürzt. Das ganz große Bild im Sinne von Profit, Planet, People zu sehen und mit Blick auf ihre Nachfahren nachhaltig zu gestalten, zählt sicherlich nicht zu den Stärken der Babyboomer. Doch als diese noch auf den Schulhöfen Fußball spielten, warnte der Club of Rome schon, dass es mit dieser Form des Wachstums nicht weitergehen würde. So ganz wollen wir auch nicht vergessen, dass es eine große Umweltbewegung gab, die sich vor allem gegen Atomkraft richtete.

Einen überraschenden Dreh bekommt die Generation der Boomer durch den Autor Daniel Pink. In seinem Bestseller »Drive« schreibt er, es gebe drei Dinge, die in unserer Zeit motivieren: Autonomie, Können und Purpose. Und letzteren würden die Boomer jetzt für sich entdecken. Er schreibt, dass allein in den USA bis zum Jahr 2024 alle 13 Minuten 100 Boomer 60 Jahre alt würden und begännen, sich mit ihrer Sterblichkeit auseinanderzusetzen und Fragen über Sinn und Bedeutung des Lebens zu stellen und darüber zu meditieren, was sie wirklich wollten. Sein Fazit: *»Wenn die Kaltfront der Demographie auf die Warmfront der unerfüllten Wünsche trifft, wird das Resultat ein Purpose-Gewitter sein, dass die Menschen noch niemals erlebt haben.«*[26]

Ein spannender Aspekt, der von Studien kaum abgedeckt wird – nennen wir ihn Alters-Purpose. Dan Pink glaubt, er werde zu jeder Menge Freiwilligentätigkeit im Sinne der Gemeinschaft führen, weil das Sinnkonto dieser Generation viel schlechter gefüllt sei als ihr Bankkonto, was auch für die Nachfolgegeneration gelte.

Die Generation X ist eine Kohorte, über die sogar ein Roman geschrieben wurde, der genau diesen Titel trägt.[27] Douglas Couplands Bestseller gibt einen wunderbaren Eindruck von der Lebenswelt, den Wünschen, Träumen dieser Generation in den USA. Ein zweites Buch über die Gen X ist »Generation Golf« von Florian Illies, ebenfalls empfehlenswert und amüsant obendrein. Unterm Strich zeichnen die Autoren eine angepasste Generation, die gegenüber der Elterngene-

26 Dan H. Pink: Drive. The surprising truth about what motivates us. New York: 2009, S. 133.
27 Douglas Coupland: Generation X. New York: 1991

ration zurückschrauben muss. Man gibt sich bescheiden und konsumfixiert. Coupland nennt die Generation X in seinem Roman auch die *»verlorene Generation der 90er«*. Ihr Bildungsniveau ist hoch, ihr Konsumverhalten ausgeprägt, Karriere gerne – wenn es denn geht. Das X wird im Kontext des Wortes eXcluded begriffen – ausgeschlossen.

Das eindrucksvollste Bild dieser Generation zeichnet meiner Meinung nach der 1995 erschienene Roman »Faserland« des Schweizer Schriftstellers Christian Kracht. Kracht ist 1966 geboren. Sein Buch schildert seine eigene Generation als konsumfixiert, markenfetischisierend und unpolitisch. Natürlich ist das eine einseitige Darstellung, aber unbedingt lesenswert für alle, die mehr über die Generation X erfahren möchten.

Die Generation Y wird häufig auch Generation Why genannt. Die Frage nach dem Sinn, dem Warum, ist für sie elementar wichtig. Ihre Grundhaltung ließe sich als sinnsuchend beschreiben. Mit der Generation Y betritt das Thema Purpose die Bühne. Wenn die Dinge für mich keinen Sinn haben, sagen sie sich, warum soll ich sie dann tun? Geld? Karriere? Status? Diese Antworten reichen nicht mehr. Es geht sogar noch einen Schritt weiter: Sinn hat einen doppelten Sinn – die Welt verbessern *und* sich selbst verwirklichen. Ein gelungenes Leben besteht darin, persönliche Erfüllung zu finden und diese idealerweise mit Zielen zu verbinden, die auf das Konto bessere Welt einzahlen, zum Beispiel Inklusion oder vegane Ernährung.

Zu wichtigen Werten zählen das Gestalten von Dingen, Autonomie, Feedback, permanentes Lernen. Geteiltes Wissen wiegt stärker als Herrschaftswissen, das Team stärker als der Einzelne. Die Generation Y legt Wert auf die Vereinbarkeit von Beruf und Privatleben, familienfreundliche Rahmenbedingungen von Arbeit, eine gute Arbeitsatmosphäre und Offenheit, zum Beispiel Open Data, Open Education, Open Source. Ein anderer Aspekt der Offenheit: das permanente Abwägen der Alternativen.

Mit der Generation Y kommen die ersten Digital Natives. Doch erst die Generation Z lebt von klein auf in der digitalen Welt; dort sind sie allen anderen Generationen intuitiv überlegen. Sie sind in soziale Netzwerke hineingeboren und dort auf eine selbstverständliche Art und Weise zu Hause. Sie streamen Filme und Musik, sharen Autos und Apartments. Sie beherrschen perfekt das Selfie und die Selbstinszenierung, sind zugleich tolerant und liebenswert im Umgang mit allem, das anders ist als sie selbst, ausgenommen die Boomer, die sie für den Zustand der Welt verantwortlich machen.

Der Soziologe Klaus Hurrelmann taufte die Z-ler in seinem gleichnamigen Buch »Generation Greta«. Ihre Ausgangssituation auf dem Arbeitsmarkt ist positiv – viele können sich die Jobs aussuchen. Sie setzen sich für den Umweltschutz ein, fordern die Verantwortlichen auf, alles zu tun, um den Klimawandel zu bekämpfen. Sie haben Fridays For Future gegründet, um die Öffentlichkeit auf sich und ihre Forderungen zum Klimaschutz aufmerksam zu machen. Sie haben von der Generation Y die Neigung zum Hinterfragen übernommen, nur gehen sie stärker in den Protest. Es ist eine Generation, die das große Bild verändern will und wird.

Take-away

Die Beschäftigung mit den soziologischen Kategorien der verschiedenen Generationen zeigt eine deutliche Entwicklung hin zum Thema Purpose und größeren gesellschaftlichen Themen. Die Generationen Y und Z fragen nach dem Warum und drängen auf massive Veränderungen, zum Beispiel bei den Themen Umweltschutz und Klimakrise.

Der Tanz mit dem Purpose
Ein neues Paradigma für Organisationen

Eines der faszinierendsten Wirtschaftsbücher der letzten Jahre schrieb der ehemalige McKinsey-Partner Frederic Laloux. Es heißt »Reinventing Organizations« und erschien 2014.[28] Es ist bis heute weit vor seiner Zeit, das macht es so spannend. Das Buch von Laloux ist, wie der Titel schon sagt, ein Buch über Organisationen, doch es ist zugleich ein Buch über die Bedeutung von Purpose, denn ohne einen übergeordneten Sinn- und Zweckzusammenhang funktionieren die Teal-Organisationen, die er in seinem Buch vorstellt, nicht. Teal ist eine Farbe, Grünblau oder Petrol.

28 Frederic Laloux: Reinventing Organisations. Brüssel: 2014.

Die historische Entwicklung von Organisationsmodellen

Zukunft ↑

Prinzip	Prinzip	Metapher	Beispiel
Evolutionäre Organisation (Petrol)	Purpose	Organismus	Patagonia
Pluralistische Organisation (Grün)	Konsens	Familie	Virgin
Leistungsorientierte Organisation (Orange)	Leistung	Maschine	BMW
Konformistische Organisation (Bernstein)	Formalismus	Armee	Katholische Kirche
Impulsive Organisation (Rot)	Gewalt	Wolfsrudel	Straßengang

vor ca. 10.000 Jahren

9 *Die Entwicklung der Organisationsmodelle nach Laloux. Das Prinzip des Purpose entspricht dem Prinzip der höchsten Entwicklungsform.*

Die Bedürfnispyramide von Maslow

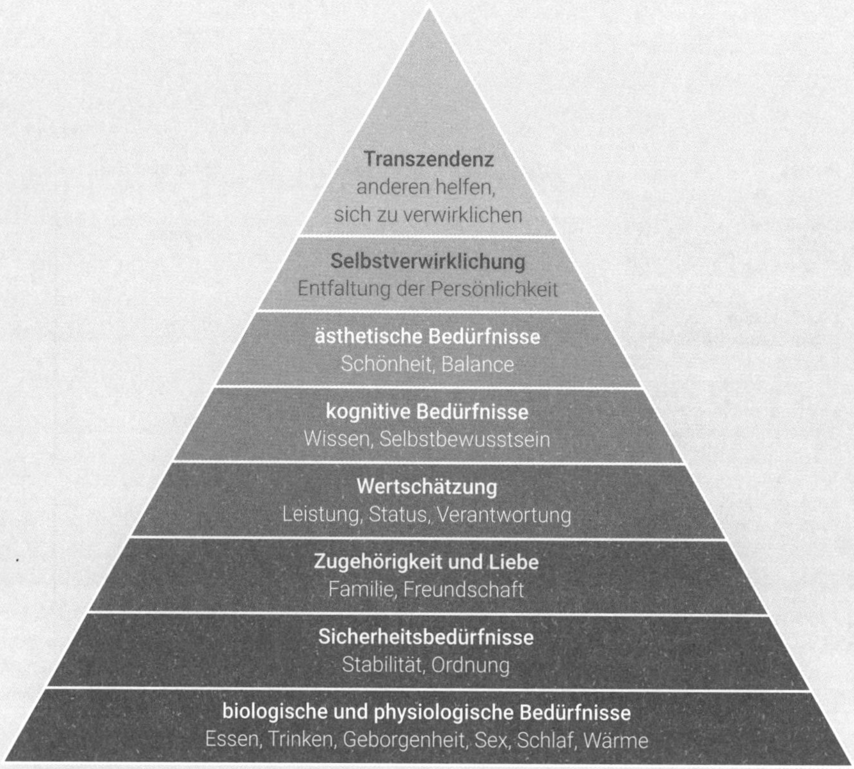

10 *Die Bedürfnispyramide von Maslow: Wir bewegen uns von grundlegenden Bedürfnissen wie Sicherheit und Zugehörigkeit in Richtung Selbstverwirklichung und Transzendenz.*

Laloux versieht die Organisationsformen, die Menschen im Laufe der Geschichte zur Zusammenarbeit entwickelt haben, mit Farbcodes, die allerdings keine tiefere metaphorische Bedeutung besitzen. Auf die ursprüngliche rote Organisation folgen die bernsteinfarbene, die orangefarbene, die grüne und schließlich die petrolfarbene. Eine Gegenüberstellung der verschiedenen Paradigmen finden Sie in (**Abbildung 9**). Ein kleiner Bummel durch die Geschichte hilft, sie besser zu verstehen und ein Gefühl für die Bedeutung von Purpose zu bekommen. Zwei Hinweise noch, um dieses Modell zu verstehen: Laloux geht davon aus, dass alle Organisationsformen, auch die ganz frühen, bis heute existieren, je nach Art und Zweck der Organisation. Außerdem stellt er sich vor, dass sich Organisationen, genau wie Individuen und Gesellschaft, auf der Bedürfnispyramide von Maslow immer weiter Richtung Spitze bewegen und die Teal-Organisationen diejenigen sind, die die Spitze erreichen (siehe **Abbildung 10**).

Die rote Organisation

Die rote Organisation ist impulsiv. Sie entstand vor ca. 10.000 Jahren, um die Stammeshierarchie zu organisieren. Die Währung in der roten Welt ist Macht, oft durch Gewalt ausgedrückt. Ihr Gegenstück ist die Angst. Die Welt ist in einfache Gegensatzpaare gespalten: stark – schwach, mein Weg – dein Weg. Kurzum: Hier regiert die Autorität. Diese weniger rationale als vielmehr impulsive Form der Zusammenarbeit existiert bis heute, vor allem in feindlichen und chaotischen Umgebungen wie in Gefängnissen, in Straßengangs oder bei der Mafia.

Die bernsteinfarbene Organisation

Die bernsteinfarbene Organisation ist konformistisch. Sie entstand vor ca. 6.000 Jahren mit frühen Staatsformen. Die Währung in der bernsteinfarbenen Welt sind Normen und Regeln. Es gibt dort den richtigen Weg, die Dinge zu tun. In dieser Welt geht es um Stabilität und Vorhersehbarkeit. Organigramme und wiederholbare Prozesse spielen die Hauptrolle. Die Annahme über die Haltung des arbeitenden Menschen ist diese: von sich aus träge, arbeitet nur für Geld, stellt seine eigenen Interessen über das Wohl der Firma, bedarf dringend der Weisung. Diese traditionelle Organisationsform findet sich zum Beispiel in der Armee oder in der Katholischen Kirche.

Die orangefarbene Organisation

Die orangefarbene Organisation ist leistungsorientiert. Sie entstand im Zeitalter der Aufklärung und entwickelte sich während der industriellen Revolution. Die Währung in der orangefarbenen Welt sind Innovationen, Verlässlichkeit und Leistung auf der einen, Ausbeutung auf der anderen Seite. In dieser Welt geht es um Wachstum – mehr, weiter, höher, schneller, besser, noch besser ... und wieder besser. Die orangefarbenen Organisationen sind von Prozessen und Projekten getrieben, sie lieben strategische Planung, mittelfristige Planung, jährliche Budgetierungszyklen, Bonusvereinbarungen. Auf der anderen Seite erlauben sie Freiräume für Kreativität. Doch tatsächlich dominiert Kontrolle über Vertrauen, Entscheidungen werden oben getroffen und nicht von Mitarbeitern, obschon diese es häufig besser wüssten.

Insgesamt gleicht diese Organisation eher einer gut laufenden Maschine. Leistung wird belohnt mit Gehalt, Auto, großem Büro, Bonus, Aktienoptionen. Leistung bewirkt Erfolg, Erfolg lässt sich in Geld messen – für die Organisation und den Einzelnen. Die Organisation ist durchlässig für Überflieger. Das Mädchen, das die Post verteilt, kann die nächste Geschäftsführerin werden – Talent entscheidet. Werte werden definiert und an die Wände geschrieben sowie auf die Website und sie werden ignoriert, sollten sie einem besseren ökonomischen Ergebnis im Wege stehen. Diese moderne Organisationsform findet sich in vielen klassischen Unternehmen, auch wenn man heutzutage versucht, sich einen grünlichen Anstrich zu geben; sie findet sich zum Beispiel häufig bei Autoherstellern, Banken, Verlagen.

Die grüne Organisation

Die grüne Organisation ist pluralistisch. Sie entstand im späten 18. und frühen 19. Jahrhundert mit den Bewegungen, die die Sklaverei abschaffen wollten, gleiche Rechte für Frauen forderten, Religionsfreiheit und Demokratie. Die Währung in der grünen Welt ist soziale Gerechtigkeit. Aus dieser Perspektive sind Beziehungen wichtiger als Resultate. Alle Perspektiven verdienen gleichen Respekt, es geht um Fairness, Harmonie, Kooperation und Konsens. Drei Dinge zeichnen diese Organisationen besonders aus: Ermächtigung der Mitarbeiter, dezentral selbstständig Entscheidungen zu fällen; geteilte Werte und ein inspirierender Purpose; der Blick auf verschiedene Stakeholder wie Mitarbeiter, Kunden, Management, Investoren, Partner, lokale Communitys, die Gesellschaft als Ganzes und die Umwelt. HR-Direktoren sind zentrale Figuren, sie orchestrieren alle Prozesse rund um Mitarbeiter und Kultur (360-Grad-Feedback, Nachfolgeregelungen, promoten der Werte etc.). Die große Herausforderung für Organisationen, die diesem Modell folgen, besteht in den inneren Spannungen zwischen Empowerment der Mitarbeiter und der Pyramidenstruktur der Macht. Wer bestimmt? Konsens oder Chef oder eine nebulöse Konstruktion aus beiden, in der sich jeder schämt, ich zu sagen? Das Modell für grüne Organisationen ist die Familie. Die Organisationsform findet sich vor allem in Non-Profit-Organisationen, bei Sozialarbeitern und Aktivisten.

Die petrolfarbene Organisation

Die petrolfarbene Organisation (im Englischen *teal*) ist evolutionär. Sie entwickelte sich in den letzten 50 Jahren. Die Währung in der petrolfarbenen Welt ist Selbsttranszendenz. Aus dieser Perspektive verändert sich alles. Tendiert eine Organisation in Richtung Petrol, dann setzt sie keine Ziele mehr, verbringt keine Zeit mehr mit Strategien und Langfristplanungen – niemand gibt mehr die Richtung vor, die Egos bleiben zu Hause. Die Metapher dafür ist der Organismus, dessen Zellen sich autonom organisieren. Laloux stellt es sich so vor, dass die Mitarbeiter in sich selbst und in die Welt lauschen, um herauszufinden, welches ihr authentisches Leben ist und wie sie ihren Gaben und ihrem Purpose folgen können, um den Menschen und der Welt im bestmöglichen Sinne zu dienen. Leben wird zu einer Reise zur wahren Natur. Wir bewegen uns auf der obersten Ebene der maslowschen Bedürfnispyramide. Das kennen Sie nicht aus Erfahrung? Ein wenig Geduld noch. Beispiele für solch neuartige Organisationen finden Sie im dritten Teil von »That's me!«, etwa HolacracyOne und die Evangelische Schule Berlin Zentrum.

Kurzum: Die drei großen Neuerungen der petrolfarbenen Organisationen sind Selbstmanagement in kleinen »Zellen«, Ganzheitlichkeit und evolutionärer Purpose als Nordstern. Unternehmen machen sich wie Menschen auf eine Reise, um ihr bestes Selbst zu entdecken. Ein höherer Daseinszweck leitet sie. Es ist kein festgeschriebener Sinn und Zweck, sondern ein evolutionärer Purpose, auf den sie hört und mit dem sie *»tanzt«*. Laloux schreibt: *»Gründer und ›Geschäftsführer‹ von Organisationen wie Buurtzorg, FAVI oder RHD glauben nicht mehr an diesen Ansatz von Vorhersagen-und-Kontrollieren. Sie sehen die Organisationen nicht als Maschine, sondern als lebendigen Organismus, der seine eigene Energie hat, sein eigenes Gespür für die Richtung, einen eigenen Sinn, den dieser Organismus in der Welt zum Ausdruck bringen will. Dann wird die Rolle des Führenden – und aller Mitarbeiter – viel einfacher. Statt eine Zukunft vorherzusagen und mit allen Mitteln zu versuchen, diese Wirklichkeit werden zu lassen, hören sie einfach darauf, wohin sich die Organisation natürlich und von selbst bewegen will [...] und dann helfen sie der Organisation, diesen Weg zu gehen. Damit segeln wir immer mit dem Wind im Rücken. Wir bewegen uns vom Vorhersagen und Kontrollieren hin zu etwas viel Wirkungsvollerem: Spüren und Antworten.«*[29]

Unternehmen sind Organismen in einem evolutionären Prozess – das ist das Modell für die petrolfarbenen Organisationen. Beispiele für bekannte Unternehmen dieser Farbe sind Patagonia und Zappos, beides Unternehmen, die sich um einen klar umrissenen Purpose organisieren, gegenüber dem alles andere zweitrangig ist: *»Wir sind im Geschäft, um unseren Heimatplaneten zu retten«* hier und *»WOW zu leben und zu geben«* dort.

---

29 Frederic Laloux: Reinventing Organisations visuell. München: 2016. S. 116 f.

Aus der Praxis: Welche Farbe hat mein inneres Team?

Ich halte es für nützlich, das von Laloux entworfene Konzept auf sich selbst anzuwenden, ganz einfach, indem man sich die Frage stellt: Welche Farbe trifft denn auf meine innere Organisation zu? Oder: Wie managt sich mein inneres Team, insbesondere bei schwierigen Entscheidungen oder in Zeiten von Krisen? Ist das eher eine Straßengang mit rauem Ton und Befehlen, ein auf Harmonie und intensive Diskussionen und Abstimmungen ausgerichteter Debattierclub im Zeichen einer gerechteren Welt oder ein effektives Team, das frei von innerer Bürokratie entspannt all das, was die Welt da draußen so an Organisationsmodellen anbietet, ignoriert und jedem in meinem inneren Team ermöglicht, seine Erfüllung zu finden, indem er sich einem höheren Ziel unterordnet, das zugleich im Prozess des Strebens organisch wächst?

Und wenn ich diese Frage ehrlich beantwortet habe – was in der Regel für viele von uns heißt, dass es Situationen gibt, in denen sie rot sind, und andere, in denen sie grün, bernsteinfarben, orange oder petrol sind –, dann betrachte ich meine Welt: Familie, Freundeskreis, Team. Wie ist die Welt da organisiert? Was kann ich tun, um diese Organisation aufzuladen? Erst den ersten Schritt gehen, in mir selbst anfangen. Von da aus findet sich der Schritt ins Umfeld von ganz allein. Na ja, fast. Sollte das petrolfarbene Paradigma auch für Sie anziehend sein, dann hoffe ich, dass »That's me!« Ihnen dabei hilft, sich in diese Richtung zu bewegen. Dazu mehr in Teil 2.

Take-away

In der Entwicklung von Organisationsformen wird Purpose zu einem zentralen Element. In der neuesten Form, den petrolfarbenen Organisationen, bestimmt ein evolutionärer Purpose die Richtung und macht damit Strategie, Planung etc. überflüssig. Wird das Unternehmen als Organismus realisiert, ist Purpose viel mehr als die Beschreibung des übergeordneten Sinns, es ist der innere Kompass, ähnlich dem eines Vogels, der in Hamburg losfliegt und spürt, wie er nach Afrika kommt.

Hallo, wer bist du?
Geschichten, die erzählen, wer und warum wir sind

Vor einigen Jahren war ich auf der Party eines Freundes. Dort sah ich viele neue Gesichter, also sprach ich einen Mann an, den ich für sympathisch hielt.

»Hallo«, sagte ich.

»Hallo«, erwiderte er, *»wer bist du?«*

»Ich bin Thomas«, entgegnete ich.

Ein Moment der Stille folgte. Dann fragte er ernst, fast empört, als würde ich ihn hochnehmen: *»Du bist dein Name?«*

Ich verstand nicht, was er meinte, entgegnete etwas in der Art, dass das wohl so sei, zumindest hier und heute für ihn.

Er wiederholte seine Frage: *»Du bist also dein Name? Meinst du das ernst?«*

Ich dachte nur, was will der Typ, und begann, nach meiner Frau Ausschau zu halten. Er blickte mich streng an, ein Lehrer, der seinen Schüler für einen Idioten hielt. Ich erinnere mich nicht mehr genau, was ich gesagt habe, bevor ich ihn stehen ließ. Ich fürchte, es war nicht allzu höflich. Später fragte ich den Gastgeber, wer das wohl wäre. *»Ein Tennislehrer«,* sagte er, lachte und ergänzte, *»ach, und auch ein buddhistischer Lehrer.«*

Wer bin ich? Drei Worte, über die wir ein Leben lang nachdenken und spüren, dass wir schwer zu fassende Gespenster jagen. Drei Worte, denen Philosophen und Psychologen, Literaten und Maler, Biologen und Gehirnforscher ihre Lebenswerke widmen. Wer bin ich? Die Beantwortung dieser Frage ist eng an die Formulierung geknüpft, und es gibt zwei Ansätze aus unserer Zeit, die ein tiefes Gefühl dafür geben, worauf wir uns einlassen, wenn wir uns mit unserem Warum beschäftigen, sei es als Individuum, als Team oder als Unternehmen. Diese Ansätze kommen aus der Philosophie und der Psychologie. Sie fragen nach unserer Identität und sie sind sich beide einig, dass der Zugang dazu nur über Geschichten, über Storys möglich ist.

Die psychologische Perspektive

Beginnen wir mit der psychologischen Perspektive. Der amerikanische Professor für Psychologie Dan McAdams sagt, jeder könne sich in seinen Geschichten selbst erkennen.[30] So schreibe ich meine Story immer wieder neu mit Bezug auf die jeweilige Lebensphase. Dabei blicke ich in die Vergangenheit und in die Zukunft, auf das, woher wir kommen, und auf das, wonach wir streben. Im Lichte der narrativen Psychologie ist die Lebensgeschichte keine einseitige Vita, kein Kurztext plus Foto wie in meinem Facebook-Profil, sie ist vielmehr ein lebendiges Kunstwerk, das auf eine Wirkung hin ausgerichtet ist. Wir wählen Fakten aus, es lässt sich unmöglich alles erzählen. Wenn ich mein Leben als Autor erzähle, gehört dann zum Beispiel der Sencha-Tee am Morgen in diese Geschichte oder dass ich meinen Arbeitsplatz immer wieder verlagere, vom Schreibtisch auf das Sofa, auf die Chaiselongue, in den Garten und wieder zurück an den Schreibtisch? Kommt auf die Geschichte an, die ich erzählen will. Objektivität? Fehlanzeige. Fiktion? Schon eher. Manchmal dichten wir Dinge hinzu, unabsichtlich, wie Zeugen bei einem Verkehrsunfall, von denen jeder eine eigene Story erzählt, die beansprucht, wahr zu sein.

McAdams beschreibt drei Aspekte des autobiografischen Selbst, die sich wie Schichten übereinanderlegen. Im Rahmen unserer persönlichen Entwicklung sind wir zunächst Schauspieler. Als kleine Kinder betrachten wir unbewusst die Welt als Bühne und spielen Rollen wie Tochter oder Sohn, Königin oder König. In einer späteren Entwicklungsphase sind wir Akteure, die sich für Werte einsetzen und Ziele verfolgen. Wir wollen Astronaut werden oder Tänzerin oder endlich eine beste Freundin finden. Damit ist aber die erste Schicht nicht gelöscht. Wir sind sowohl Schauspieler als auch Akteure. Als junge Erwachsene werden wir schließlich zu Autoren. Wir fügen Erfahrungen, Erkenntnisse oder Wünsche in einer Erzählung zusammen, die von uns selbst handelt. So entwickeln wir eine Storyidentität, die nicht nur erzählt, was wir als Schauspieler oder Akteure tun, sondern auch, warum wir die Dinge tun, die wir tun. In guten autobiografischen Erzählungen spielt Purpose eine zentrale Rolle.

---

30 Dan P. McAdams: The stories we live by. Personal myths and the making of the self. New York: 1993. The art and science of personality development. New York: 2015.

Wie geht McAdams dabei vor, ein autobiografisches Selbst zu finden? Er führt Interviews, in denen er die Teilnehmer bittet, sich ihr Leben als Buch vorzustellen, ein Buch mit Kapiteln, ein Buch wie ein Roman. Er fragt nach Schlüsselszenen, nach Helden und Schurken, nach zukünftigen Kapiteln, die noch zu schreiben sind, nach Werten, die in diesem Buch eine Rolle spielen, nach den großen Themen. Ein großes Thema, das er häufig findet, ist Erlösung. Die Lebensgeschichten dazu folgen ausnahmslos dem gleichen Verlauf, sie erzählen vom Leiden, doch mit einem optimistischen Twist. Die Teilnehmer triumphieren über ihre Schwächen und Unzulänglichkeiten, lernen die Lektionen des Lebens und sind daraus stärker hervorgegangen. Ein Beispiel für so eine autobiografische Story ist die des Ex-Präsidenten der USA George W. Bush, der seine Alkoholabhängigkeit besiegte und ein evangelischer Christ wurde.[31]

Lebensgeschichten sind aus Sicht der narrativen Psychologie Konstruktionen, lebendige Skripte, die unser Leben reflektieren und unsere Zukunft beeinflussen. Starke Geschichten inspirieren, ermutigen und erfreuen uns selbst und andere. Sie bewegen Menschen, Teil unserer Geschichte zu werden und ein Stück gemeinsam zu gehen. Sie illustrieren unseren Purpose, der ohne Geschichte vielleicht nur ein Satz wäre, der niemanden berührt, uns selbst eingeschlossen. Die autobiografische Geschichte erweckt den Purpose zum Leben, zeigt ihn im Lichte der Vergangenheit und Gegenwart. Dazu mehr im zweiten Teil von »That's me!«, in dem ich ein Modell vorstelle, das ermöglicht, Purpose zu erzählen und dabei den Funken überspringen zu lassen.

Die philosophische Perspektive

Ähnlich und doch ganz anders blickt der kanadische Philosoph Charles Taylor auf das Thema Identität in unserer Zeit. Taylor geht davon aus, dass wir heutzutage zweifeln könnten, ob das Leben einen Sinn hat, oder die Frage stellen, was denn dieser Sinn wohl sei. In früheren Epochen hätte man diese Zweifel überhaupt nicht verstanden. Es existierte ein fester Horizont, der die Menschen umgab. Während sich der Augustinermönch vor der Verdammnis fürchtete, herrsche in

31 Dan P. McAdams: George W. Bush and the redemptive dream. New York: 2011.

unserer Zeit die Furcht vor Sinnlosigkeit, der ein Gefühl der Leere und Vergeblichkeit und ein Verlust der Selbstachtung entspreche. Die Menschen hätten das Gefühl, sie seien zu einem höheren, besseren Leben fähig, sie täten sich aber schwer, dieses Leben zu leben.

Wer bin ich? Taylor schreibt: *»Diese Frage läßt sich jedoch nicht unbedingt durch Angabe von Namen und Herkunft beantworten. Diese Frage ist nach unserer Auffassung erst dann beantwortet, wenn man begreift, was für den Betreffenden von ausschlaggebender Bedeutung ist [...] Man kann es so sehen, als werde die eigene Identität zum Teil durch eine moralische oder spirituelle Bindung definiert, etwa dadurch, daß man Katholik ist oder Anarchist. Oder man definiert die Identität vielleicht zum* Teil durch seine Volkszugehörigkeit oder den Traditionszusammenhang.«[32]

Doch all das ist nicht ausreichend. Wissen, wer man ist, schreibt Taylor, hieße, *»daß man sich im moralischen Raum auskennt, in einem Raum, in dem sich Fragen stellen mit Bezug auf das, was gut oder schlecht ist, was sich zu tun lohnt und was nicht, was für den Betreffenden Sinn und Wichtigkeit hat und was ihm trivial und nebensächlich vorkommt.«*[33]

Taylor stellt sich unser Leben in dem zunächst seltsam anmutenden Bild eines Raumes voller Fragen vor, die an uns in einem kontinuierlichen Strom herangetragen werden. Ich brauchte eine Weile, um mich daran zu gewöhnen. Sagen Sie daher nicht gleich, das sei doch Unsinn! Jedenfalls antworten wir in diesem Bild, und mit den Antworten entscheiden wir uns, und indem wir uns entscheiden, gehen wir unseren Weg. Identität entsteht auf Basis dessen, was uns ermöglicht, diese Fragen zu beantworten und zu bestimmen, was für uns wichtig oder unwichtig, bedeutsam oder unbedeutend, gut oder schlecht ist. Unsere Identität bildet sich durch unser Handeln, das wiederum geleitet ist von moralischen oder spirituellen Werten sowie von der Gemeinschaft, die uns umgibt. Daher macht Purpose nur Sinn in Bezug auf uns *und* die Gemeinschaft: *»Es ist typisch, daß sich die Menschen von heute vor die Frage gestellt sehen, ob das eigene Leben ›lebenswert‹ oder ›sinnvoll‹ ist, ob es inhaltsreich und gehaltvoll ist oder vielmehr inhaltsleer und banal. Oder die Frage lautet: Kommt etwas heraus bei meinem Leben? Hat es Gewicht und Gehalt, oder rinnt es dahin ins Nichts, in etwas Gehaltloses? Eine andere Formulierung dieser Fragestellung besagt: Hat das Leben Einheit, oder ist es bloß so, daß*

32 Charles Taylor: Quellen des Selbst. Die Entstehung der neuzeitlichen Identität. Frankfurt am Main: 1996, S. 55.
33 Ebd., S. 56.

der eine Tag zweck- und sinnlos auf den nächsten folgt, wobei die Vergangenheit in so etwas wie ein Nichts fällt, das weder Vorspiel noch Vorbote, weder Beginn noch Frühstadium von irgendetwas ist [...] Das neuzeitliche Streben nach Sinn und Gehalt im eigenen Leben ist offensichtlich verwandt mit älteren Sehnsüchten nach höheren Daseinsformen, nach der Unsterblichkeit.«[34]

Unsterblichkeit meint Taylor hier nicht im wörtlichen Sinne, sondern er versteht darunter ein Weiterleben, zum Beispiel durch Werke, Schöpfungen oder Taten, die mich überdauern.

Taylor ist genau wie Viktor Frankl davon überzeugt, dass wir nicht verhindern können, nach Sinn zu streben. Und während wir das tun, orientieren uns an unseren Werten. Unser Leben gleicht dabei einer Erzählung. Wir begreifen es in erzählender Form, und zwar als Suche. Meine Geschichte zeigt mein Werden, meinen Reifungsprozess, meine Siege und Niederlagen, und sie offenbart auch meinen Purpose. *»Wir wollen, daß unser Leben Sinn hat, daß ihm Gewicht beigemessen oder Substanz zugesprochen wird, daß es sich auf seine Erfüllung hin entfaltet [...] Wenn nötig, wollen wir, daß die Vergangenheit durch die Zukunft erlöst, in eine sinn- und zweckvolle Lebensgeschichte eingegliedert und in eine gehaltvolle Einheit einbezogen werde.«*[35]

Aus der Praxis: Finde deinen Purpose, indem du deine Autobiografie schreibst

Von vielen Menschen höre ich, dass sie gern – irgendwann einmal – ihre Autobiografie schreiben wollen. Das, was sie tun, empfinden sie als bedeutsam, etwas, mit dem sie andere bewegen, berühren, inspirieren, unterhalten wollen. Die meisten kommen allerdings über ein paar erste Seiten nicht hinaus. Als Alternative zu Schreibgruppen gibt es ein Onlinetool, das dabei hilft, die eigene Biografie zu schreiben, allerdings nicht im Sinne eines Bestsellers, sondern vielmehr als Angebot, erzählerisch einen tiefen Zugang zu sich zu finden, sich mit seiner Gegenwart, Vergangenheit und Zukunft auseinanderzusetzen, ein Gefühl für die großen Erzählbögen des eigenen Lebens zu bekommen und natürlich für den persönlichen Purpose. Das ist die

34 Ebd., S. 86 f.

35 Ebd., S. 101.

Self Authoring Suite, entwickelt von den kanadischen Psychologieprofessoren Jordan B. Peterson und Robert O. Pihl. Sie bietet ein einfach und klar strukturiertes Programm, Schritt für Schritt, die eigene Geschichte zu formulieren[36] – ein Prozess, der sich selbst bei einem routinierten Autor wie mir über Wochen hinzieht, weil er Pausen braucht und Phasen der Ruhe, wie alles Schreiben, das nicht auf schnelle Veröffentlichung ausgelegt ist.

Worin sehen die Professoren den Nutzen ihrer Suite? Sie fördere mentale und körperliche Gesundheit, schreiben sie auf ihrer Website. Wer sich schreibend seiner selbst versichere, der reduziere das Stresshormon Cortisol, dessen Überproduktion eine der Hauptursachen sei für mentale Degeneration sowie für schnelle Alterung. Unser Körper reagiere ohne den Zusammenhang, den die eigene Geschichte stifte, als befände er sich in einem fortlaufenden Notfall. Das autobiografische Schreiben wirke als Gegenmittel gegen diese Form von Stress. Sicherlich ist das stark aufgetragen, doch die beruhigende Wirkung des Zusammenhangs, den ein Narrativ stiftet, kann ich nur bestätigen. Insbesondere meine Romane lassen sich als Formen autobiografischen Schreibens betrachten. Sie enthalten mein Leben, wenn auch in kostümierter und verschlüsselter Form. Schreiben ist kein leichter Prozess, das Schreiben über sich selbst scheint vielen mühsamer als das Schreiben über Dinge. Doch jeder, den ich kenne, der sich auf autobiografisches Schreiben – in welcher Form auch immer – eingelassen hat, ist dankbar für diese Form der Selbstannäherung.

Take-away

Unsere Identität gleicht einer Erzählung. Natürlich können wir auf die Frage, wer wir sind, mit unseren Namen, unsere Familie, dem Wohnort, dem Land, der Religionszugehörigkeit antworten, doch die einzige Form, die zeigen kann, wer wir sind, ist unsere Geschichte. Dazu gehört der Blick zurück – woher kommen wir? – sowie der Blick nach vorn – wer werden wir sein? Purpose und Werte ermöglichen diese Story überhaupt erst. Ohne sie würde mir jedwede Orientierung fehlen.

---

36 Self Authoring Suite: *https://www.selfauthoring.com*

Martin Luther und die Tierpfleger

Die helle und die dunkle Seite der Bestimmung

Eine Lehrerin steht mit ihrer Klasse am Elefantengehege, das gerade von zwei Tierpflegern gereinigt wird. »Seht«, sagt sie und zeigt zu den Pflegern, »das wird aus euch, wenn ihr in der Schule nicht aufpasst und schlechte Noten schreibt.« Diese Anekdote erzählt ein amerikanischer Tierpfleger und schmunzelt. Vier von fünf Tierpflegern in den USA haben Abitur. Der Zoo als Arbeitsplatz ist kein Treffpunkt für Schulversager, im Gegenteil.

Warum ergreifen Menschen den Beruf des Tierpflegers, fragten zwei amerikanische Forscher, J. Stuart Bunderson und Jeffery A. Thompson. Ihre Studie erschien im März 2009 unter dem Titel »Der Ruf der Wildnis. Tierpfleger, Berufungen und die beiden Seiten von zutiefst bedeutungsvoller Arbeit«.[37] Sie erscheint mir aus zwei Gründen spannend: zum einen, weil sie uns dazu anhält, über das Thema Bestimmung im Kontext unserer Arbeit zu reflektieren und deren Chancen und Risiken zu analysieren, zum anderen, weil die Studie zu den religiösen Wurzeln der Berufsidee führt und uns die Augen für den historischen Horizont öffnet.

Warum werden Menschen also Tierpfleger? Warum wählen sie schlecht bezahlte Jobs ohne Aufstiegsmöglichkeiten, die noch dazu frei von Status sind? Weil sie ihrer Berufung (*Calling*) folgen. Das wäre die kurze Antwort. Viel interessanter ist die lange Antwort, nicht nur für diejenigen, die in typischen Bereichen arbeiten, die mit Calling assoziiert werden – Kunst, Erziehung, Gesundheit, Militär, Sozialarbeiter –, sondern auch für diejenigen, die den Mechanismus verstehen wollen, der Calling, Purpose und Pflicht im Kontext von bedeutungsvoller Arbeit verknüpft. Dafür befragten die Autoren der Studie Tierpfleger in den USA und Kanada.

Zum Einstieg eine kleine Sammlung von Zitaten der Tierpfleger:

»Es gibt nicht viel, was sie tun könnten, damit ich kündige.«

»Es ist eine Berufung für mich, weil ich mein ganzes Leben an Tieren interessiert war. Rückblickend hätte ich wissen müssen, dass ich mit Tieren arbeiten würde.«

---

37 J. Stuart Bunderson, Jeffery A. Thompson: The call of the wild. Zookeepers, callings, and the dual edges of deeply meaningful work: *http://apps.olin.wustl.edu/workingpapers/pdf/2008-09-002.pdf*

»Ich landete einfach am richtigen Ort.«

»Die Tiere haben niemals entschieden, hier zu sein. Und es ist unsere Verantwortung, ihnen die Pflege zu geben, die sie benötigen, und sicherzustellen, dass sie gesund und glücklich sind.«

»Wenn die Nachtwache anruft und sagt, wir haben ein Problem in deinem Bereich, dann bin ich sofort aus dem Bett und komme rein.«

»Wir werden hier nicht besonders gut bezahlt. Tatsächlich habe ich noch einen zweiten Job. Ich arbeite sieben Tage die Woche, um über die Runden zu kommen. Doch ich schätze, dass ist der Preis dafür, das zu tun, was du liebst. Ich habe hier freiwillig ohne Bezahlung eineinhalb Jahre gearbeitet.«

»Wenn du einen Fehler machst, kann das nicht nur dich selbst oder einen Kollegen das Leben kosten, du kannst auch eins dieser Tiere töten, weil sie sehr nervös sind.«[38]

Tierpfleger in den USA und Kanada werden so schlecht bezahlt, dass zwei Drittel eine zweite Einkommensquelle haben. Es ist schmutzige Arbeit ohne Status. Es gibt kaum Möglichkeiten aufzusteigen. Bevor Tierpfleger eine Festanstellung bekommen, arbeiten sie monate- oder sogar jahrelang ohne Bezahlung als Freiwillige. Dennoch lieben sie ihre Arbeit und würden sie gegen keine andere eintauschen. Zoos, so die Wahrnehmung der Tierpfleger, helfen, vom Aussterben bedrohte Tierarten zu erhalten. Zoos seien darüber hinaus Orte, die danach strebten, den Menschen, ganz besonders Kindern, die Tierwelt näherzubringen und über mögliche destruktive Gewohnheiten aufzuklären. Tierpfleger sehen ihre Aufgabe im Kontext dieses höheren Purpose. Hier kommt die Berufung ins Spiel.

Tierpfleger, so die Studie, erzählen ähnliche Lebensgeschichten. Am Anfang steht fast ausschließlich eine Berufung, der sie folgen. Sie wissen es einfach: Ich muss mit Tieren arbeiten, ich muss in den Zoo. Diese Berufung gibt der Aufgabe persönliche *und* soziale Bedeutung. Ich tue es für mich *und* die Gesellschaft *und* die Tiere. Darüber hinaus gehen Tierpfleger davon aus, dass sie eine bestimmte Begabung mitbringen. Sie können es einfach, es gibt diesen Draht, der sie mit den Tieren verbindet, während sie zu Menschen häufig weniger guten Zugang haben. Rückwirkend, erklären sie, hätten sie schon in ihrer Kindheit wissen können, dass sie eines Tages mit Tieren in einem Zoo arbeiten würden. Sie wählen ihren Beruf nicht wie andere Berufe wählen. Es ist vielmehr eine Berufung. Nicht sie haben die Aufgabe gewählt, sondern die Aufgabe sie. Tierpfleger, das war immer die

38 Ebd: Die Zitate finden sich der Reihe nach auf folgenden Seiten der Studie: 9, 11, 14, 20, 22, 21, 21.

richtige Arbeit für sie, sie mussten es lediglich erkennen. Und nun, in dieser Welt und Tätigkeit angekommen, können sie in perfekter Weise ihre Fähigkeiten und Talente und Vorlieben zum höheren Wohl nutzen.

Tierpfleger sprechen nicht über Jobs, sondern über Identität, über die Frage: Wer bin ich? Bin ich jemand, der durchs Leben stolpert und Gelegenheiten nutzt, die das Leben bietet, oder bin ich jemand, der von etwas gezogen wird: vom Purpose, von der Bestimmung, vom Calling, von der Berufung? Die Entscheidung der Tierpfleger für den zweiten Weg beinhaltet auch ein Bekenntnis zu unnachgiebiger Pflicht, zu persönlichen Opfern und großer Wachsamkeit. Der schmutzige Teil der Arbeit wird ertragen, die schlechte Bezahlung und die Überstunden werden akzeptiert, die Gefahren und physischen Herausforderungen erduldet – nicht schön, doch unabänderlich (siehe **Abbildung 11**).

Die Autoren der Studie halten es für eine starke Annahme, dass diejenigen mit einem Sinn für Berufung verletzlich sind in Bezug auf die Ausbeutung durch das Management, weil unvorteilhafte Bezahlung oder Arbeitsbedingungen wahrscheinlich einfach als ein weiteres Opfer gedeutet werden, das man erbringen muss, um dem Ruf zu folgen. Wer seiner Berufung folgt, der muss sich eben fügen. Doch wer berufen ist, der erträgt fast jedes Wie. Kennen wir alle, von uns selbst oder unserer Familie oder unserem Freundeskreis. Der Geist der Tierpfleger ist überall – kaum ein sozialer Beruf ohne dieses Dilemma, kaum ein Künstler, der nicht zu hören bekommt, er habe ja wohl sein Hobby zum Beruf gemacht.

Ein kurzer Ausflug in die Geschichte, denn das alles, erklären Bunderson und Thomson, sei beim besten Willen kein neues Thema. Es reiche zurück bis zur Reformation. Sie sprechen von einer »neoklassischen Berufung«, weil vor ca. 500 Jahren das Konzept, auf das sich heutige Tierpfleger beziehen, in die Welt kam, wenn auch mit anderen Vorzeichen. Schauen wir uns dieses Konzept an. *»Der Mensch ist zur Arbeit geboren wie der Vogel zum Fliegen«*, predigte Martin Luther, der Reformator. Während Lohnarbeit weder in der Antike noch im Mittelalter geschätzt wurde, brachte die Reformation eine Neubewertung. Martin Luther erklärte, dass Arbeit tatsächlich gar kein notwendiges Übel sei, sondern ein göttliches Angebot. Luther hob die Unterscheidung zwischen höheren und niederen Tätigkeiten (priesterliche Tätigkeit und weltliche Alltagsarbeit) auf. Alle Arbeit, sagte er, sei Ausdruck der Nächstenliebe. Es gebe eine innere und eine äußere Berufung, die eine sei die Berufung zur konkreten Tätigkeit, die andere sei die Berufung, Gott zu ehren und damit der Gemeinschaft zu dienen.

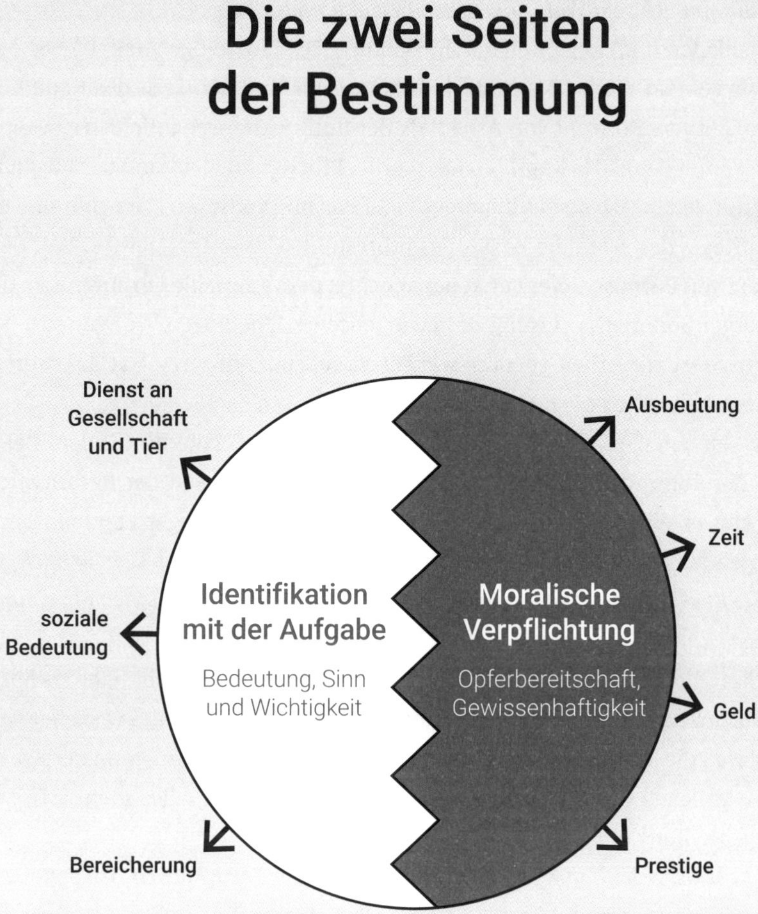

11 *Die zwei Seiten der Bestimmung in der Welt der Tierpfleger: Der sozialen Bedeutung der Aufgabe steht die Ausbeutung gegenüber, Sinn und Opferbereitschaft gehören zusammen.*

Kurz gesagt, alle Arbeit war für Luther Gottesdienst. Auch die der einfachen Hausmagd, von der er schreibt, dass sie als Antwort auf die Frage, warum sie das Haus kehre und die Kühe melke, antworten könne: *»Ich weiß, dass meine Arbeit Gott gefällt, weil ich sein Wort und seinen Befehl für mich habe.«*[39]

Ein radikaler und folgenreicher Einschnitt. Der Soziologe Max Weber beschreibt in seinem Werk »Die protestantische Ethik und der Geist des Kapitalismus«, wie Luthers Konzept von Arbeit als Berufung weltanschaulich ausgeweitet und zum Hintergrund des Kapitalismus wurde. Pflicht und Fleiß und das Fügen in die vorgefundenen Arbeitsbedingungen – all das im Dienst am Nächsten und zu Ehren Gottes – das seien die Basics des protestantischen Arbeitsethos. Wer diesen Aspekt von Purpose tiefer verstehen möchte, dem empfehle ich außerdem die Wittenberger Sonntagsvorlesung des evangelischen Theologen Wolfgang Huber »Der Mensch ist zur Arbeit geboren wie der Vogel zum Fliegen – Hat das protestantische Arbeitsethos noch eine Zukunft?«[40]

Zurück zu den Tierpflegern. Auch wenn die Mechanik, die hinter dem Beruf und der Berufung wirkt, große Ähnlichkeit mit den Gedanken der Reformation besitzt, gibt es einen gravierenden Unterschied: Die Tierpfleger kommen ohne den Verweis auf einen Gott aus. Sie sagen: *»Die Dinge entwickelten sich für mich genauso, wie es sein sollte [...] Irgendwie bin ich da reingefallen.«* oder *»Ich bin einfach nur an den richtigen Stellen gelandet.«*[41]

Schicksal, Vorsehung, Glück – irgendeine fremde, höhere Macht habe sie dorthin geführt, wo sie ihren Fähigkeiten und ihrer Vorstellung gemäß wirken könnten. Und weil diese höhere Macht irgendwie diffus ist, ist auch der Sinn der Arbeit um den göttlichen Aspekt gekürzt. Ansonsten aber scheint alles identisch. Die Tierpfleger helfen der Gesellschaft und den Tieren.

»Das neoklassische Calling ist der Ort innerhalb der betrieblichen Arbeitsteilung der Gesellschaft, zu dem sich jemand schicksalhaft hingezogen fühlt, sei es durch die Tugend persönlicher Gaben, Talente und/oder spezifischer Chancen.«[42]

Und die Arbeit ist eben kein Gottesdienst mehr, sondern »nur noch« Dienst an der Gesellschaft.

---

39 Martin Luther: Predigt 1532. Zitiert nach Wittenberger Sonntagsvorlesung von Wolfgang Huber im April 2007: *https://www.ekd.de/070422_huber_wittenberg.htm*

40 Ebd.

41 J. Stuart Bunderson, Jeffery A. Thompson: The call of the wild. Zookeepers, callings, and the dual edges of deeply meaningful work, S. 14: *http://apps.olin.wustl.edu/workingpapers/pdf/2008-09-002.pdf*

42 Ebd, S. 15.

Take-away

Eine kleine Studie über Tierpfleger in Kanada und den USA offenbart die helle und die dunkle Seite der Vorstellung, dass der Beruf ein Calling sei, also eigentlich eine Berufung. Sie öffnet die Augen für die damit verbundene Haltung und gibt Purpose einen bittersüßen Geschmack. Darüber hinaus zieht sie eine Verbindungslinie zum protestantischen Arbeitsethos, zur Reformation und Martin Luthers folgenreicher Neubestimmung des Wertes von Arbeit im Zeichen von Purpose.

Gefährliche Kindermädchen

Purpose und die Mechanik des Vertrauens

Was für ein Glück sie gehabt haben, das junge Ehepaar Myriam und Paul. Endlich können sie sich wieder voll auf ihre Arbeit und ihre Karrieren konzentrieren, denn nun ist ja Louise da und kümmert sich um die beiden Kleinen. Sie spielt mit ihnen in der schönen Pariser Altbauwohnung im zehnten Arrondissement, sie macht Spaziergänge, erzählt den Kindern Geschichten. Schon bald ist Louise unentbehrlich. Aber was wissen Myriam und Paul eigentlich von ihr? Worauf basiert ihr Vertrauen? *»Sie hat den Blick einer Frau, die alles verstehen und verzeihen kann«*, denken sie beim Kennenlerngespräch.[43] Die Kinder mögen sie und eine Frau, für die Louise gearbeitet hat, sagt am Telefon: *»Sie haben ja Glück [...] sie war wie eine zweite Mutter für meine Söhne.«*[44] Irgendwann spüren Myriam und Paul, dass etwas nicht stimmt, doch von den Abgründen in Louise ahnen sie nichts. Es wird schon vorübergehen, sagen sie sich. Doch es geht nicht vorüber. *»Das Baby ist tot«*, beginnt der bestürzende Roman der französisch-marokkanischen Autorin Leila Slimani.[45]

---

43 Leila Slimani: Dann schlaf auch du. München: 2017, S. 25.

44 Ebd., S. 25.

45 Ebd., S. 9.

Vertrauen ist das Bindemittel der Gesellschaft, die Grundlage von Beziehungen, Handlungen, Entscheidungen, Transaktionen, Träumen. Wie lässt es sich definieren? Die Autorin und Expertin für Vertrauens- und Technologieforschung, Rachel Botsman, schreibt: *»Vertrauen ist eine Beurteilung von Ausgängen, eine Beurteilung der Frage, wie wahrscheinlich es ist, dass sich die Dinge richtig entwickeln werden.«*[46]

Das Risiko wäre eine fremde Person, auf die ich mich verlassen muss, die Qualität der Küche eines unbekannten Restaurants, die Fähigkeiten eines selbstfahrenden Autos oder das Wesen eines Kindermädchens. Vertrauen ist zunächst ein Sprung, dann wird es Gewöhnung (siehe **Abbildung 12**).

Auch Botsman hat eine Kindermädchengeschichte zu erzählen, ihre ganz persönliche. Doris kam aus Schottland, war mollig und rotgesichtig, trug einen Anzug der Heilsarmee und eine Brille mit Metallgestell. Botsmans Mutter hatte Doris über die noble Zeitschrift »The Lady« gefunden, das Magazin, in dem auch die High Society ihr Hauspersonal sucht. Die Vertrauenslogik der Mutter: Wenn die Königsfamilie dieses Magazin nutzt, um Personal zu finden, dann muss es einfach zuverlässig sein. Die Referenzen für Doris klangen ebenfalls positiv, und ihr schottischer Akzent hatte es der Mutter angetan. Nach einigen Monaten passierten seltsame Dinge, doch die Eltern beschlossen, Doris' fadenscheinigen Erklärungen zu glauben. Schließlich fand man heraus, dass sie eine Art Drogenring betrieb und einen Raubüberfall begangen hatte, bei dem sie den Volvo von Botsmans Eltern als Fluchtfahrzeug genutzt hatte.

Sie wünschte, sie hätte mehr über Doris gewusst, sagte die Mutter hinterher. Sie kam ihr doch so vertrauenswürdig vor. Das sagen wir oft, wenn wir der falschen Person vertraut haben. Wie überprüft man Vertrauenswürdigkeit? Wir erkunden vier Bereiche, sagt Botsman:

1. Ist die Person kompetent?
2. Ist sie zuverlässig?
3. Ist sie integer?
4. Ist sie einem wohlgesinnt?

46 Rachel Botsman: Wem kannst du trauen? Kulmbach: 2020, S. 37.

Vertrauen ist ein Sprung

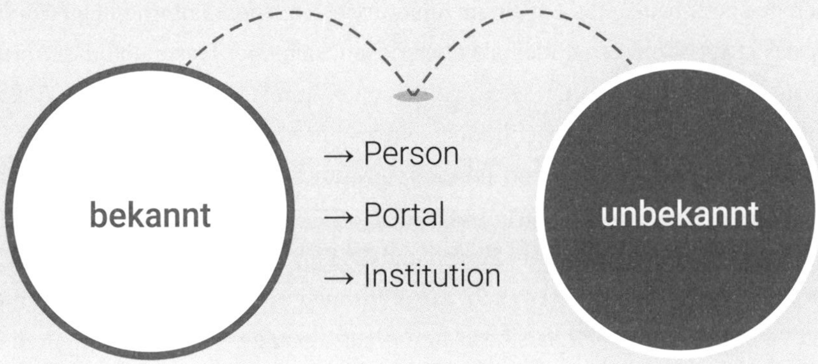

12 *Vertrauen ist ein Sprung: Vom Bekannten zum Unbekannten gelangen wir über das Zutrauen in eine Person oder Institution.*

Wir sollten uns nicht fragen, ob wir der Person vertrauen, sondern ob wir darauf vertrauen, dass die Person etwas Bestimmtes tut bzw. nicht tut. So bleiben wir näher an der Realität.

Welche Rolle spielt Vertrauen im Kontext von Purpose? Eine große! Denn die Frage nach Purpose verdichtet diese vier Fragen wie in einem Brennglas. Warum und wozu sind dabei die Master-Fragen. Die Antworten auf die Fragen, warum und wozu wir etwas tun, stellen ungleich stärkeres Vertrauen her als die Antwort auf die Frage nach dem Was oder Wie. Purpose schafft Nähe. Er ist in Verbindung mit einem Set an Werten der Königsweg zum Vertrauen. Es geht nicht um Kontrolle, nicht darum, zu überprüfen, ob jemand das macht, was sie oder er machen sollte, nicht um Vorschriften, die von vornherein einschränken. Wer vertraut, der vertraut in die Kreativität, in die Fähigkeit, in die Person.

Was bedeutet das jetzt für die Kindermädchensituation? Sollte man sich etwa über Purpose und Werte austauschen, bevor die Frau eingestellt wird? Ganz sicher, und zwar beidseitig! Bei einem Jobinterview in einem Unternehmen würden wir das ja auch tun. Es ist niemals übertrieben, sich über Werte und das Warum auszutauschen, wenn es um wichtige Personen in unserem Leben geht. Außerdem: Das Vertrauen soll ja schließlich ein gegenseitiges sein, also empfehle ich Offenheit wie bei einem guten Jobinterview, an dessen Ende jeder ein starkes Gefühl dafür hat, was zu erwarten ist.

Je mehr wir über eine andere Person und die Reise, die ihr Leben darstellt, wissen, desto größer ist das Vertrauen. Aus Vertrauen wiederum erwachsen Freiheit und Verantwortungsgefühl als Basis für herausragende Leistungen, die selten im Takt einer Stechuhr entstehen. Freiheit und Verantwortlichkeit sind somit zwei Seiten einer Münze.

Und was passiert, wenn Vertrauen missbraucht wird? Ich fand ein gutes Beispiel bei Frederic Laloux.[47] Hier geht es darum, wie eine bereits bestehende starke Vertrauenskultur mit einem Vertrauensbruch umgeht. In einem technischen Unternehmen hatten die Mitarbeiter freien Zugang zum Lager mit allem Zubehör. Die Person, die Ein- und Ausgänge im Lager mit Bürokratie überwacht hatte, war als Engpass empfunden worden. Alles funktionierte ohne sie viel besser und rei-

47 Frederic Laloux: Reinventing Organisations. Brüssel: 2014, S. 242.

bungsloser als zuvor. Bis zu dem Tag, an dem ein Bohrer gestohlen wurde. Das war zwar kein großes Delikt, doch ein deutlicher Verstoß gegen die Kultur. Der Ruf nach mehr Kontrolle wurde laut. Nein, sagte der Chef. Er stellte lediglich ein Flipchart in das Lager. Es erklärte, wie überflüssig es doch sei, einen Bohrer zu stehlen, denn jeder könne doch einen Bohrer am Abend mit nach Hause nehmen, ihn dort nutzen und natürlich am nächsten Tag zurückbringen. Doch wer stiehlt, der wird auf der Stelle entlassen. Damit war das Thema erledigt; es gab keine weiteren Diebstähle, jeder hatte verstanden, wie sich Dinge lösen lassen, offen und deutlich und entspannt. Natürlich geht es nicht immer so einfach, doch vom Vertrauen zurück zur Kontrolle zu gehen, scheint selten eine kluge Lösung zu sein. Entschlossenes Handeln dagegen schon und eine Haltung, die keine Toleranz gegenüber Verstößen gegen zentrale Werte duldet.

Eben darum ist es so wichtig, am Anfang genau zu klären, welche Werte zählen. Ein drittes Beispiel zum Thema Kindermädchen. Botsman erzählt in ihrem Buch »Wem kannst du trauen« von UrbanSitter, einem Onlinemarktplatz aus San Francisco, der Familien mit Babysittern zusammenbringt und eine Abkürzung zum Vertrauen bietet. UrbanSitter interviewt nicht sämtliche Babysitter, sondern sie setzten zu Beginn auf Empfehlungen örtlicher Musikschulen, Grundschulgruppen, Sportclubs und baten die Babysitter, die in diesen Gruppen genutzt wurden, ihr Profil zu registrieren. Dann gingen sie einen Schritt weiter und nutzten die Facebook-Anmeldung. So konnte jeder Nutzer der Plattform sehen, wie die Sitter vernetzt waren, und das Vertrauen übertrug sich von den eigenen Facebook-Freunden oder den Freunden von Freunden auf die Babysitter. Darüber hinaus bestand ja die Möglichkeit, viele Stimmen zu den Kandidaten über Facebook einzuholen, einfach indem man nachfragte. Das galt ebenso für die Babysitter, auch die konnten auf dem gleichen Weg leicht überprüfen, ob sie für eine Person oder Familie arbeiten wollten oder nicht.

Der Raum zwischen dem Bekannten und dem Unbekannten beschreibt das Risiko. Vertrauen ermöglicht den Sprung, der uns über den Abgrund der Angst trägt, indem es auf etwas Drittes referenziert. Wenn A nicht weiß, ob er C vertrauen soll, dann benötigt er eine Brücke, nennen wir sie B. Seien es Referenzen, die nachvollziehbar sind, das heißt nicht von unbekannten Personen, sondern von bekannten. Seien es die Erfahrungen aus einem persönlichen Gespräch. Sei es die Sicherheit, die eine Institution gibt oder der Austausch über die Lebensgeschichte und das tiefere Warum. Denn so wird die Beziehung nicht nur vertrauensvoller, sondern auch menschlicher und bedeutungsvoller.

Aus der Praxis: Inside out – von einem Sushi-Koch lernen

Wer etwas Neues machen will, ein Start-up gründen, ein Team neu ausrichten, ein Produkt auf den Markt bringen, dem helfen Vertrauensbrücken. Ein einfaches Beispiel dafür ist Sushi. Als Sushi in den 1960er Jahren in die USA kam, gab es große Vorbehalte. Roher Fisch statt Hamburger mit Pommes? So erfand der Besitzer einer kleinen Sushi-Bar in Los Angeles die California Roll. Hier war der Reis nicht innen, sondern außen, außerdem enthielt sie bekannte Zutaten wie Krebsfleisch, Gurken und Avocado. Anders gesagt: Inside out! Und so begann die Erfolgsgeschichte des Sushis in den USA und im Rest der Welt.

Zwei Dinge helfen, Ideen zu vermitteln: Einfachheit und Metaphern. Starbucks hat lange Zeit gesagt, wir sind der dritte Ort. Besser geht es nicht. Ich kenne die anderen beiden Orte, mein Zuhause und meinen Arbeitsplatz. Von dort gibt die direkte Brücke zum Neuen – der Welt von Starbucks.

Take-away

Vertrauen ist das Bindemittel der Gesellschaft, und Purpose ist ein starker Link zu Vertrauen im Zwischenmenschlichen. Dennoch gilt: Augen auf! Nach dem Purpose muss auf die richtige Weise gefragt werden. Wie lautet die Story hinter dem Purpose, wie sieht die menschliche Seite hinter der professionellen Seite aus? Wie kann ich durch klare Vermittlung und klare Fragen nach den Werten eine starke Beziehung aufbauen?

Etwas anderes als Listen abhaken

Die psychologische Vermessung des Sinns

Tatjana Schnell ist empirische Sinnforscherin. Die Psychologin lehrt als Professorin in Innsbruck und Oslo. Im September 2020 veröffentlichte sie eine Studie, die das Level des mentalen Stresses während der aktuellen Pandemie in Deutschland und Österreich untersuchte.[48] Die Studie zeigt unter anderem, dass Menschen, die Sinn in ihrem Leben sehen und darüber hinaus über Selbstkontrolle verfügen, signifikant weniger gestresst waren. Sinn wirkt als Schutzfaktor (siehe **Abbildung 13**).

»Sinnerfüllung geht einher mit Selbstannahme, Selbstwirksamkeitserwartungen, Regulationsfähigkeiten, Resilienz sowie mit der Befriedigung psychologischer Bedürfnisse wie Autonomie, Kompetenz und sozialer Einbindung. Auch die körperliche Gesundheit und die Lebensdauer werden durch die Sinnerfahrung beeinflusst. Wer sein Leben lohnenswert findet, ist auch motiviert, Verantwortung für die eigene Gesundheit zu übernehmen, also sich fit zu halten, sich gesund zu ernähren oder den Suchtmittelgebrauch einzuschränken. Zusätzlich hat die Sinnerfüllung einen starken ›Puffer-Effekt‹: Sie hilft dabei, sich von Stressoren, also schwierigen Ereignissen, nicht so leicht umwerfen zu lassen. Wer das Leben als sinnvoll erfährt, ist existenziell verortet, hat Boden unter den Füßen, kennt die Richtung, in die er/sie gehen will, und hat einen Platz auf dieser Welt für sich gefunden. Dies sind gute Voraussetzungen dafür, mit Schwierigkeiten umzugehen. Einerseits bietet die Sinnhaftigkeit eine gewisse Standfestigkeit, andererseits auch eine Perspektive, die über das Hier und Jetzt hinausgeht und somit hilft, momentane Schwierigkeiten zu relativieren.«[49]

---

48 Tatjana Schnell, Henning Krampe: Meaning in life and self-control buffer stress in times of COVID-19: moderating and mediating effects with regard to mental distress. Veröffentlichung der Studienergebnisse am 23. September 2020 in frontiers in psychiatry: *https://www.frontiersin.org/articles/10.3389/fpsyt.2020.582352/full*

49 Tatjana Schnell: Interview über Psychologie des Lebenssinns. In: SinndesLebens24, 23. Dezember 2018: *https://www.sinndeslebens24.de/interview-mit-prof-tatjana-schnell-psychologie-des-lebenssinns*

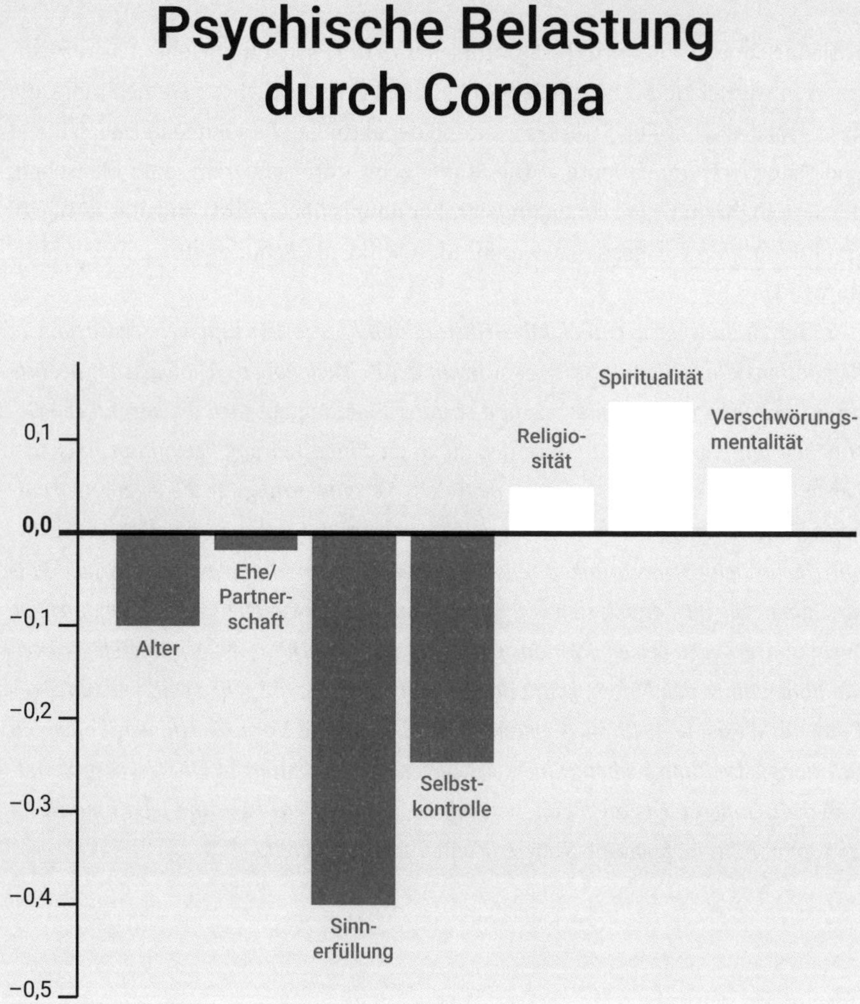

13 *Die psychische Belastung durch Corona: Ein sinnerfülltes Leben bietet den stärksten Schutzfaktor. (Quelle: Studie Meaning in Life and Self-Control Buffer Stress in Times of COVID-19 von 2020).*

Trotz dieser ermunternden Wirkungen sehen laut empirischer Forschung nur 50% der Deutschen einen Sinn in ihrem Leben. Diesen Zustand nennt Schnell Sinnerfüllung. Von der anderen Hälfte leben rund 40% in einem Zustand, den sie existenzielle Indifferenz nennt. Sinn ist für ihr Leben keine relevante Kategorie, sie vertrauen zum Beispiel Wissenschaft und Technik, glauben nicht, dass ausgerechnet sie etwas bewirken oder verändern können. Weitere rund 10% leben aktuell in einer Sinnkrise, weil zum Beispiel im Arbeitsleben der Sinn in ihrer Tätigkeit der Effizienz und dem Listenabhaken gewichen ist. In ihren Forschungsarbeiten beschreibt Tatjana Schnell die vier zentralen Merkmale der Sinnerfüllung (siehe **Abbildung 14**). Es sind:

1. *Kohärenz*
   Mein Leben erscheint mir stimmig, alles passt. Ich widerspreche mir nicht selbst in Worten und Taten.
2. *Orientierung*
   Mein Leben hat eine Richtung. Ich kenne ungefähr den Weg, den ich gehen will.
3. *Bedeutsamkeit*
   Ich werde wahrgenommen, erfahre Resonanz auf mein Dasein und erlebe, dass mein Handeln Relevanz und Konsequenzen hat.
4. *Zugehörigkeit*
   Ich habe meinen Platz auf dieser Welt und erfahre mich als Teil eines größeren Ganzen (Familie, Philosophie, politische Partei …).

Diese vier Qualitäten, betont die Professorin, gehörten zusammen. Wenn nur eine von ihnen infrage gestellt würde, färbe das auf das gesamte Sinnempfinden ab. Wir sagen nicht: Ist ja nicht so schlimm, dass mein Handeln nicht mehr bedeutsam ist und mein Chef meine Arbeit nicht mehr schätzt, solange die anderen Dimensionen des Sinns nicht betroffen sind, geht es mir gut. Wer ist schon in der Lage, so feinsinnig zu unterscheiden? Wer ist sich dieser Dimensionen des Sinns überhaupt bewusst? Dabei scheint mir diese Gliederung des Sinns außerordentlich hilfreich, um ein differenziertes Bild für unsere Situation zu bekommen. Ich könnte die vier Kategorien abfragen, um meinen Sinnstatus zu erfahren: Erscheint mir mein Leben stimmig? Hat es eine Richtung? Empfinde ich mein Handeln als relevant? Habe ich meinen Platz auf dieser Welt? Das wäre der Schnelltest.

Die vier Dimensionen des Sinns

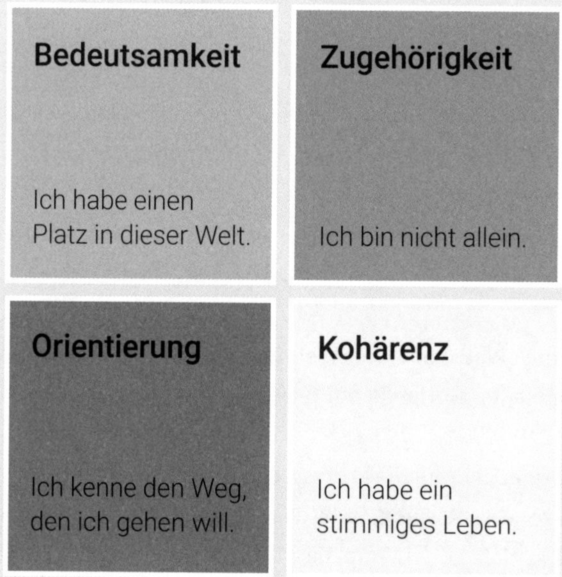

14 *Dimensionen des Sinns: Ein Gleichgewicht entsteht, wenn wir alle vier Dimensionen empfinden.*

Tatjana Schnell nennt fünf verschiedene Weisen, Sinn zu produzieren bzw. zu verwirklichen, also praktische Vorgänge zur Sinnerzeugung. Die Aufzählung folgt einer absteigenden Korrelation, am meisten Sinn schafft das Engagement für einen höheren Wert, am wenigsten die Ordnung:

- *Engagement für einen höheren Wert*, zum Beispiel soziales/ehrenamtliches Engagement, Naturverbundenheit, Generativität
- *Glaube*, zum Beispiel Religion, Schicksal, höhere Mächte
- *Selbstverwirklichung*, zum Beispiel Kreativität, neue Herausforderungen, Lernen
- *Selbst- und Nächstenliebe*, zum Beispiel Wellness, Achtsamkeit, Genuss
- *Ordnung*, zum Beispiel Tradition, Disziplin, sorgfältiges Planen

Dieses Ergebnis ihrer wissenschaftlichen Sinnstudien scheint ein Ausrufezeichen zu sein hinter Unternehmen und Menschen, die sich an einem höheren Purpose ausrichten. Doch das Engagement im Rahmen eines Unternehmens taucht bei Tatjana Schnell nicht auf. Sie verweist, ganz im Gegenteil, auf das Privatleben, sagt Dinge wie: *»[...] wir müssen aufhören, unseren Job zu glorifizieren [...] und unsere Identität nur in der Arbeit zu suchen«.*[50]

Der Job dürfe ruhig Mittel zum Zweck sein. Ich verdiene Geld, um Reisen zu machen, meine Familie zu unterstützen oder Ehrenämter übernehmen zu können, die mir wichtiger sind als der Job, die ich aber ohne ihn nicht machen könnte. Ihr Rat: Fangt bei euch selbst an! Hinterfragt, warum ihr etwas tut, denkt oder fühlt! Die Forscherin bietet online für so eine differenzierte persönliche Sinnbeschreibung einen Leitfaden, um den eigenen Lebenssinn zu erkunden.[51] Er enthält 51 Fragen, aufgeteilt in vier Blöcke: persönlicher Mythos, persönliche Rituale, Transzendierungserfahrungen sowie Religion/Atheismus/Agnostizismus/Spiritualität – ein ambitioniertes Projekt also.

Die Frage, die ich mir stelle, ist, wohin führt dieses Aufgeben? Warum sollte ich darauf verzichten, Sinn in der Arbeit zu suchen? Würden wir nur 1 oder 2 Stunden

50 Tatjana Schnell: Interview in Jetzt: *https://www.jetzt.de/job/interview-mit-tatjana-schnell-professorin-fuer-persoenlichkeitspsychologie*

51 *www.sinnforschung.org* ist die deutsche Website zum Thema. Für eine Forschungsseite ist sie hervorragend zu lesen und gibt gute Einblicke in alle Facetten des Themas. Darüber hinaus bietet sie einen seriösen Leitfaden für das Thema Selbstvermessung, der allerdings auch einiges von dem verlangt, der sich auf ihn einlässt. Das Ausfüllen dauert mit Phasen der Reflexion eher Wochen als Stunden.

pro Tag arbeiten, könnte ich diesen Gedanken nachvollziehen. Doch die Arbeit bestimmt einen großen Teil unserer Zeit – und wie Aaron Hurst sagt, die Wahrscheinlichkeit, dass ich ein erfülltes Leben lebe, wenn mein Job völlig sinnbefreit ist, ist minimal.

Schließlich warnt Schnell: Lasst euch nicht ausnutzen! Und sie zitiert als Beleg die Studie der Tierpfleger in den amerikanischen Zoos und mahnt, dass diejenigen, die ihren Job aus Leidenschaft und Überzeugung tun, oft auch weniger verdienen als ihre Kollegen. Insgesamt blickt sie weniger auf die sinnstiftende Funktion Purpose-getriebener Unternehmen, als vielmehr auf einen anderen Trend, den Wegfall der Arbeit durch Digitalisierung und die Gefahr, die darin liegt, sich allein über die Arbeit zu identifizieren, die uns in eine Sinnkrise stürzen wird, wenn es immer weniger Jobs gibt. Gerade deswegen ist es meiner Meinung nach wichtig, die persönliche Sinnarchitektur zu kennen – um sie in verschiedenen Lebensbereichen zu nutzen, um Abgleiche zu machen mit der Realität, ganz gleich, ob Freizeit, Ehrenamt oder Job, um immer wieder nachjustieren zu können, beweglich zu sein in Zeiten der Veränderung, wie wir sie gerade erleben. Die Studie, die Tatjana Schnell zum Ausmaß des mentalen Stresses während der Pandemie machte, lässt sich beliebig übertragen auf Erschütterungen im Privatleben oder im Bereich der Arbeit. Das Coronavirus ist nur ein Platzhalter. Genauso wie das Thema Sinn mit dem Spitzenreiter Engagement für einen höheren Wert, das viele Gesichter haben kann.

Take-away

Sinn ist etwas, das sich empirisch vermessen lässt. Danach ist die stärkste Dimension von Sinn diejenige, sich für einen höheren Wert zu engagieren, etwa für die Verbesserung der Gesellschaft. Jeder kann anhand der Erkenntnisse von Tatjana Schnell und mithilfe ihrer online zur Verfügung gestellten Tools seinen persönlichen Sinnhorizont vermessen, sofern es diesen gibt.[52] Denn 50% der Bevölkerung kommen, Schnells Studien zufolge, gänzlich ohne Sinn aus bzw. befinden sich in einer Sinnkrise.

52 Leitfaden zur Erkundung des eigenen Lebenssinns: *https://www.sinnforschung.org/mein-lebenssinn/leitfaden*

Wofür eine Marke steht

Branding im Zeichen von Purpose

In der Schlussszene der letzten Folge der Fernsehserie »Mad Men« sitzt die Hauptfigur, Kreativdirektor Don Draper, in einer Gruppe Yogis an einer Steilküste und meditiert. Es ist ein Sommertag und der Guru beginnt, ein Om zu singen. Don schließt die Augen und stimmt in den Gesang ein. Schnitt. Seine Vision: Ein Original-Werbeclip von Coca-Cola aus dem Jahr 1971.[53] Eine Gruppe von Hippies aus aller Welt singt einen Kanon: *»I'd like to teach the world to sing in perfect harmony.«* Glückliche, unschuldige Gesichter, die von Frieden, Liebe und Harmonie singen. Jeder hält in der rechten Hand eine Flasche Coca-Cola. *»I'd like to buy the world a coke to keep it company ... It's the real thing what the world wants today.«* Coca-Cola ist zu der Zeit die teuerste Marke der Welt. Ein Zuckerwasser mit Kohlensäure macht die Welt zu einem besseren Ort, das ist die Botschaft, imaginiert von einem zynischen New Yorker Werber, der Dinge sagt wie: *»Was du Liebe nennst, habe ich erfunden, um Nylonstrümpfe zu verkaufen.«*

Ist das der Weg für Branding und Purpose? Oder zeigt die Szene vielleicht nur den Indexpatienten der Marken, die sich Sinn umhängen wie ein modisches Accessoire? Wohl eher Letzteres. Gerade im Branding von Produkten und Personen ist der Bezug auf höheren, weltverändernden Sinn Mode, weil es bei den Kunden oder Followern ankommt, wenigstens solange die Aussagen nicht durchschaut werden. Doch dann kann die Sache schnell kippen.

In einer Studie aus dem Jahr 2018 berichtet die Unternehmensberatung Accenture vom Aufstieg der Purpose-geführten Brands und den damit verbundenen Folgen: *»Konsumenten in den USA fällen keine Entscheidungen allein auf Basis der Produktauswahl und des Preises, sie überprüfen, was eine Marke sagt, was sie macht und wofür sie steht. Sie unterstützen Firmen, deren Brand Purpose mit ihren persönlichen Werten übereinstimmt und sie weisen diejenigen zurück, bei denen es nicht so ist.«*[54]

---

53 Coca-Cola »Hilltop« Werbeclip: I'd like to teach the world to sing, 1971: *https://www.youtube.com/watch?v=ib-Qiyklq-Q*

54 Accenture: From me to we. The rise of the purpose-led brands, 2018: *https://www.accenture.com/us-en/insights/strategy/brand-purpose?c=strat_competitiveagilnovalue_10437227&n=mrl_1118*

Die Unternehmen sind herausgefordert, zugleich tun sich auch Chancen für authentische und profitable Kundenbeziehungen auf.

Wenn das so ist, sollten wir die Frage neu stellen: Wem gehört eigentlich eine Marke? Traditionell den Unternehmen, die sie aufgebaut haben, oder denen, die die Markenrechte besitzen. Doch lässt sich das in der digitalen Ära wirklich noch sagen? Vielleicht gehört die Marke ja längst der Community, den Angestellten. Vergleichen wir die alten vier P des Marketings mit den neuen: Product, Place, Promotion, Price vs. Purpose, Play, Passion und People (siehe **Abbildung 15**):

Marken werden so zu Plattformen, die Menschen verbinden, die leidenschaftlich sind und das Spiel gegenüber der starren Form bevorzugen. Kunden bleiben Brands treu, weil sie menschliche Züge tragen und für etwas einstehen. Understatement und Bescheidenheit zählen, Angeben ist unerwünscht. Accenture leitet aus seiner Studie drei Imperative für Marken der Zukunft ab, die sich 1 : 1 auf Personal Branding übertragen lassen:

1. Sei menschlich!
2. Sei klar und authentisch!
3. Sei kreativ!

Mit anderen Worten: Unternehmen brauchen klare Werte und offene Kommunikation. Kunden lesen, was der CEO twittert, und hören genau zu, wenn die Mitarbeiter offen sprechen. Sie fallen nicht auf falsche Purpose-Versprechen der Werbung rein, im Gegenteil: Unaufrichtigkeit wird sofort abgestraft. Es geht vielmehr um Nachhaltigkeit, Verantwortung und soziale Gerechtigkeit. Die Frage ist dabei sowohl, ob und wie eine Marke die Welt verändert, als auch, wie die Marke den Kunden hilft, sich relevant zu fühlen, sich zu verändern und an neue Lebensumstände anzupassen, sich eine positive Zukunft auszumalen. Dazu gehört die Kampagne »Like a girl« von Always (70 Millionen Aufrufe auf YouTube) ebenso wie »You can't stop us« (60 Millionen Aufrufe auf YouTube) von Nike oder »All that we share« des dänischen Fernsehsenders TV 1 (8,5 Millionen Aufrufe auf YouTube). Schluss damit, Menschen in Boxen zu stecken, Mädchen zu diskriminieren oder in einer von Corona gezeichneten Welt zu vereinsamen.[55]

55 Like a girl: *https://www.youtube.com/watch?v=XjJQBjWYDTs*. You can't stop us: *https://www.youtube.com/watch?v=WA4dDs0T7sM*. All that we share: *https://www.youtube.com/watch?v=jD8tjhVO1Tc*

Die vier P des Marketings damals und heute

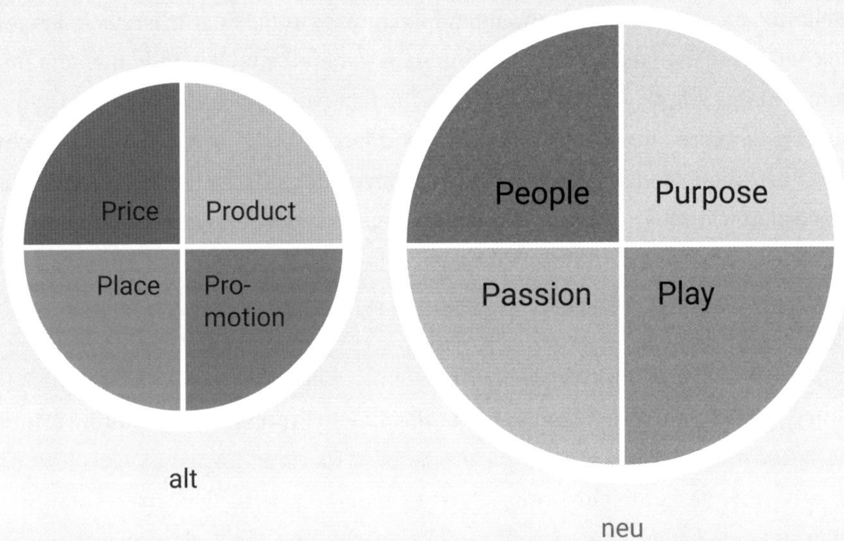

15 *Die vier P des Marketings im Wandel der Zeit: Purpose und People ersetzen Price und Promotion.*

Brauchen wir dafür eigentlich noch Werbung? Nehmen wir die wertvollste Automarke der Welt, Tesla (gemessen am Börsenwert). Wie kommuniziert die Marke? Durch Werbung? Fehlanzeige. Beim Thema Marketing und PR geht Tesla einen eigenen Weg, einen Weg ohne klassische, bezahlte Werbung. CEO Elon Musk setzt vielmehr auf seine 46 Millionen Follower bei Twitter und Mund-zu-Mund-Propaganda. Wie er soziale Medien nutzt, Neuheiten ankündigt, Spannung aufbaut, provoziert, sorgt für globale Aufmerksamkeit. Darüber hinaus ist der Purpose bei Tesla klar und einfach formuliert: Man will den Übergang zu nachhaltigem Verkehr beschleunigen, weil es wichtig für die Zukunft der Welt ist. Steht das so auf der Website? Nein. Das schreibe ich aus der Erinnerung, dabei bin ich kein Tesla-Fahrer, der das Warum der Marke bestimmt noch präziser formulieren könnte. Aber darauf kommt es Tesla nicht an: Sie bauen Elektroautos, weil diese besser für die Umwelt sind. Das weiß eigentlich jeder, der die Marke kennt. Auch wenn vielleicht nicht jeder dieser Annahme folgen mag, weil es natürlich viele Fragezeichen beim Thema Auto und Verkehr ganz generell gibt. Allein in meinem Bekanntenkreis gibt es Leute, die Tesla verfluchen (wie jeden Autohersteller), und andere, die durch ihren Tesla motiviert wurden, in die Partei der Grünen nicht nur einzutreten, sondern dort auch aktiv mitzuwirken. Jedenfalls steht Tesla für einen klaren Purpose – mag man ihn nun für genial oder verlogen halten. Und was ist der Purpose des Tesla-Chefs? Unser Leben durch technische Innovationen zum Guten zu verändern. Muss er das groß sagen? Nein. Das weiß man, weil er es ständig tut.

Zurück zu Coca-Cola. Wo ist der Unterschied zwischen Coca-Colas Hippie-Vision von 1971 und Tesla? Mit Bezug auf die drei Richtlinien von Accenture erfüllt Tesla alle drei Punkte, Coca-Cola aber nur zwei: Das Branding ist menschlich und kreativ, aber authentisch? Natürlich ist es unfair, diese beiden Arten von Branding zu vergleichen. Aber es geht mir auch nicht um Coca-Cola, sondern um all die Unternehmen, die in diesem Fake-Purpose-Stil werben. Im Gegensatz dazu ist Dove als eine der Top Brands von Unilever eine echte Purpose-Marke. Willkommen bei Dove, steht auf der Homepage und dann kommt ein Text, der die Werte der Marke vermittelt – schön ist, was dich ausmacht –, der von Projekten erzählt zu den Themen Selbstwertgefühl (2004 gestartet) und zur Einschätzung als Cruelty Free durch die Tierrechtsorganisation PETA, der davon erzählt, wie viel Plastikabfall die Marke reduzieren wird. Dove ist eine der nachhaltigen Marken beim Unilever-Konzern. Diese Marken wachsen 50% schneller als die traditionellen. Und die Dove-Plastikflaschen in unseren Badezimmern zeigen, dass da noch mehr Potenzial besteht.

Und Coca-Cola heute? Müll ist auch ein Thema, das der Getränkehersteller für sich entdeckt hat. Dessen Vision: eine Welt ohne Müll. Konkreter: bis 2030 für jede Flasche oder Dose, die das Unternehmen verkauft, eine zu sammeln und zu recyceln, unabhängig davon, woher sie kommt. Das klingt zwar weniger sexy als die Werbung aus den 1970ern, doch erheblich nützlicher.

Der Purpose Power Index: Was starke Purpose-Marken anders machen

Die Datenexperten des Bostoner Reputation Institute und die New Yorker Werbe- und Marketingagentur StrasberryFrog haben gemeinsam den Purpose Power Index entwickelt. Der Algorithmus, der die Brand Purpose Power ermittelt, orientiert sich an Fragen wie: Ist die Marke überzeugt davon, die Welt zu verbessern? Macht die Marke Dinge, die allen Stakeholdern nützt, nicht nur den Shareholders? Das sind Handlungsanweisungen für Unternehmen, basierend auf den Ergebnissen ihrer umfangreichen Studie zum Thema, was US-Verbraucher über Brand Purpose denken und fühlen:[56]

1. *Kläre deinen zugrunde liegenden Purpose*
   Verbraucher schätzen Brands mit einem Purpose, der klar, bedeutungsvoll, motivierend und differenzierend ist.
2. *Handle edel und verantwortungsbewusst*
   Verbraucher schätzen Brands, die die Welt tatsächlich verbessern und die ihre Angestellten sowie die Gemeinschaft, in der sie leben, wertschätzend behandeln.
3. *Beziehe Stellung*
   Verbraucher schätzen Marken, die sich wichtigen gesellschaftlichen Themen wie Umwelt oder Rassenungleichheit widmen.
4. *Handle mutig*
   Verbraucher schätzen Brands, die keine Angst vor Kontroversen haben, wenn sie ihrem Purpose folgen.
5. *Kommuniziere authentisch*
   Verbraucher schätzen Brands, die in ihrer eigenen Art über ihren Purpose sprechen.

56 Purpose Power Index: *https://www.purposepowerindex.com*

Take-away

Im 21. Jahrhundert bekommen Marken einen moralischen Charakter. Purpose heißt das Zauberwort. Die Verbraucher wollen wissen, wofür die Marke steht und wie sie der Gesellschaft Gutes tut. Purpose, Play, Passion und People lauten die neuen vier P des Marketings, das in unsere Zeit auch völlig ohne klassische bezahlte Werbung auskommt, um eine Weltmarke im Zeichen eines höheren Sinns zu schaffen, wie das Beispiel Tesla zeigt.

Wettbewerber wegblasen

Die Neurowissenschaft von Purpose

Nachdem er viele Jahre Laborforschung betrieben hatte, ging Paul Zak zu Firmen wie Zappos und fragte, ob er den Mitarbeitern wohl Blut während der Arbeit abnehmen dürfe. Man nickte. Zaks Ergebnisse wurden bestätigt. Zur Sicherheit ging er noch in den Regenwald in Papua-Neuguinea, wo er einen Stamm aufsuchte, der noch nie einen Arzt gesehen hatte, um dort ebenfalls Blut abzunehmen, und zwar vor und nach einem traditionellen Tanz. Danach war er sich seiner Sache sicher.

Der Neuroökonom Zak sagt, es sei das Oxytocin, das Gruppen erfolgreich mache. Die Menge des Hormons Oxytocin sage etwas über unser Mitgefühl, unsere Empathie. Oxytocin werde auch Moralhormon genannt, weil es wie ein Schalter für moralisches Handeln wirke, zumindest bei 95% der Menschen. Außerdem bringe ein hohes Level von Oxytocin im Blut Menschen dazu, härter zu arbeiten, um gemeinsam mit einer Gruppe die vorgegebenen Ziele zu erreichen.

»Studien haben gezeigt, dass Arbeiten mit Purpose ein starkes Oxytocin-Stimuli ist. Wenn Kollegen das Firmen-Warum verstehen und, wichtiger noch, danach handeln, gibt es einen zweiten Oxytocin-Stimulus, weil die meisten von uns es wertschätzen, anderen zu helfen. Meine Experimente zeigten, dass Teams mit einem hohen Vertrauen und einem höheren Purpose die Wettbewerber weggeblasen haben.«[57]

---

57 Paul Zak: How oxytocin can make your job more meaningful. Juni 2018: *https://greatergood.berkeley.edu/article/item/how_oxytocin_can_make_your_job_more_meaningful*

Ein paar Fakten über die High-Purpose- und High-Trust-Organisationen: Verglichen mit Organisationen, in denen beides schwach ausgeprägt war, zeigen Zaks Befragungen, dass die Mitarbeiter in Unternehmen, in denen Vertrauen und Purpose regieren, 74% weniger Stress haben, 106% mehr Energie, eine um 50% höhere Produktivität, eine um 13% niedrigere Krankenrate, 76% mehr Engagement, 29% mehr Zufriedenheit mit ihrem Leben und 40% weniger Burnout.

Detailtests führten Zak zu acht Grundbausteinen für eine Organisation, die Vertrauen und Purpose wertschätzt. Es geht um die praktische Umsetzung. Schon wenn ich eins der folgenden Elemente im positiven Sinne beeinflusse, sagt Zak, dürfe ich, je nach Ausgangssituation, mit positiven Änderungen rechnen. Es geht nicht darum, dass diese acht Grundbausteine nur im Paket wirken, obschon eine High-Performance-Organisation sicherlich danach streben wird, möglichst viele davon zu nutzen, um den Oxytocin-Fluss zu erhöhen. Damit wir sie uns leichter merken können, hat Zak ein Akronym gebildet – Oxytocin, was sonst?

1. **O**vation: exzellente Leistungen sehen und diese möglichst gleich würdigen, nachdem sie erbracht wurden
2. e**X**pectation: schwierige, doch erreichbare Herausforderungen gestalten, weil sie den Fokus intensivieren und soziale Verbindungen des Teams stärken
3. **Y**ield: Mitarbeitern erlauben, Projekte auf ihre Art umzusetzen, was auch Innovationen fördert, weil verschiedene Menschen verschiedene Ansätze probieren
4. **T**ransfer: Ermöglichen von Job Crafting. Nicht die Mitarbeiter haben sich den Jobbeschreibungen anzupassen, sondern andersherum.
5. **O**penness: Informationen großzügig und offen teilen. Dafür ist die laufende Kommunikation der Schlüssel.
6. **C**aring: gezielter Aufbau von Beziehungen, denn mit den Beziehungen steigt auch die Performance
7. **I**nvest: die Menschen als Ganzes wachsen lassen, die persönliche und die professionelle Entwicklung als *ein* Thema betrachten
8. **N**atural: authentisch und verletzlich sein, um Hilfe bitten, anstatt Dinge anzuordnen, denn das weckt den natürlichen Impuls zu kooperieren

Take-away

Die Neurowissenschaft zeigt, dass Purpose genauso wie Vertrauen dafür sorgt, dass unsere Gehirne das Hormon Oxytocin ausschütten. Es wirkt als Turbo für die Arbeitsleistung von Teams und sorgt für eine gute Atmosphäre.

Trailblazer und Blacktocats

Von überall arbeiten, um die Welt zu verbessern

Es gibt dieses herrliche Video über ein gestresstes Team von Underdogs, das in Zeiten des Coronavirus den Prototyp eines neuen Produkts entwirft. Ein turbulenter, rasend komischer Kurzfilm aus unserer Zeit, der kein plattes Evangelium auf die Arbeit im Homeoffice singt, sondern auch die Kehrseite der Invasion von Arbeit in unser Zuhause zeigt, um schließlich Sekunden vor dem entscheidenden Onlinemeeting die Schlüsselfrage zu stellen: *»Trägt jeder von euch eine Hose?«*[58]

Wenn ich »Homeoffice«, »Working from Home« oder »Remote Work« googele, dann finde ich die ewig gleichen Auflistungen von Vor- und Nachteilen, von Chancen und Risiken, von Pflichten und Freiheiten. Selbstmotivation, Selbstorganisation, Selbstdisziplin sind Schlüsselwörter. Natürlich sind die Tools wichtig, ebenso wie die Ausstattung des Arbeitsplatzes. Die Umwelt, die weniger belastet wird durch weniger Verkehr, zählt ebenso wie die gesparten Mieten auf Unternehmensseite und die gesparte Zeit bei den Angestellten. Alles schön und gut, doch ein Wort fehlt in diesen Listen beharrlich: Purpose. Dabei ist es aus meiner Sicht der zentrale Begriff.

Erst mit klarem Purpose ist der Rahmen für eine positive Working-from-Home-Erfahrung geschaffen. Am Ende ist es der Spirit, der alles zusammenhält – auch in dem Team der gestressten Underdogs, die schließlich eine Lösung finden,

---

58 Apple: The whole working-from-home-thing:
https://www.youtube.com/watch?v=6_pru8U2RmM&feature=emb_title

indem sie anders denken und damit das Motto ihres Unternehmens verkörpern. Um ein Gefühl dafür zu bekommen, was ich damit meine, zunächst ein Blick auf GitHub, danach ein Blick auf Salesforce.com.

GitHub wurde 2008 in San Francisco gegründet und ist die größte Plattform zur gemeinschaftlichen Entwicklung von Open-Source-Software. Sinn und Funktion von GitHub stecken schon im Namen: Git ist der Name für eine Software zur Versionsverwaltung. An einem Softwareprojekt arbeiten viele Entwickler mit. Jeder von ihnen schreibt einen anderen Teil des Programms. Doch wie werden die Teile zusammengeführt? Theoretisch könnte jeder Entwickler seine Änderungen und Neuerungen an eine Person schicken, die den Code immer wieder aktualisiert. Nicht nötig. Denn diese Aufgabe übernimmt Git. Und GitHub bietet als Cloud-basierter Dienst Einzelpersonen und Teams die Möglichkeit, Git für Versionskontrolle und Zusammenarbeit zu nutzen.

Wie organisiert GitHub seine Community von Entwicklern? Im Zentrum stehen diese vier P: Platform, People, Philanthropy, Policy. Die Schlüsselwörter des GitHub-Spirits im Einzelnen:

1. *Platform:* GitHub will die menschliche Entwicklung durch Kooperation von Entwicklern auf seiner Plattform beschleunigen.
2. *People:* Das GitHub-Team spiegelt die globale Entwickler-Community wider.
3. *Philanthropy:* GitHub unterstützt Non-Profit-Organisationen.
4. *Policy:* GitHub nutzt seine Plattform, um Chancengleichheit für Entwickler zu fördern.

Das ist der Rahmen, in dem GitHub agiert. Da geht es um Sprache (Austausch der Bezeichnung »Master« gegen »Main«). Da geht es darum, »Communities of Belonging« zu schaffen wie die »Adacats«, die »Blacktocats« oder die »Octogatos«. Da geht es mit »Tech Pipeline« darum, dass die nächste Generation von Entwicklern die am meisten unterversorgten Communitys der Welt einschließt. Da geht es um Transparenz, Security oder Urheberrecht. Unterm Strich geht es um eine Gemeinschaft, die das Wohl der Gemeinschaft im Blick hat.

Anfang Februar 2021 erklärte Salesforce.com den 9-to-5-Arbeitstag für tot und sagte, ihre Mitarbeiter arbeiteten ab jetzt entweder »flex« oder »fully remote« oder »office based«. Flex ist das Modell, nach dem die meisten bei dem Anbieter für Cloud-Computing-Lösungen in Zukunft arbeiten werden. Es bedeutet, ein bis drei Tage im Büro zu arbeiten, den Rest im Homeoffice. Vollkommen remote ist für diejenigen reserviert, die weit entfernt von Firmenbüros leben. Und nur ein kleiner Teil der fast 50.000 Mitarbeiter wird vier bis fünf Tage pro Woche im Büro arbeiten. Die Büros werden zu Community Hubs mit Räumen für Kollaboration und Breakout Sessions umgebaut.

Salesforce.com hat eine starke Kultur, die diese Art zu arbeiten stützt, die Ohana-Kultur. *»Bei Salesforce.com sind wir eine Ohana von Trailblazern (Wegbereitern), zu der unsere Kunden, Mitarbeiter, Partner und Communities gehören.«*[59]

Ohana bedeutet auf Hawaiianisch Familie. Damit ist es nach Frederic Laloux ein klassisches grünes Unternehmen, das Spaß daran hat, die Welt zu verbessern. Denn darum geht es, sagt Marc Benioff, Gründer und CEO von Salesforce.com: *»Firmen können mehr als nur Geld verdienen, sie können anderen dienen. Das Business des Business ist, den Zustand der Welt zu verbessern.«*[60]

Um das zu erreichen, folgt das Unternehmen vier Werten: Vertrauen, Kundenerfolg, Innovation und Chancengleichheit. Die vier Grundwerte sind tief in der Firmenkultur verankert und die treibende Kraft hinter Salesforce.com.

In einem Workshop mit Salesforce.com-Mitarbeitern erzählten diese, dass ihnen der Umstieg auf Remote-Arbeiten wegen der Pandemie keinerlei Schwierigkeiten bereitet habe. Nicht nur, dass sie die Tools und Kompetenzen dafür hätten – sie besäßen auch eine überaus starke Kultur, die den Rahmen der Tätigkeit beschreibt. Der Purpose ist sonnenklar und bildhaft formuliert: Trailblazer für die Kunden sein und indem deren Problem gelöst werden, den Zustand der Welt verbessern. Jeder weiß, wohin er gehört und was im Großen wie im Kleinen zu tun ist. Der Name Salesforce.com erinnert daran, was sonst noch zu tun ist: Verkaufen, was sonst?

Take-away

Purpose und Werte sind das Bindemittel in Zeiten des Coronavirus, in denen viele von uns nicht mehr in Büros arbeiten. WFA (Work from anywhere) ist das Stichwort: von zu Hause oder vom anderen Ende der Welt aus. Zoom, Teams und Meet haben die Welt klein werden lassen. Unternehmen, die su-

---

59 Salesforce.com: Ohana-Kultur und Werte: *https://www.salesforce.com/video/288760/*

60 In Forbes im Januar 2017: *https://www.forbes.com/sites/danpontefract/2017/01/07/salesforce-ceo-marc-benioff-says-the-business-of-business-is-improving-the-state-of-the-world/?sh=93f815d7eb04*

per erfolgreich darin sind, von überall zu arbeiten, begreifen ihre Mitarbeiter, Partner und Communitys als Familien, die das Ziel haben, den Zustand der Welt zu verbessern.

Keine Ausreden mehr

Viktor Frankl und das große Ja zum Leben

Die Welt verändern – wie geht das? Für Viktor Frankl, Professor für Neurologie und Psychiatrie sowie Begründer der Logotherapie, verweist alles auf einen Begriff: Sinn, darum geht es. Sinn ist das Fundament seines Gedankengebäudes. Wir Menschen sind für Frankl Wesen, die von einem Willen zum Sinn geleitet werden. Kein Wille zum Leben, kein Wille zur Macht, kein Wille zur Lust – Frankl blickt anders auf den Menschen als Geistesgrößen wie Arthur Schopenhauer, Friedrich Nietzsche oder Sigmund Freud. Sein Ansatz ist positiver, menschenfreundlicher, sympathischer.

Während viele glauben, diesen Sinn in sich zu finden, dreht Frankl die Suchrichtung um: Der Sinn, sagt er, liegt im Außen. Das Leben macht jedem von uns jede Woche, jeden Tag, jede Stunde, jede Minute Angebote, und wir wählen. So wird das Leben eines jedes Menschen für ihn zu einer Kette von Entscheidungen für oder gegen das Sinnhafte, das in einer bestimmten Situation zu tun ist. Hinsehen oder wegsehen, ja oder nein, machen oder nicht machen? Bei unseren Entscheidungen hilft uns das Gewissen. Es ermöglicht die Orientierung entlang von Werten und nimmt *unsere* Möglichkeiten wahr, die Welt zu verändern.

Die Überzeugungskraft der Gedankenwelt von Frankl liegt in dessen psychologischer und philosophischer Kompetenz sowie in seiner Empathie für die menschliche Existenz, vor allem aber ist sie begründet in dessen Biografie. Seine geistige Welt ruht auf einer Extremerfahrung, die zum Dreh- und Angelpunkt seiner Lebensgeschichte wurde. Frankl wurde 1905 in Wien geboren und überlebte zwischen 1942 und 1945 vier Konzentrationslager. Über diese Zeit berichtete er in einem schmalen Buch: »... trotzdem Ja zum Leben sagen. Ein Psychologe erlebt das Konzentrationslager.« Der Text erschien 1946, fand aber erst Beachtung, nachdem er ein Jahrzehnt später in den USA veröffentlicht wurde. Das Buch hat sich millionenfach verkauft und seinen Autor weltberühmt gemacht. Noch heute findet es sich unter den Amazon-Bestsellern. Es ist ein Buch für alle Sinnsucher, aber auch für diejenigen, die meinen, in ihrem Leben sei kein Platz für höhere Ziele und ihr Job sei sowieso nur zum Geldverdienen da, und wer etwas anderes behaupte, der solle doch der Realität ins Auge sehen. Viktor Frankl hat der schrecklichsten Realität ins Auge gesehen und ja gesagt zum Leben. Das ist es, was seine Worte lange nachhallen lässt. Frankls Gedanken zur geistigen Freiheit, die uns niemand nehmen kann, von der Wahl, die wir treffen können, spiegeln eine Lebenshaltung, die, frei von Religion, selbst in den dunkelsten Ecken des Lebens die Bedeutung des Sinns unterstreicht: *»In letzter Sicht erweist sich das, was mit dem Menschen innerlich geschieht, was das Lager aus ihm als Menschen scheinbar ›macht‹, als das Ergebnis einer inneren Entscheidung. Grundsätzlich also kann jeder Mensch, und auch noch unter solchen Umständen, irgendwie entscheiden, was – geistig gesehen – im Lager aus ihm wird: ein typischer ›KZler‹ – oder ein Mensch, der auch hier noch Mensch bleibt und die Menschenwürde bewahrt [...] Die geistige Freiheit des Menschen, die man ihm bis zum letzten Atemzug nicht nehmen kann, lässt ihn auch noch bis zum letzten Atemzug Gelegenheit finden, sein Leben sinnvoll zu gestalten. Denn nicht nur ein tätiges Leben hat Sinn, indem es dem Menschen die Möglichkeit gibt, in schöpferischer Weise Werte zu verwirklichen; und nicht nur ein gießendes Leben hat Sinn, also ein Leben, das dem Menschen Gelegenheit gibt, im Erlebnis der Schönheit, im Erleben von Kunst oder Natur, sich zu erfüllen; sondern auch noch das Leben behält seinen Sinn, das – wie etwa im Konzentrationslager – kaum eine Chance mehr bietet, schöpferisch oder erlebend Werte zu verwirklichen, vielmehr nur noch eine letzte Möglichkeit zulässt, das Leben sinnvoll zu gestalten, nämlich eben in der Weise, in der sich der Mensch zu dieser äußerlich erzwungenen Einschränkung seines Daseins einstellt.«*[61]

Es gibt meiner Meinung nach kein anderes Buch, das so eindringlich vermittelt, dass es einfach keine Ausreden gibt. Wer dazu neigt, sich um sich selbst zu drehen, zu zögern und zu zagen und weder im Job noch im Privatleben den Tatsachen ins Auge zu sehen und seinem Purpose zu folgen, dem lege ich diese Lektüre

61 Viktor E. Frankl: ... trotzdem Ja zum Leben sagen. München: 1977, S. 103 f.

ans Herz. Sie ist bestürzend und führt uns in eine schreckliche Welt. Doch sie zeigt uns auch die Richtung.

»Du bist schon nackt, es gibt keinen Grund, nicht deinem Herzen zu folgen«[62], sagte Steve Jobs in seiner Stanford-Rede. Bei Viktor Frankl würde es sich ähnlich lesen, doch mit einer kleinen Differenz: *»Du bist schon nackt, es gibt keinen Grund, den Sinn, den das Leben dir anbietet, auszuschlagen.«* Als Beispiel erzählt Frankl, wie er sich in der grausamen Welt des Lagers vorstellte, in einem freundlichen Vortragssaal zu stehen und einem interessierten Publikum einen Vortrag über die Psychologie des Konzentrationslagers zu halten. So blickt er über die Gegenwart hinaus in eine wünschenswerte und sinnvolle Zukunft und stellt sich dabei die Gegenwart mit all ihrem Leid vor, als wäre sie schon Vergangenheit. Damit aktiviert er auch seine Fähigkeit zu überleben, denn *»wer an eine Zukunft nicht mehr zu glauben vermag, ist im Lager verloren [...] er gibt sich auf«*[63].

Frankl sieht drei Hauptstraßen zum Sinn: die Arbeit, die Liebe und das Leid. Sie alle führten zur *»Selbst-Transzendenz«*, dazu, dass wir uns selbst verwirklichen, indem wir uns vergessen, übersehen, indem wir die Möglichkeiten, die in der Welt liegen, ergreifen. In seinen theoretischen Schriften entschlüsselte er die Zusammenhänge im Detail. Woran es leider in seinem Werk fehlt, sind Beispiele. Frankl begründete das damit, dass der Sinn in höchstem Maße individuell sei und wenn er nun beispielhaft schreiben würde, dann könnte er die Menschen dazu animieren, in den Spuren eines anderen Lebens zu gehen und einem Sinn zu folgen, der nicht der eigene sei. Die Arbeit stellte er sich vor wie das Schaffen eines Werkes. Er spricht häufig von dem Dienst an einer Sache. Frankls Leben zeigt, wie so ein Werk aussehen kann – es ist ein Werk, konzipiert um den zentralen Begriff Sinn, das Menschen letztlich hilft, sinnerfüllt zu leben und wie er *»nichts auf der Welt mehr fürchten zu müssen«*[64]. Die Liebe, den zweiten Weg zum Sinn, stellte er sich vor allem als geistiges Band zwischen zwei Menschen vor. Wenn wir auch hier wieder ihn selbst als Beispiel heranziehen, so schreibt er von der Liebe zu seiner Frau, den in seiner Einbildungskraft geführten Gesprächen mit ihr, nicht wissend, ob sie noch am Leben ist. Das Leid, den dritten Weg zum Sinn, habe ich schon beschrieben. Im Kern geht es darum, auch unter den wid-

62 Steve Jobs: You've got to find what you love, Stanford, 14.06.2005: *https://www.youtube.com/watch?v=D1R-jKKp3NA*

63 Viktor E. Frankl: ... trotzdem Ja zum Leben sagen. München: 1977, S. 114 f.

64 Ebd., S. 139.

rigsten Umständen menschliche Werte zu wählen: *»Das ist nämlich das Geheimnis der bedingungslosen Sinnträchtigkeit des Lebens: daß der Mensch gerade in Grenzsituationen seines Daseins aufgerufen ist, gleichsam Zeugnis abzulegen davon, wessen er und er allein fähig ist.«*[65]

Wie ist es um Purpose in Ihrem Leben bestellt? Ein Test

In den 1960er Jahren entwickelten zwei Psychiater, Leonard Maholick und James Crumbaugh, ausgehend von der Logotherapie Viktor Frankls den PIL-Test. PIL steht für Purpose in Life. Der Test besteht aus einem Set von 20 Fragen. Vielleicht haben Sie Lust, sich die Fragen anzusehen oder sie zu beantworten, auch wenn sie wie ich Psychotests eher kritisch gegenüberstehen und diesen Test eher als ein historisch interessantes Zeugnis psychologischer Forschung lesen? Hier sind die Fragen, zu beantworten jeweils mit einer Zahl zwischen 1 und 7. Es gibt also maximal 140 Punkte.[66]

1. Ich bin normalerweise: 1 (total gelangweilt) bis 7 (enthusiastisch).
2. Leben erscheint mir immer: 1 (absolute Routine) bis 7 (immer aufregend).
3. In meinem Leben habe ich: 1 (kein Ziel und keine Wünsche) bis 7 (viele gut definierte Ziele und Wünsche).
4. Meine persönliche Existenz ist: 1 (ohne Sinn und Zweck) bis 7 (voller Sinn und Zweck).
5. Jeder Tag ist: 1 (exakt gleich) bis 7 (immer neu und anders).
6. Wenn ich könnte, würde ich wählen: 1 (niemals geboren sein) bis 7 (noch 9 Leben mehr wie dieses haben).
7. Im Ruhestand werde ich: 1 (für den Rest meines Lebens herumhängen) bis 7 (die aufregenden Dinge tun, die ich immer tun wollte).
8. In Bezug auf das Erreichen meiner Ziele: 1 (habe ich keinen Fortschritt gemacht) bis 7 (habe sie alle komplett erreicht).
9. Mein Leben ist: 1 (leer und verzweifelt) bis 7 (eine Sammlung guter und aufregender Dinge).

---

65 Viktor E. Frankl. Der Mensch vor der Frage nach dem Sinn. München: 1979, S. 47.

66 Die Fragen zum PIL-Test fand ich hier: *https://exploringyourmind.com/evaluating-your-purpose-in-life-the-pil-test/*

10. Sollte ich heute sterben, würde ich mein Leben einschätzen als: 1 (Fehlschlag) bis 7 (sehr wertvoll).
11. Wenn ich über mein Leben nachdenke, dann: 1 (frage ich mich häufig, warum ich überhaupt existiere) bis 7 (finde ich immer Gründe zu leben).
12. Die Welt, in Relation zu meinem eigenen Leben: 1 (verwirrt mich) bis 7 (passt sich erkennbar meinem Leben an).
13. Ich schätze mich ein als: 1 (unverantwortliche Person) bis 7 (sehr verantwortliche Person).
14. Bezüglich der Freiheit müssen Menschen ihre eigenen Entscheidungen treffen, so glaube ich, dass Menschen: 1 (Sklaven ihrer Umgebung und der Umstände sind) bis 7 (absolut frei sind, ihre Lebensentscheidungen zu treffen).
15. Bezüglich des Todes bin ich: 1 (unvorbereitet und voller Angst) bis 7 (vorbereitet und ohne Angst).
16. Bezüglich des Selbstmordes: 1 (habe ich ernsthaft in Erwägung gezogen als Ausweg aus meiner Situation) bis 7 (habe ich nie einen Augenblick drüber nachgedacht).
17. Ich glaube, dass meine Fähigkeit, Sinn und Bedeutung im Leben zu finden: 1 (praktisch nicht existiert) bis 7 (herausragend ist).
18. Mein Leben ist: 1 (außerhalb meiner Kontrolle und von externen Faktoren bestimmt) bis 7 (in meinen Händen und unter meiner Kontrolle).
19. Wenn ich mich meinen täglichen Aufgaben gegenübersehe, ist das: 1 (eine langweilige und schmerzhafte Erfahrung) bis 7 (eine Quelle der Freude und Zufriedenheit).
20. Ich habe: 1 (keine Mission und keinen Purpose in meinem Leben entdeckt) bis 7 (klare Ziele und einen Purpose in meinem Leben).

Die Auswertung: weniger als 90 Punkte = existenzielle Leere,
90–105 Punkte = unklarer Purpose, mehr als 105 Punkte = klarer Purpose.

Aus der Praxis: Anders fragen

Wir sind es gewohnt, nach dem Sinn des Lebens zu fragen und die Frage so zu verstehen, was das Leben uns so zu bieten habe. Die Frage ist mit einer

Anspruchshaltung verbunden. Wie wäre es, inspiriert von Viktor Frankl, die Frage anders zu stellen? Nicht: Was habe ich vom Leben zu erwarten? Sondern: Was erwartet das Leben von mir? Ganz ähnlich wie US-Präsident John F. Kennedy es im Januar 1961 in seiner Antrittsrede getan hat: *»Frage nicht, was dein Land für dich tun kann – frage, was du für dein Land tun kannst.«*

Take-away

Viktor Frankl beschreibt den Menschen als Wesen mit einem Willen zum Sinn. Sein Werk liest sich wie eine umfassende Begründung für sinnhaftes, von Purpose geleitetes Leben. Zwei Dinge erscheinen mir bemerkenswert: die weite Perspektive auf Sinn (Arbeit, Liebe, Leid) sowie die klare Absage an gängige Ideen von Selbstverwirklichung. Was sich bei Viktor Frankl darüber hinaus beobachten lässt, ist die starke Wirkung von persönlichen Geschichten als Brücke, um Purpose oder Sinn zu vermitteln.

Die Suche nach der Mitte

Aristoteles' Konzept vom guten Leben

Wenn ich auf medium.com, der Online-Publishing-Plattform für Experten aller Art, die ihre Expertise zur Verfügung stellen, den Suchbegriff »Purpose« eingebe, erscheint eine Fülle von Beiträgen, ganz vorn Texte wie *»Der Purpose des Lebens ist nicht Glück: Es ist Nützlichkeit«* oder *»Der Purpose des Lebens ist nicht, glücklich zu sein«*. Die Texte auf Medium (und nicht nur dort) gehen dann ungefähr so: Lange Zeit dachte ich, Purpose im Leben bedeute Happiness. Und ich jagte dieses Glück: Shopping-Orgien, phänomenale Urlaube, ein gut bezahlter Job, natürlich, sonst wäre all das nicht möglich gewesen. Schließlich coole Freunde und Partys. Und eines Morgens wache ich auf und denke: Das ist es nicht. Und ich sage, danke, Aristoteles, hast du mich nicht gelehrt, ich solle das Glück jagen?

Hat er das? Zumindest steht das Glück in der Ethik des griechischen Philosophen an oberster Stelle, es ist das, worauf sich unser Leben richten sollte. Aber meinte Aristoteles damit Partys und Shopping? Geht es um Glück, Purpose, Sinn, wird, so scheint mir, kein Philosoph häufiger zitiert als Aristoteles (384 bis 322 v. Chr.). Seine »Nikomachische Ethik« ist ein Lesevergnügen für alle, die Freude an philosophischen Texten haben, und sie hat wesentlich mehr zu bieten als die immer gleichen Zitate, die durch aktuelle Sinn- und Purpose-Abhandlungen wehen.

Der Text von Aristoteles entwirft beispielhaft und lebensnah einen Leitfaden für ein gutes, tugendhaftes und glückliches Leben, der heute genauso aktuell ist wie in der Antike, als er verfasst wurde, ein Leitfaden für den Einzelnen, doch mit Blick auf die Gemeinschaft und den Staat. Kritiker mögen einwenden, dass Aristoteles in einer Sklavengesellschaft lebte und er die Sklaven, in seiner Welt *»Werkzeuge mit Stimme«*, von seinen Entwürfen ebenso ausnahm wie Frauen. Stimmt. Genau das haben wir Aristoteles voraus, dass heutzutage ungleich mehr Menschen seine Ethik anwenden können.

Aristoteles fragt in seiner Nikomachischen Ethik, was das Höchste aller Güter menschlichen Handelns sei, und seine Antwort lautet: Es ist die Glückseligkeit (eudaimonia). Wagen wir einen Blick auf sein Konzept von Glück. Die Grundgedanken sind folgende: Glück ist nicht das Gleiche wie Lust, im Gegenteil. Glück ist vielmehr etwas, das man um seiner selbst willen anstrebt. Aristoteles sagt, das Glück sei autark. Und wie erreiche ich es? Indem ich Tugendhaftes tue, und zwar um seiner selbst willen. Purpose macht den Unterschied, das Warum: *»Wenn es nun für unser Tun ein Ziel gibt, das wir um seiner selbst willen wollen, während wir das Übrige nur dieses Zieles wegen wollen, und wenn wir nicht alles um eines anderen willen anstreben (denn so ginge es ja bis ins Unendliche weiter, sodass alles Streben eitel und zwecklos wäre), dann wird offensichtlich dieses Ziel das Gut, ja sogar das höchste Gut sein.«*[67]

Es geht nicht um Reichtum, Macht oder Ehre. Das Gute wird getan, weil es gut ist, das Gute zu tun. Punkt.

Wie kann ich mich orientieren? Indem ich tugendhaft bin. Aristoteles unterscheidet zwischen zwei Arten von Tugenden, denen des Denkens und denen des Charakters. Beide seien uns nicht in die Wiege gelegt, wir erwürben sie mit der

67 Aristoteles: Nikomachische Ethik. Ditzingen: 2019, S. 5.

Zeit durch Erziehung und Erfahrung. Am Ende gebe unser Leben darüber Aufschluss, ob wir tugendhafte Entscheidungen getroffen hätten oder nicht.

»Die Tugend des Denkens entsteht und wächst größtenteils durch Belehrung, weshalb sie der Erfahrung und Zeit bedarf; die Tugend des Charakters hingegen geht auf Gewöhnung (Ethos) zurück.«[68]

Wie kann ich mir konkret eine Tugend vorstellen? Aristoteles findet ein verblüffend einfaches und doch sehr wirkungsvolles Modell. Er stellt sich die Tugend vor als eine Mitte zwischen zwei Extremen, dem Übermaß und dem Mangel. Der Tugendhafte sei derjenige, der diese Mitte in Bezug auf seine eigene Existenz suche. Einige Beispiele: Tapferkeit ist die Mitte zwischen tollkühn und feige. Großzügigkeit ist die Mitte zwischen Protzerei und Geiz. Freundlichkeit ist die Mitte zwischen Gefall- und Streitsucht.

Ich schätze die Einfachheit dieser Gedanken sehr. Gut zu leben und nach Glück zu streben bedeutet folglich, sich nach der Mitte auszurichten. Das nennt Aristoteles eine Grundhaltung, die sich mit jeder Entscheidung bestätige. Denn wie wir in konkreten Situationen handelten, das mache uns zu dem, was wir sind. Wir könnten uns unser Leben vorstellen als eine Kette von Entscheidungen, die jeweils versuchten, die Mitte zu treffen, so schwierig es im Einzelfall auch sein mag. Wäre Volkswagen je in den Dieselskandal geraten, wenn Vorstand und Management so einfachen Grundsätzen gefolgt wären? Wo wäre Wirecard? Aristoteles schreibt: *»Denn wo es in unserer Macht steht zu handeln, steht es auch in unserer Macht, nicht zu handeln und wo das Nein bei uns liegt, dort auch das Ja. Wenn daher etwas Werthaftes zu tun bei uns liegt, wird es auch an uns liegen, etwas Schändliches nicht zu tun, und wenn es an uns liegt, etwas Werthaftes nicht zu tun, dann wird es auch an uns liegen, etwas Schändliches zu tun. Wenn es also in unserer Macht steht, Ehrenhaftes und Schändliches zu tun und ebenso nicht zu tun – gerade das machte ja das Wesen eines guten und schlechten Menschen aus – dann liegt es also an uns, anständig und schlecht zu sein. Zu behaupten, dass niemand freiwillig schlecht und unfreiwillig glücklich ist, ist teils falsch und teils wahr. Denn glücklich ist gewiss niemand gegen seinen Willen, die Schlechtigkeit aber ist freiwillig.«*[69]

---

68 Ebd., S. 34.
69 Ebd., S. 67.

Man beachte auch die Gegenüberstellung: nicht etwa Glück und Unglück, Traurigkeit oder Depression, sondern glücklich sein und schlecht sein.

Mit Blick auf Purpose schafft Aristoteles das Fundament. Bevor wir handeln, justieren wir unsere Tugenden. Und dann folgen wir diesen Einstellungen, weil es gut ist und am Ende zum Glück führt. Glück versteht der Philosoph nicht nur als persönliche Sache, sondern als gesellschaftliches Glück.

Die Tugenden stelle ich mir vor wie Schieberegler, die ich justiere. Ich ziehe einen Strich und bezeichne die Endpunkte, zum Beispiel Feigheit und Übermut. Ich schreibe ganz konkrete Beispiele dazu. Dann taste ich mich an meine ganz persönliche Mitte heran, auch wieder mit Beispielen. Worin besteht meine Tapferkeit? Für Greta Thunberg war es ein Streik. Für Martin Luther King die Verkündung und das Eintreten für seinen Traum. Für Elon Musk ist es der Wille, trotz einer Reihe von Fehlstarts zu Beginn seines SpaceX-Programms nicht aufzugeben, auch auf die Gefahr hin, alles zu verlieren. Jeder schätzt Tapferkeit anders ein. Entscheidend ist nur, diese individuelle Mitte zu ziehen und von dort aus mit Blick auf das eigene Glück und das gesellschaftliche Glück zu lernen, nachzujustieren. Nun zeichne ich weitere Linien, neue Tugenden, wieder das gleiche Vorgehen. Ich stelle fest, dass hier ein schwingendes System entsteht, alles hängt voneinander ab. Es ist ein Balanceakt, meine Welt soll weder nach links noch nach rechts kippen. Sie ist ein Mobile meiner Tugenden. Und eine Übung in Mäßigkeit. In unserer Zeit geht es um Mäßigkeit mitten in der Unmäßigkeit, die ja in einer Überflutung und Vielheit bei rasendem Tempo besteht.

Wenn es uns gelingt, in Bezug auf diese Tugenden unsere Mitte zu bestimmen, so sind wir nah bei uns selbst (siehe **Abbildung 16**). *»Der Mittlere aber ist immer er selbst, er ist im Leben und in seiner Rede wahrhaftig und steht zu dem, was er ist und was er hat, ohne es größer oder kleiner zu machen.«*[70]

Und wie stelle ich mir das so erreichte Glück vor? Es ist ein Leben, das mit äußeren Gütern eher bescheiden ausgestattet ist – maßvolles Leben und werthafte Handlungen für die Gemeinschaft um ihrer selbst willen.

70 Ebd,. S. 112.

Aristoteles: Balance der Tugenden

Handlungsbereich	Vortrefflichkeit	Übermaß	Mangel
Furcht und Mut	Tapferkeit	Tollkühnheit	Feigheit
Lust und Unlust	Besonnenheit, Mäßigung	Zügellosigkeit, Unmäßigkeit	Stumpfheit, Empfindungslosigkeit
Geben und Nehmen von Geld im Kleinen	Freigiebigkeit	Verschwendung	Geiz
Geben und Nehmen von Geld im Großen	Großzügigkeit	Großmannsucht, Protzerei	Knausrigkeit
Ehre und Unehre im Großen	Großmut, Stolz	Eitelkeit	Kleinmütigkeit
Zorn	Milde	Jähzorn	Zornlosigkeit
das Wahre	Wahrhaftigkeit	Angeberei	geheuchelte Bescheidenheit
das Angenehme beim Vergnügen	Gewandheit	Possenreißerei	Tölpelhaftigkeit
das übrige Angenehme	Freundlichkeit	Gefallsucht, Schmeichelei	Griesgrämigkeit, mürrisches Wesen
Scham	Schamhaftigkeit	Schüchternheit	Schamlosigkeit
Lust/Unlust bei dem, was dem Nächsten zustößt	Entrüstung	Neid	Schadenfreude

16 *Der griechische Philosoph Aristoteles empfiehlt die Balance der Tugenden zwischen den Extremen mit Blick auf die Vortrefflichkeit.*

Aus der Praxis: Ein etwas anderes Psychogramm erstellen

Eine kleine Übung, inspiriert vom Denken des griechischen Philosophen: Nehmen Sie sich Aristoteles' Tabelle der Tugenden zum Vorbild, Ihre spezielle Version davon zu malen. Stellen Sie jede Tugend wie mit einem Schieberegler so ein, dass sie für Sie passt. Dann hätten Sie Ihre Innensicht. Sie würde aussehen wie das Bild eines Equalizers bei Soundsystemen. Bitten Sie Freunde, deren Bild von Ihnen zu skizzieren, vergleichen Sie. Nutzen Sie dieses Tool vielleicht für das Team – oder gleich das ganze Unternehmen, möglicherweise im Vergleich zur Konkurrenz oder zu einem Idealbild. Spannend daran sind vor allem die Gespräche, die sich daraus ergeben. Sie geben Ihnen profunde Informationen über sich und Ihr Team.

Take-away

Der griechische Philosoph Aristoteles ist heute so aktuell wie vor 2.400 Jahren. Das höchste Gut ist in seiner Lehre das Glück, worunter er aber nicht das Lustprinzip versteht, sondern tugendhaftes Handeln, das um seiner selbst willen erfolgt. Dieses führe zum Glück – für den Einzelnen und die Gemeinschaft. Für tugendhaftes Leben und Handeln entwirft Aristoteles ein Konzept des mittleren Weges. Es ist die Basis für die Umsetzung des Purpose, ähnlich wie Werte es sind.

Sind wir schon wieder auf einem Maskenball?

Guter Purpose, schlechter Purpose, gar kein Purpose

Endlich die Maske ablegen. Das ist die Metapher, die ich häufig von Menschen höre, die begonnen haben, Purpose ins Zentrum ihres Lebens zur rücken. Wie gut, dass die Zeit der Masken vorüber ist. Ab jetzt ein authentisches Leben. Ich mag diese Metapher sehr, dennoch würde ich die Macht der Masken nicht unterschätzen. Auch Purpose kann schnell zur Maske werden (siehe **Abbildung 17**):

Wo wir in Bezug auf Purpose stehen

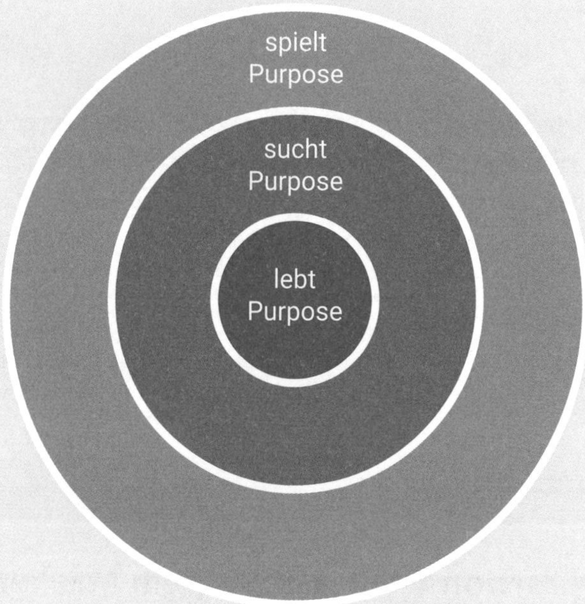

17 *Wo wir stehen: Leben wir Purpose, suchen wir ihn oder spielen wir ihn nur?*

Mittlerweile gibt es kaum Unternehmen, die sich ohne Antworten auf ihr Warum in die Welt stellen und – ganz gleich, wie weit sie in der Realität davon entfernt sind – Kunden, Mitarbeitern, Partnern, der Gemeinschaft oder der Natur etwas Gutes tun. Nichts leichter als das! Wir schreiben es auf unsere Website, hängen bunte Plakate an die Wände, machen ein paar Townhall Meetings mit dem Vorstand. Dazu noch ein bisschen Werbung auf Purpose und alles ist gut. So einfach? Na gut, wir spenden und starten eine Umweltinitiative. Nun muss aber Schluss sein. Purpose, Corporate Social Responsibility (CSR) und Environmental Social Governance (ESG) – man kommt vor lauter Gutunternehmertum gar nicht mehr zum Arbeiten.

Purpose als Maske oder Fake Purpose – im Grunde ist es die gleiche Story wie in den Zeiten, als Purpose noch ein Thema für wenige war: Werte, Vision und Mission aus der Retorte, flache Gefühle, flache Worte. Irgendwas mit Menschen ermöglichen zu wachsen oder nachhaltigem ökonomischen Wachstum, mit Sicherheit und Planet, Sie wissen schon. Auf jeden Fall vor allem eins: Worte. So wird Purpose zur verlogenen Maske.

Auf den ersten Blick mag das gut und vertrauenswürdig aussehen, aber dank Trump haben wir jetzt eine gewisse Sensibilität für Fake, bei Menschen und bei Unternehmen. Die Geschichte, die ein Mensch oder ein Unternehmen erzählt, lässt tief blicken. Sie gibt dem Warum einen Halt oder auch nicht. Was zum Beispiel in einem Bewerbungsgespräch – für beide Seiten – eine hervorragende Technik ist, um auf den Grund der Dinge zu kommen, ist, immer wieder nach dem Warum zu fragen, wie in dem Kapitel »Von Toyota lernen, in die Tiefe zu fragen« im Teil »Spiegel« beschrieben.

Purpose als Leerstelle. Es gibt Menschen, die suchen gerade ihr Warum. Sie mögen es vielleicht nicht so deutlich sagen, weil es wenig sexy klingt: Ich suche gerade den Sinn in meinem Leben. Mir fehlt meine Bestimmung. Ich mache gerade ein Coaching, um meinen Daseinszweck zu entdecken. Je nachdem, wie man solche Worte sagt und wer zuhört, kann das schnell klingen wie: Ich mache eine Psychotherapie, um meinen Daseinszweck zu entdecken. Aber wenn es doch so ist? Offenheit scheint mir der beste Weg, die Gespräche, die man sich am schlimmsten ausmalt, sind am Ende die besten. Auch hier also mein Rat: keine Maske.

Und Unternehmen ohne Purpose? Sind entweder glücklich mit der Situation oder wollen diese ändern. Beim Ändern gibt es im Wesentlichen zwei Möglichkeiten: den Blick zurück zu den Funken und Ideen der Gründer oder den Blick nach vorn zu einem neuen Nordstern. Da diese Prozesse länger dauern können, macht auch hier eine Maske keinen Sinn. Wir suchen, sind im Prozess. Wir sind nicht zufrieden mit der aktuellen Situation, aber wir bleiben dran.

Google zum Beispiel hatte lange Jahre diesen Sinn: *»Die Informationen dieser Welt organisieren und allgemein zugänglich und nutzbar machen.«* Google nennt das noch heute seine Mission, doch es ist zugleich ein perfekter Purpose. So kristallklar und einfach formulierten es Larry Page und Sergej Brin 1998, als sie Google starteten. 15 Jahre später war Google viel mehr als eine Suchmaschine, und die Suchmaschine hatte sich längst als größter Datensammler des Planeten etabliert. So wurde der ursprüngliche Purpose fragwürdig. 2014 sagte Larry Page in einem Interview mit der Financial Times: *»Wir betreten Neuland. Wir versuchen herauszufinden: wie nutzen wir all unsere Mittel, um einen noch viel größeren Nutzen für die Welt zu stiften?«*[71]

Ein Jahr später schuf Page eine neue Mutterfirma, Alphabet, in der all die Aktivitäten, die vorher zu Google gehörten, aufgehängt waren. Google war eine davon, andere sind Waymo (autonomes Fahren) oder DeepMind für künstliche Intelligenz. Jetzt passt der Purpose bei Google wieder, zumindest für die helle Seite von Google. Doch Alphabet, die Mutterfirma, besitzt keinen Daseinszweck, der alle Aktivitäten umspannt.

Ein typischer Satz von Geschäftsführern von Unternehmen, die ohne Purpose ihre Geschäfte betreiben, lautet: Erst muss wirtschaftlich wieder alles passen, dann können wir uns auch den Sinnfragen zuwenden. Tatsächlich? Und wenn es doch so ist, dass Purpose gut für den Profit ist? Dieser Satz sieht verdächtig nach Maske aus. Wer die Bedeutung von Purpose erkannt hat, der setzt diese Maske lieber nicht auf, sondern stellt sich den Realitäten.

Schließlich gibt es noch die Unternehmen, deren Kern Purpose ist, in welchem Register auch immer, von Patagonia bis zu SpaceX, von WWF bis zur Wikimedia Foundation, von der Evangelischen Schule Berlin bis zu Beyond Meat. Wer mit ihnen zu tun hat, spürt sofort, dass es hier um eine andere Kategorie von Unternehmen geht. Ihre Gründer schreiben Bücher, twittern oder lassen, wie in der ESBZ, die Schüler anstelle der Lehrer sprechen. Die Ideen sind lebendig. Purpose, Werte, Manifeste – man spürt sofort, das sind hier nicht nur hohle Phrasen. Hier werden die gesellschaftlichen Herausforderungen genauso ernst genommen wie die Kunden,

---

71 *https://www.ft.com/content/3173f19e-5fbc-11e4-8c27-00144feabdc0*

Corporate Social Responsibility und Environmental Social Governance sind selbstverständlich. Genauso ist es bei Menschen, die Purpose-orientiert leben und deren Werte fest umrissen sind. Sie strahlen oft diese große Ruhe und Gelassenheit aus und gehen unbeirrbar ihren Weg, und während sie diesen gehen, achten sie darauf, in der Welt möglichst nur positive Spuren zu hinterlassen.

Take-away

Wer seinem Purpose folgt, der braucht keine Maske. Der ist, wie er ist, und verstellt sich nicht. Das Gleiche gilt für Purpose-Unternehmen, zumindest für die echten. Achtung bei den falschen: Sie tragen Purpose als Maske vor sich her und verfolgen dabei ihren Egotrip. Um die beiden zu unterscheiden, heißt es, genau hinzusehen. Auch bei denen, die auf der Suche sind oder sagen, dass das Geschäft wichtiger sei: Sehen Sie genau hin, welche Masken dort getragen werden.

Wie frisch gefallener Schnee

Das Ikigai und die japanische Lebenskunst

Vor drei Jahren war ich mit einem Freund in Japan. Wir starteten unsere Reise in Tokio, und nach einigen Tagen im Großstadtgewusel fuhren wir zum Fuji. Wir hatten uns vorgenommen, den Berg zu besteigen, zumindest eine kleine Etappe. Es wurden ca. 1.000 Höhenmeter, die wir an einem grandiosen Sommertag zurücklegten. Da es einige Routen zum Gipfel zur Auswahl gab, hatte ich die Vermutung, wir wären allein. Weit gefehlt. Es war jede Menge Verkehr: Touristen, Gruppen von Mönchen und viele Japaner. Was uns besonders auffiel, waren die vielen älteren Menschen – wir schätzten sie jenseits der 70 oder sogar 80 Jahre. Sie gingen in Gruppen. Sie lachten viel. Und bei den steileren Passagen, wo das Wandern in leichtes Klettern überging, ließen sie Jüngeren den Vortritt. Während einer Pause fragte ich einen Japaner, warum so viele ältere Menschen den Fuji besteigen würden. Es mache ihnen Freude, sagte er. Den Fuji zu besteigen und den Sonnenaufgang auf dem Gipfel zu erleben, das sei etwas, das jeder Japaner erlebt haben sollte. Es sei eine Tradition, etwas, wofür es sich zu leben lohne.

Als wir am Ende des Tages wieder an unserem Ausgangspunkt angekommen waren, machten wir einige Fotos von uns mit dem Gipfel des Fuji im Hintergrund. Wenn ich mir heute diese Bilder ansehe, dann erinnere ich mich wieder an dieses Glücksgefühl, das sich auch in unseren Gesichtern spiegelte. Wir hatten Ikigai, zumindest für diesen Tag. Oder vielleicht lieber so: Ikigai hatte uns. Auch wenn ich das erst nach der Reise begriff. Wir hatten uns an kleinen Dingen erfreut, den Wolkenbildern oder dem Sand, der Schuhe und Beine rötlichbraun färbte. Wir hatten alles vergessen und uns nur auf die Wanderung konzentriert, Schritt für Schritt. Wir hatten einfach mal angefangen, ohne das hohe Ziel, den Gipfel zu erreichen, was Stress bedeutet hätte. Wir hatten insbesondere auf dem Weg nach unten gelernt, dass es besser ist, loszulassen und nicht zu bremsen, eine Mischung aus Fallen und Laufen, nur unterbrochen durch das Entleeren der Schuhe, in die sich immer wieder kleine Vulkansteine verirrt hatten. Wir hatten uns über das Wetter gefreut, das am Fuji als tückisch beschrieben wird, an der Stille und den sympathischen Menschen, die mit uns unterwegs waren. Solche Dinge.

Ikigai ist ein japanischer Begriff, der die Freuden und den Sinn des Lebens beschreibt (iki = Leben, gai = Sinn). Es ist ein Konzept, das jeder Japanreisende spürt, weil es tief in der Kultur des Landes verwurzelt ist. Ikigai findet sich in der hohen Servicequalität Japans, in der Aufmerksamkeit für Details, in den exakt eingehaltenen Fahrplänen der blitzsauberen Shinkansen-Züge, in den Rindfleischgerichten der Schnellrestaurants und der Hilfsbereitschaft der Menschen. Ikigai setzt sich laut dem japanischen Neurowissenschaftler Ken Mogi aus fünf Elementen zusammen (siehe **Abbildung 18**): klein anfangen, loslassen lernen, Harmonie und Nachhaltigkeit leben, die Freude an kleinen Dingen entdecken, im Hier und Jetzt sein.[72] Es erklärt sich am besten an Beispielen.

Die Dokumentation »Jiro dreams of Sushi«[73] erzählt das Leben des 91-jährigen Jiro Ono, der eine kleine Sushi-Bar in einer U-Bahn-Station in Tokyo besitzt. Jiro gilt als bester Sushi-Koch der Welt, ausgezeichnet mit drei Michelin-Sternen. Er hat sein Leben dem Sushi gewidmet, man möchte fast sagen geweiht. Was es bedeutet, klein anzufangen, zeigt sich am Leben seines Sohnes, der die Bar übernehmen soll, nachdem er 30 Jahre lang an der Seite seines Vaters gelernt hat.

---

72 Ken Mogi: Ikigai. Köln: 2018.

73 Jiro dreams of Sushi. Dokumentation von David Gelb, 2011.

Die fünf Elemente des Ikigai

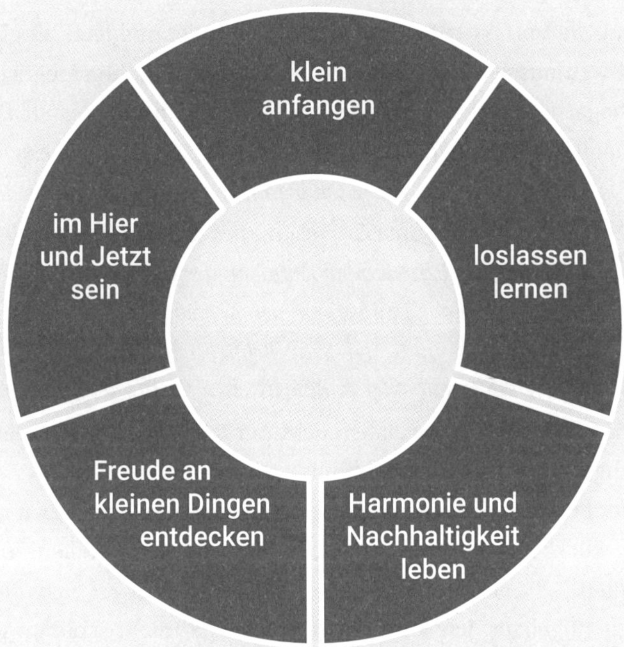

Der Vater sagt: *»Auch in meinem Alter habe ich noch keine Perfektion erreicht.«*

Der Sohn beschreibt seinen Weg als ein beharrliches Klettern an die Spitze, ein Klettern mit jahrelangen Stopps, um ein Gericht einzuüben. *»Nur«*, sagt er, *»niemand weiß, wo die Spitze ist.«*

In dieser Verbindung von Demut und Durchhaltevermögen, von klein anfangen und sich stetig verbessern, von der Freude am kleinsten Detail seiner Arbeit und dem selbstvergessenen Fokus auf die höchste Qualität findet sich Ikigai.

Ein anderes Beispiel führt uns in das historische Japan. Folgende Sätze finden sich im »Kopfkissenbuch«, das ca. 1.000 v. Chr. von einer Hofdame verfasst wurde, und zwar in der Rubrik Liebreizendes: *»Kindergesichter, die auf Melonen gemalt sind. Spätzlein, die herbeigehüpft kommen, wenn man sie durch leises Pfeifen anlockt.«*[74]

Shonagon, die Verfasserin dieser Sätze, ist im Hier und Jetzt, es gibt kein Ich, das sich aktiv einmischt oder in den Vordergrund drängt. Ken Mogi kommentiert in seinem Ikigai-Buch: *»Genau wie bei Sei Shonagon, die im gesamten Kopfkissenbuch fast nie ihre gesellschaftliche Position erwähnt, als wäre sie erst am gleichen Morgen auf die Welt gekommen wie frisch gefallener Schnee, führt uns die Selbstvergessenheit zu einem der wichtigsten Grundsätze des Zen-Buddhismus. Es ist interessant, dass die Negierung des Ichs Hand in Hand mit der Wertschätzung für die Gegenwart geht, im Einklang mit der Philosophie der Achtsamkeit. Das Loslassen ist eng verbunden mit dem Im-Hier-und-Jetzt-Sein. Schließlich ist der moderne Begriff der Achtsamkeit aus den Traditionen der Buddhistischen Meditation geboren«*[75]

Ich würde ergänzen, es geht dabei nicht nur um den Autor, sondern auch um die Erfahrung des Lesers, der Ikigai fühlt.

Ein drittes Beispiel: Ein Freund, der eine Studienreise nach Japan machte, war nach seiner Rückkehr enttäuscht. Es habe ihm gar nicht gefallen, insbesondere nicht die Tempel, die er angesehen habe, denn sie seien ja gar nicht die Originale, sondern neu aufgebaut. Ich selbst hatte das als gar nicht schlimm empfunden, waren sie doch exakte Nachbauten der Originale. Der Ise-Schrein wird alle 20 Jahre ab- und wieder neu aufgebaut. So geht es seit 1.200 Jahren. Muschelzypressen werden angebaut, deren Holz für die Balken des Tempels verwendet wird. Sie müssen bis zu 200 Jahre alt sein, damit die Balkenlänge stimmt. Die verwendeten

---

74 Ken Mogi: Ikigai. Köln: 2018. S. 69 f.

75 Ebd., S. 71.

Techniken übergibt eine Generation an die nächste, etwa die Fähigkeit, den Schrein ohne einen einzigen Nagel zu bauen. Es ist in der Tat ein ungewöhnliches Konzept, doch bringt es die Idee von Harmonie und nachhaltigem Leben zum Ausdruck. Und es verknüpft die Generationen, die sich immer wieder in den historischen Geist einfühlen, wenn sie die Techniken aus dem Gestern ins Heute holen auf ihrem ewigen Weg von Update zu Update.

Was lässt sich aus Ikigai für die Entwicklung und Realisation unseres eigenen Purpose bzw. den unseres Unternehmens lernen? Vieles und jeder wird das finden, was für ihn wichtig ist. Mich beeindruckt vor allem die Idee, etwas alle 20 Jahre aus dem Geist des Ursprünglichen neu zu bauen. Ich stelle mir vor, wie Apple alle 20 Jahre neu gebaut wird. Oder Volkswagen. Oder Prada. Und das über ein Jahrtausend. Immer wieder abbauen und neu aufbauen, sich an den ursprünglichen Geist erinnern, den Purpose, der alles bewegt hat, den Funken und alles immer wieder neu bauen, verändert zwar, aber doch tief angebunden an Werte. Denn was ist ein Unternehmen? Die Büroräume, die Maschinen? Wohl kaum. Es geht um die Menschen und den Spirit, geprägt von den Grundwerten und dem Purpose. Alle 20 Jahre Neubau mit Blick auf die Ewigkeit, das ist ein Gedanke, der mich sehr inspiriert, weil er die Verbundenheit dokumentiert. So ein Prozess ist ja etwas ganz anderes als permanenter Change oder Relaunch. Es verstellt nicht den Blick des Managements und natürlich auch aller anderen mit kurzfristigem Schischi. Es sagt vor allem erst einmal eins: Wir sind da und wir wollen bleiben. Also bauen wir das Unternehmen doch gleich so, dass es dauerhaft ist und sich in die Welt fügt und den Menschen etwas gibt, genau wie der Ise-Schrein.

Es gibt bereits Tools auf Ikigai-Basis, die helfen sollen, den Purpose zu finden. Ich halte das für kontraproduktiv. Gerade Ikigai sollte kein Tool sein, sondern etwas Schwebendes behalten. Es geht um ein Lebensgefühl, und wenn wir es spüren, erkennen wir den Wert von Purpose, ohne vielleicht auf den Purpose direkt loszugehen. Ein Gefühl für Ikigai zu bekommen ist vielmehr so etwas wie das Vertrauen darauf, dass Purpose zutiefst Sinn ergibt.

Take-away

Ikigai ist ein Konzept, dem Leben Sinn zu geben, das uns in Teilen vertraut, in Teilen fremd erscheinen mag. Im Kontext von Purpose ist die Beschäftigung damit absolut lohnenswert, weil es den Geist in neue Bahnen lenkt, weg vom Ego, hin zu einem Denken, das Generationen verbindet und zugleich ins Hier und Jetzt führt. Ikigai lässt sich auf das eigene Leben anwenden sowie auf die Unternehmenskulturen. Es ist etwas, das es für den Westen noch zu entdecken gilt.

Alles fügt sich

Biografien und Unternehmen als Kunstwerke

Ein Leben, das auf einen Daseinszweck ausgerichtet ist, lässt sich mit einem einfachen Satz beschreiben: Alles fügt sich. Das Gleiche gilt für ein Unternehmen. Damit meine ich, dass es einen Punkt gibt, von dem aus alles Sinn ergibt, wozu wir ja und nein sagen. Wichtiges und Unwichtiges. Dringliches und weniger Dringliches. In der Kunst wird dafür häufig der Begriff *Stimmigkeit* verwendet. Es bedeutet, dass die Teile eines Ganzen zusammenpassen und sich widerspruchsfrei ergänzen. Das setzt aber voraus, dass es einen Punkt gibt, von dem aus das alles beurteilt wird, und das ist nicht ein Farbschema oder eine Grammatik, sondern der Purpose. Man könnte vielmehr sagen: Von Kunstwerken lernen wir die Grammatik des Purpose oder dessen Farben- und Formenlehre.

Apple ist ein Unternehmen, das seit seiner Gründung an der Schwelle zwischen Kunst und Business steht, Apple beherrscht diese Grammatik des Purpose perfekt, zur Zeit von Steve Jobs sicherlich noch besser als heute. Um ein Beispiel zu nehmen, das allen vertraut ist: *»Think different«*, der Claim, mit dem Apple 1997 neu durchstartete, erscheint zunächst wie geniales Marketing. Wir kennen die Schwarzweißfotos von Maria Callas, Albert Einstein, Pablo Picasso, Martha Graham, Frank Lloyd Wright, Bob Dylan, Martin Luther King, John Lennon, Amelia Earhart mit dem einfachen Claim *»Think different«*. Doch dieser freundliche Imperativ wendet sich nicht nur an die Außenwelt – es ist ein Claim, der innen und außen verbindet, Mitarbeiter und Kunden und Partner, Apple und die Welt. Es ist ein Claim für die Produktentwicklung, für die Forschung, für HR. Es ist eine Kampfansage an IBM und deren Claim *»Think«*. Es ist archetypisches Branding. Und es ist diese Aufforderung an die Welt: Denkt anders! Erinnert euch an diese

Größen, die in der Wissenschaft, im Sport, in der Kunst unsere Welt verändert haben! Seht sie!

Hier ist der zentrale Text der Kampagne:

»An alle, die anders denken:
Die Rebellen,
die Idealisten,
die Visionäre,
die Querdenker,
die, die sich in kein Schema pressen lassen,
die, die Dinge anders sehen.
Sie beugen sich keinen Regeln,
und sie haben keinen Respekt vor dem Status quo.
Wir können sie zitieren, ihnen widersprechen, sie bewundern oder ablehnen.
Das Einzige, was wir nicht können, ist sie zu ignorieren,
weil sie Dinge verändern,
weil sie die Menschheit weiterbringen.
Und während einige sie für verrückt halten,
sehen wir in ihnen Genies.
Denn die, die verrückt genug sind zu denken,
sie könnten die Welt verändern,
sind die, die es tun.«[76]

Mit diesen Sätzen und Bildern begann Ende der 1990er Jahre Apples unaufhaltsamer Aufstieg zur wertvollsten Marke der Welt. Und der hier beschriebene Geist findet sich, wenn auch in verwandelter Form, noch heute, 10 Jahre nach dem Tod von Steve Jobs. Er findet sich in den Produkten und in der Haltung des Unternehmens. Die Keynote, die Steves Nachfolger Tim Cook in Stanford hielt, greift die legendäre Stanford-Rede des Gründers auf, dreht sie weiter: *»Mache das, was du liebst, vergeude dein Leben nicht damit, das Leben eines anderen zu leben«* hier, *»hinterlasse etwas von Wert«* dort. Cook erzählt von seiner dunkelsten Stunde, in der Steve Jobs ihn in sein Haus bat, um ihm zu sagen, dass er das Unternehmen von nun an allein führen müsse, vom Tod des Gründers. Dann zitiert er Jobs und führt dessen Gedanken weiter:

---

76 Apple: »Think different«. Das Video: *https://www.youtube.com/watch?v=tjgtLSHhTPg*

»Was damals wahr war, ist auch heute wahr. Verschwendet eure Zeit nicht damit, das Leben eines anderen zu leben [...] Findet den Mut in der Herausforderung. Findet eure Vision auf dem einsamen Weg. Lasst euch nicht ablenken. Es gibt zu viele Menschen, die Anerkennung wollen, ohne Verantwortung zu übernehmen. Zu viele, die zur Einweihung auftauchen, ohne etwas Wertvolles zu bauen. Seid anders. Hinterlasst etwas Wertvolles.«[77]

Apple lässt sich für mich am besten als Kunstwerk verstehen. Es ist das wirtschaftliche Ur-Kunstwerk unserer Zeit. Purpose und Unternehmensphilosophie sind sonnenklar. Alles ist bei Apple auf Langfristigkeit und Konsistenz ausgerichtet, auch die Revolutionen und Brüche folgen einem evolutionären Code. Apple verzettelt sich nicht, es sagt nein zu vielen Versuchungen. Es ist visionär, wenn auch zunehmend gedämpft, doch wer weiß, vielleicht fahren wir bald Apple-Autos? Apple baut eine Welt, in der sich alles ineinanderfügt und winzigste Details zählen. Die Detailbesessenheit von Steve Jobs ist Thema vieler Anekdoten, etwa der, dass er die Buttons des Betriebssystems so lecker haben wollte, dass man sie ablecken möchte. Apple hat zugleich diese Bedingungslosigkeit eines Künstlers, der keine Kompromisse eingeht, etwa bei neuen Standards. Und Apple hat diese Fähigkeit, sich zu wandeln und zugleich seinem Kern treu zu bleiben, wie es zum Beispiel Madonna seit Jahrzehnten macht oder wie es der Jazzmusiker Miles Davis getan hat. Das Apple von heute ist ungleich stärker sozial engagiert und guckt stärker auf Umweltthemen, nachdem Steve Jobs zu Beginn noch getobt hatte, als Greenpeace Apple als Umweltsünder angeprangert hatte.

Was Apple sein sollte, das war von Anfang an mehr als Computer. Eine der frühen Metaphern von Steve Jobs war, wir bauen *»ein Fahrrad für den Geist«*. Steve Wozniak, der zweite Gründer von Apple, fragte Steve Jobs einmal, was dieser eigentlich machen würde. Er habe keine Ahnung von Technik und die Idee zur grafischen Benutzeroberfläche gestohlen etc. Steve Jobs antwortete, Apple sei für ihn ein Orchester und er dessen Dirigent.

Apple ist vor allem deshalb ein gutes Beispiel, weil es die Zeiten überdauert. Die Gründung war am 1. April 1976. 1985 wurde Steve Jobs gefeuert, und der Niedergang von Apple begann. 1997 kehrte er zurück, erweckte den ursprünglichen Purpose mit »Think different« wieder zum Leben und schuf ein evolutionäres, wirtschaftlich extrem erfolgreiches Kunstwerk, das über seinen Tod hinaus Bestand hat, weil es eben einen klaren Nordstern besitzt, dem alle folgen.

---

77 Tim Cook: Stanford Commencement Address 2019: *https://www.youtube.com/watch?v=2C2VJwGBRRw*

»Alles fügt sich«, diesen Satz sagte vor Kurzem eine Bekannte. Sie meinte damit, dass sie Klarheit über ihr Warum gewonnen habe, ein Prozess, der sich über ihr halbes Leben gezogen hatte. »Alles fügt sich«, bevor dieser Satz nicht im Raum steht, ergibt es meiner Erfahrung nach kaum Sinn, ernsthaft mit etwas anzufangen. Der Purpose sollte zumindest umrissen sein, auch wenn er sich vielleicht noch nicht mit Worten auf den Punkt bringen lässt. Ohne eine echte Antwort auf die Frage nach dem Warum, macht es wenig Sinn, den zweiten Schritt zu gehen, nämlich Menschen zu suchen, die sich mit einem auf den Weg machen.

Take-away

Wer sein Leben, seine Abteilung, sein Unternehmen als Kunstwerk sieht, der betrachtet es automatisch aus Purpose-Perspektive. Das Warum steht ganz am Anfang. Doch was dann folgt, ist die detailversessene gestalterische Tätigkeit, etwas zu schaffen, das dauert. Etwas, das wie die Werke von Frida Kahlo, von den Beatles, von Martha Graham aus der Zeit herausragt und Menschen berührt, indem es sie inspiriert, sie glücklich macht oder nachdenklich, indem es auf eine einzigartige Weise Sinn vermittelt, auch wenn der Schöpfer nicht mehr existiert. Wer sich als Künstler sieht, blickt automatisch über seinen Lebensrand und auf die Gesellschaft. Ein herausragendes Unternehmen, das sich als Kunstwerk begreift und von einem starken Purpose geleitet ist, ist Apple.

Ist Purpose etwas Rationales oder Emotionales?

Zwölf essenzielle Fragen

Es gibt eine Reihe von Fragen zum Thema Purpose, die immer wieder gestellt werden und die auch ich immer wieder von Neuem stelle. Ich habe sie in diesem Buch alle direkt oder zwischen den Zeilen beantwortet, doch weil diese Fragen so zentral sind, möchte ich sie hier noch einmal zusammenfassen.

Woran erkennen Sie, ob Purpose für Ihr Leben wichtig ist oder nicht?

Am deutlichsten erkennen Sie es daran, ob Sie mit sich im Einklang sind oder nicht. Fragen nach dem Warum und Wozu erscheinen häufig in Krisensituationen. Ihr Leben gerät aus den Fugen, Sie quälen sich zur Arbeit. Purpose ist ein typisches Thema von Wendezeiten. Etwas dreht sich, und Sie würden gerne ein stärkeres Gefühl dafür bekommen, was da passiert, wie Sie stärker selbst lenken anstatt gelenkt zu werden – und zwar nicht von Situation zu Situation, sondern eher entlang einer längeren Linie. So kommt Purpose ins Spiel, die Fragen nach dem Warum und dem Wozu. Sie erschließen das große Bild. Die Bedeutung und der Wert der Antworten auf diese Fragen liegen darin, Verbundenheit herzustellen, mit sich selbst und der Gemeinschaft, dem Leben einen klaren Fokus zu geben, eine eigene Geschichte zu haben, die über Sie hinausweist. Ob das für Ihr Leben wichtig ist oder nicht, wissen Sie selbst am besten.

Was passiert, wenn Sie sich gegen Purpose entscheiden?

Viele von uns entscheiden sich gar nicht aktiv gegen Purpose, sondern schenken dem Thema schlicht keine Aufmerksamkeit. Das funktioniert. Ich kann aus eigener Erfahrung sagen, dass mir Purpose geholfen hat, etwas längere Linien in mein Leben zu legen und diese zu verfolgen. Mir hat das viel Ruhe gegeben. Es fühlte sich an wie Segeln. Es gibt keinen direkten Weg, Sie sind abhängig von Phänomenen, die Sie nicht bestimmen, dem Wind, und dennoch bestimmen Sie den großen Kurs. Wichtig auch: In so einer Ausrichtung blickt man weniger auf Hindernisse und lässt die Stimmung nicht ins Negative kippen. Außerdem gibt es ganz bestimmt etwas wie Ihre ganz individuelle Superkraft – Purpose hilft, diese zu entdecken und zu nutzen.

Ist Purpose etwas Rationales oder Emotionales?

Es ist beides. Das macht Purpose so interessant. Sie bewegen sich in einem Gebiet, in dem Fühlen und Spüren ebenso wichtig sind wie analytisches Denken. Es gibt vor allem in den USA viele Ansätze spiritueller Natur, die ich in »That's me!« nur streife. Sie gehen davon aus, dass wir das Unbewusste anzapfen müssen, um unser Warum und Wozu zu verstehen. Ihr Vorgehen scheint mir allerdings häufig grenzwertig, man betritt auf jeden Fall eine eigene Welt. Die emotionale Dimension des Purpose finden Sie in Geschichten, Metaphern, indem Sie einfach einen Spaziergang in der Natur machen und die Welt auf sich wirken lassen. Der kalte Konferenzraum allein wird die rationale Seite des Purpose ausleuchten und sollte nicht der einzige Ort sein, von dem aus Sie sich diesem Thema nähern. Entscheidend ist am Ende nicht allein, dass Sie einen Purpose verstehen, sondern auch, dass Sie ihn fühlen.

Gibt es auch einen existenziellen Purpose, der Ihnen anhaftet?

Die Idee hinter einer solchen Frage ist, dass wir für etwas stehen, auch wenn wir gar nicht aktiv danach streben oder einem Purpose wie einem Nordstern folgen. Sie betreten einen Raum und etwas verändert sich, das Sie vielleicht gar nicht bemerken, doch alle anderen. Wollen wir dieses Phänomen – manche nennen es Ausstrahlung oder Aura – auch in die Kategorie Purpose subsummieren? Ich bin mir nicht sicher, ob das nützlich wäre. Ganz einfach, weil sich dieser anhaftende Purpose, wenn wir ihn so nennen wollen, indirekt sowieso zeigen wird, sobald Sie andere in die Purpose-Diskussion einbeziehen. Denn sie sehen ja diesen Teil von Ihnen.

Kann Purpose nicht auch etwas ganz Privates sein?

Ja. Er kann sich auf die Familie oder einen engen Freundeskreis beschränken, und mehr ist nicht nötig. Doch auch in dieser kleinen Welt können Sie einen Golden Circle malen, das Igelprinzip anwenden, Ihre Story of Self, Us and Now erzählen. Die Größe der Welt spielt keine Rolle. Und wenn Sie sich irgendwann entscheiden, auf einer anderen Skala zu wirken – wie Greta Thunberg oder Elon Musk –, dann arbeiten Sie mit den gleichen Mitteln.

Ist Purpose etwas, das Menschen trennt oder verbindet?

Beides. Ihr Warum und Wozu schaffen zunächst starke Verbindungen – wie bei großen Marken oder Bürgerbewegungen. Man teilt das Warum. Warum habt ihr die Evangelische Schule Berlin gegründet? Weil wir eine gute Schule für unsere Kinder wollten, die sie auf die Welt von heute und morgen vorbereitet. Warum kaufst du auf dem Wochenmarkt ein? Weil ich die regionale Landwirtschaft unterstützen will und das für wichtig im Kontext der Umweltbewegung halte. Auf der anderen Seite trennt Purpose ganz klar entlang einer Linie. Wer seine Kinder freiwillig zur Hauptschule schickt oder Obst vom anderen Ende der Welt kauft, folgt entweder einem anderen Purpose oder pfeift auf das Thema. Wichtig scheint mir daher die Idee von Inklusion, die unsere Zeit auszeichnet – wir wollen keine Fronten, keine Ausgrenzungen. Eine Idee, die vielen Organisationen ihre Schönheit schenkt, wenn sie Inklusion nicht nur formulieren, sondern auch tief in ihren Strukturen verankern. Das bedeutet nicht, dass alle Widersprüche aufgelöst werden, sondern das Anderssein produktiv genutzt wird. Anders als in Social Media, wo sich dank digitaler Abstraktion die Fronten immer mehr zu verhärten scheinen, etwa beim Thema Pandemie.

Was hat Purpose mit Ihren Leistungen zu tun?

Kurz gesagt: Purpose weckt Ihre Superkräfte. Sie können jeden Tag ins Fitnessstudio gehen, Ihr Studium mit Eins absolvieren, mit Leidenschaft mindestens zehn Stunden pro Tag arbeiten. Das allein ist es nicht. Erst wenn Sie, wie der Dichter sagen würde, Ihr Herz an einen Stern hängen, werden Sie Ihr volles Potenzial ausschöpfen, weiß die Wissenschaft.

Wie finde ich den für mich idealen Purpose-Prozess?

Wie überall im Leben: Sie schauen sich um und entscheiden sich für die Tools, die Sie ansprechen. Dann beginnen Sie, damit zu arbeiten. Wählen Sie doch einfach den Prozess, den Sie kennen, den Sie immer wählen würden, doch schalten Sie einen Gang runter oder besser zwei. Zum Purpose gehören auch Pausen und Stunden der Stille. Wenn Sie neue Prozesse ausprobieren wollen, ich stelle in diesem Buch einige vor. Ansonsten könnten Sie sich einen Coach für das Thema suchen.

Wie lange dauert ein Purpose-Prozess?

Schwer zu sagen. Er dauert auf jeden Fall wahrscheinlich länger, als Sie annehmen werden. Für eine Person mag der Prozess einige Wochen, aber eher Monate dauern. Man denkt häufig, jetzt habe ich's, und am nächsten Morgen erscheint das Resultat dann doch nicht mehr so überzeugend. Purpose ist also eher ein Ausdauersport, aber auch ein Teamsport. Gespräche sind sehr nützlich, Fragen, radikales Zuhören, Nachdenken. All das dauert. Bei Unternehmen hängt es von der Größe ab und von dem, was das Unternehmen vorhat. Wenn es voll auf Purpose einsteigen will, geht es darum, einen gigantischen Dialog zu organisieren, wie bei einer Bürgerbewegung. Wenn es Purpose eher mit dem Fallschirm abwerfen will, dann geht es schneller – wenige Monate –, doch vielleicht ist das Ergebnis nicht so nachhaltig.

Warum gibt es so viel Fake Purposes?

Es ist ein Thema unserer Zeit. Wir wollen auf Instagram, Facebook, LinkedIn schillern, als Person, als Unternehmen. Wir haben erkannt, dass Purpose sich wunderbar mit großen Themen wie Umwelt verknüpfen lässt und uns in ein gutes Licht rückt. Purpose ist so etwas wie das neue T-Shirt oder die Sneakers, die bei Zalando bestellt, fürs Foto angezogen und wieder zurückgeschickt werden. Wer fällt darauf herein? Erstaunlich viele. Doch die Wahrnehmung für die Differenz zwischen so tun und so sein wird immer schärfer und bei Unternehmen zum Glück auch durch Gesetze und Bestimmungen, die Purpose zwar nicht fordern, aber fördern.

Warum wird Purpose häufig so riesig formuliert?

Dahinter verbirgt sich die Idee, das, was man in der Welt erreichen möchte, auf der größtmöglichen Skala zu denken. So soll verhindert werden, dass man unter Umständen zu klein denkt, zu bescheiden ist. Die Gefahr, die nun allerdings besteht, liegt darin, dass Purpose zu etwas Monströsem wird. Vergleichen Sie das Bezos-Ehepaar: Amazon will das kundenfreundlichste Unternehmen der Welt sein. Superlativ. Punkt. Die Ex-Frau von Jeff Bezos, MacKenzie Scott, die seit der Scheidung eine der reichsten Frauen der Welt ist, will mit ihren großzügigen Spenden in Milliardenhöhe dazu beitragen, die Gesellschaft zu stabilisieren. Superlativ oder Bescheidenheit – ein Purpose drückt aus, wer wir sind und wer wir sein wollen.

Wie lange beträgt die Halbwertszeit von Purpose?

Ganz unterschiedlich. Wichtig scheint mir, Purpose nicht als Zustand, sondern als Reise zu denken. Und immer wieder Stopps einzulegen, zurückzublicken und sich des Weges bewusst zu werden. Ein Dialog, sei es ein Selbstgespräch oder ein Gespräch mit Freunden oder Kollegen, hilft, um ein Gefühl für die eigene Evolution zu gewinnen. Und, sofern nötig, wird der Purpose eben angepasst. Achtung allerdings: Die größte Gefahr, unser Warum und Wozu aus dem Blick zu verlieren, ist Erfolg. Gerade in Zeiten großen Erfolgs ist das Innehalten nötig, die Ruhe. So kommen wir nicht von unserem Weg ab.

MEDITATION I

Lauschen und Empathie

Lauschen ist eine Fähigkeit, die Ihnen hilft, einen Purpose zu finden, der auch wie Ihrer klingt.

Manchmal sitze ich neben einer Person in der Bahn, im Flugzeug oder im Skilift und denke, ich würde gerne ihre Geschichte hören. »*Wie geht's?*«, frage ich. Oder ich frage: »*Wie ist das Buch, das Sie da gerade lesen?*« Dann lausche ich, was kommt. Die Antwort kann sehr kurz ausfallen, vielleicht nur ein Blick, der sagt, lass mich in Ruhe. Doch meist nähern wir uns der Lebensgeschichte an, von welchem Punkt auch immer wir kommen mögen. Und wenn Zeit ist und Interesse besteht, dann erzähle ich natürlich auch etwas von mir, doch eigentlich bin ich bei diesen Gesprächen eher der Fragende und der Lauschende.

Lauschen bedeutet für mich etwas anderes als Zuhören. Zuhören richtet sich vor allem auf die Worte, ihre Bedeutung, ihren Sinn. Lauschen widmet sich auch ihrem Klang. Lauschen hört die Musik der Worte. Lauschen nimmt das Gegenüber als Ganzes wahr. Lauschen ist eine Wachsamkeit für die Gefühle, die in der Tonhöhe liegen, im schnellen oder langsamen Reden, im Stocken, im Hasten, in der Stille. Und so mache ich mir ein Bild von der Person, die eigentlich fremd ist und manchmal gehen wir auseinander und ich weiß nicht einmal den Namen.

Lauschen scheint mir eine gute Übung, um durch die Worte hindurch auf den Grund der Dinge zu schauen. Lauschen sucht nicht den vordergründigen Sinn, sondern ist mehr ein Spüren in die Welt. Was das Gegenüber sagt, ist eine Sache, was der Lauschende wahrnimmt, eine andere. Wenn wir lauschen, tauchen wir in eine andere Sphäre und finden eine neue Welt. Sprache dient darin nicht nur als Werkzeug der Verständigung, sondern entwickelt Magie. »*I have a dream*«, das sind magische Worte. Ein Purpose, der so beginnt, hat Kraft, nach innen und nach außen. Und so öffnet Lauschen auch einen Raum für einen Purpose, der nicht phrasenhaft vorformuliert ist, sondern *klingt*. Lauschen hilft mir, sowohl meinen eigenen Purpose zu finden, als auch für Gruppen und Unternehmen in gemeinsamer Arbeit einen stimmigen Purpose zu entwickeln.

Lauschen wie Barack Obama

In seiner Autobiografie »Ein verheißenes Land« schildert Barack Obama, wie er sich von einem smarten Bücherwurm zu einem Politiker wandelte. Es gab die verschiedensten Einflüsse, die ihn als Politiker prägten, doch einer ragt heraus: Lauschen zu lernen, die Menschen nicht nur zu hören, sondern sie auch zu sehen und zu spüren: *»Im Laufe der Zeit gewöhnte ich mir allerdings an, mehr zuzuhören. Und je mehr ich zuhörte, desto mehr öffneten sich die Menschen. Sie schilderten, wie es sich anfühlte, nach einem langen Arbeitsleben den Job zu verlieren oder wie es war, die Pfändung des eigenen Hauses zu erleben oder die Familienfarm verkaufen zu müssen. Sie erzählten mir, dass sie sich keine Krankenversicherung leisten konnten und dass sie manchmal die vom Arzt verschriebenen Tabletten zerteilten, damit sie länger reichten. Sie sprachen darüber, dass die Jungen wegzogen, weil es im Ort keine guten Arbeitsplätze gab oder dass junge Menschen ihr Studium kurz vor dem Abschluss abbrechen mussten, weil sie sich die Studiengebühren nicht mehr leisten konnten. Meine Wahlrede verwandelt sich von einer Darstellung meiner Positionen in eine Chronik dieser vielen Stimmen, in einen Chor amerikanischer Wähler aus allen Winkeln des Staates.«*[78]

Und so änderten sich seine politischen Reden. Sie wurden weniger um seine Person gestrickt, weniger abstrakt, sondern sie handelten fortan von wirklichen Menschen, sodass Obama schließlich dieser berührende Redner wurde, der mit seinen Worten einen kollektiven Spirit erreichte und die Differenzen zwischen uns überschrieb, indem er die Türen zum Raum des Möglichen weit öffnete.

»Warum musst du Präsident werden?«, fragte ihn seine Frau Michelle und Obama begann zu antworteten, stoppte und sprach nicht mehr von sich, sondern von den Menschen, denen er zugehört hatte. Und sein Warum bezog sich ganz konkret auf diese Menschen und nicht mehr nur auf seine eigene Identität und Bestimmung und auch nicht mehr nur auf Amerika. In diesen wenigen Sätzen, mit denen er seiner Frau antwortete, bevor er kandidierte, fließt alles zusammen: *»Es gibt keine Garantie dafür, dass wir es schaffen. Nur eines weiß ich ganz sicher. Ich weiß, dass die Welt an dem Tag, an dem ich die rechte Hand hebe und den Amtseid ablege, die Vereinigten Staaten mit anderen Augen betrachten wird. Ich weiß, dass*

78 Barack Obama: Ein verheißenes Land. München: 2020, S. 79 f.

junge Menschen überall im Land – schwarze Jugendliche, spanischstämmige Jugendliche und Jugendliche, die nicht dazugehören – sich ebenfalls anders sehen werden. Ihr Horizont wird sich erweitern, ihnen werden sich mehr Möglichkeiten eröffnen. Und das allein [...] das wäre es wert.«[79]

Dem ungeschminkten Ich lauschen

Ein kleines Häuschen, etwa so groß wie ein Container, ein Tisch, eine Wagenfeld-Lampe, zwei Mikrofone und Einladungen an Menschen, ein intimes Gespräch zu führen – das ist das Konzept von Dave Issay, Gründer von StoryCorps. Wir sind im Jahr 2003 in der Grand Central Station in Manhattan, einem der lebendigsten Orte in New York City. Und mitten in diesem Gewusel stand das Häuschen. Die Idee von StoryCorps: Zwei Menschen führen in einem hermetisch abgeschlossenen Raum ein Gespräch, während das Leben draußen an ihnen vorbeirauscht. Sie führen dort kein Gespräch, das sie auch bei Starbucks führen würden, sondern vielmehr so etwas wie *das* Gespräch. Kein Herumreden, kein Auslassen von Dingen, die zu erwähnen zu schmerzhaft wäre, sondern ein Gespräch, das den Grund der Persönlichkeit offenbart – Werte, Daseinszweck, tiefe Beweggründe, Träume, Wendepunkte, Verletzungen. Erst spricht die eine Person, vielleicht die Mutter, während die andere Person lauscht, vielleicht die Tochter, und dann werden die Rollen getauscht. Dieses Gespräch wird für die Teilnehmer aufgezeichnet, eine Kopie geht an das American Folklife Center in Washingtons Kongressbibliothek.

Die Tatsache, dass das Gespräch aufgezeichnet und aufbewahrt wird, verleiht ihm eine tiefere Würde. Es ist deine Stimme, deine Geschichte, es sind deine Worte, die von deinem Streben, deinen Wünschen, deinen Wunden erzählen – und sie werden bleiben. Auch wenn du nicht mehr da bist, wird deine Stimme eine von 100.000 Stimmen Amerikas sein, die bleiben. Aufbewahrt in der größten Bibliothek der Welt mit fast 40 Millionen Büchern, 70 Millionen Handschriften, 14 Millionen Fotografien und 3,6 Millionen Tonaufnahmen. Vielleicht möchte ein Urenkel sie hören, irgendwann einmal.

---

79 Ebd., S. 120.

Was wirst du sagen? Wirst du dein geschminktes Ich zeigen wie auf Facebook oder Instagram, dein falsches Lachen, die Juchu-Seite deiner Persönlichkeit? Oder wirst du deine Identität offenbaren, das, was dich wirklich bewegt?

Viele Menschen erzählten in dem StoryCorps-Häuschen von Ereignissen, die ihr Leben nachhaltig veränderten. Wie das Gespräch zwischen dem vom Asperger-Syndrom betroffenen Sohn und seiner Mutter. Oder das Gespräch zwischen Dave Issay und dessen Vater, bei dem dieser ihm gestand, dass er homosexuell sei – ein Gespräch, das den Impuls für StoryCorps gab.

Warum spricht nicht nur eine Person in das Mikrofon, wozu das Gespräch? Weil wir zutiefst soziale Wesen sind und sich alles ändert, wenn eine Person zuhört, lauscht, mit allen Sinnen da ist. Geschichten verbinden, sie knüpfen Fäden zwischen dem Erzähler und dem Zuhörer, sie helfen, mit Empathie andere Menschen zu entdecken, sich selbst zu entdecken, das Menschliche überhaupt zu entdecken. Gerade wenn wir eine Person schwierig finden, in ihr die Konkurrentin sehen oder den Gegenspieler, dann sollten wir ihrer Geschichte lauschen, um ein Gefühl für ihre Essenz zu bekommen.

Lauschen, um die Welt neu zu sehen

In seinem TED Talk stellt Jochen Wegner, Chefredakteur von »Zeit Online«, die Geburt und Entwicklung von Europe Talks vor, einer Plattform, die jeweils zwei Menschen zusammenbringt, die politisch entgegengesetzte Meinungen vertreten. Warum?

»Mit andersdenkenden Menschen über Politik zu sprechen, ist nicht nur in Europa sehr schwierig geworden. Familien trennen sich, Freunde sprechen nicht mehr miteinander. Wir bleiben in unseren Blasen. Diese sogenannten Filterblasen werden durch soziale Medien verstärkt, aber im Grunde sind sie kein digitales Produkt. Filterblasen gab es schon immer, sie existieren in unseren Gedanken. Wie Studien immer wieder zeigen, ignorieren wir beispielsweise Dinge, die unserer Überzeugung widersprechen. Die Korrektur von Fake News ist zwar definitiv notwendig, aber nicht ausreichend, um eine gespaltene Gesellschaft zum Umdenken zu bringen. Zum Glück weisen zumindest einige Studien einen einfachen Weg zu einem Perspektivwechsel: ein persönliches

Gespräch mit jemandem, der nicht derselben Meinung ist. Das hilft, die Welt durch die Augen eines anderen neu zu sehen.«[80]

So trafen sich 2019 und 2020 Tausende Menschen, um über Politik zu reden, und nicht nur um zu reden, sondern auch um zu lauschen und jemanden zu erleben, der grundsätzlich anderer Meinung war bei Themen wie Europapolitik, Migration, LGBTQ. Eine ehemalige Grüne traf einen AfD-Anhänger. Ein ehemaliger Polizist, der gegen die gleichgeschlechtliche Ehe war, traf eine Ingenieurin, die mit einer Frau zusammenlebte. Jochen Wegner selbst traf einen jungen Anlageberater, der früher einmal Neonazi gewesen war. Die Ergebnisse: positiv für beide Seiten. Ein tieferes Verständnis für Beweggründe, Lernen, eine Annäherung der Standpunkte – und ein steigendes Vertrauen in die Gesellschaft. 90% sagten, das Gespräch habe ihnen gefallen. Wegners Fazit: *»Wann immer sich zwei Menschen persönlich treffen und stundenlang ungestört miteinander reden, verändern sie sich. Wie auch unsere Gesellschaften. Sie verändern sich Schritt für Schritt mit jedem Gespräch. Wichtig ist, dass wir wieder lernen, diese persönlichen Gespräche zu führen – mit einem Fremden und ungestört.«*[81]

Der Unterschied zwischen einem Facebook-Posting, einem Tweet und einem Gespräch unter vier Augen ist nicht nur die Differenz zwischen digitaler und realer Welt, sondern der Unterschied zwischen Menschen und Texten, zwischen Lauschen und Lesen, zwischen Empathie und Konzentration. Menschen haben eine Stimme, eine Farbe, einen Klang, ein Lachen, Gesten, die ihre Worte unterstreichen oder relativieren, und einen Blick, der uns eine Welt offenbaren kann. Das macht für mich diese Aktion Europe talks so wertvoll, den Menschen zu würdigen – mit seiner Neugier, seinen tieferen Beweggründen und seiner Unvollkommenheit – und auf diesem Weg soziale Toleranz zu verstärken. Eine Übersicht der wichtigsten Werte finden Sie im Anhang.

---

80 Jochen Wegner: Was passierte, als wir tausende Fremde zu politischen Zwiegesprächen zusammenbrachten. TED Summit im Juli 2019. *https://www.ted.com/talks/jochen_wegner_what_happened_when_we_paired_up_thousands_of_strangers_to_talk_politics*

81 Ebd.

SPIEGEL

Erkennen, strukturieren, machen!
Wie Sie Purpose finden, formulieren und verankern

Purpose braucht Struktur und Intuition. Hier ist der Werkzeugkasten für alle, die Purpose wollen. Dieses Kapitel zeigt die Tools für die detektivische Suche nach Ihrem Warum und Wozu.

Im Spiegel sehen Sie Ihr Abbild, es ist Sinnbild Ihrer Identität. Äußerlich, wenn Sie Ihre Erscheinung überprüfen, etwa für ein Instagram-Foto, aber auch innerlich. Der Spiegel offenbart eine tiefere Wahrheit, zum Beispiel in Filmen wie »Black Swan« oder »The Matrix«. Er vermag, die Welt zu zeigen, wie sie wirklich ist, und unser tieferes Selbst an die Oberfläche zu bringen. Im alten Ägypten waren die Wörter Leben und Spiegel identisch.

Diesen Teil von »That's me!« habe ich »Spiegel« getauft, weil er die Modelle und Frameworks vorstellt, die rund um Purpose entstanden sind – die Purpose-Spiegel. Wir schauen, welche Wahrheiten wir in diesen Spiegeln finden – als Individuen, als Teams, als Organisationen. Wir werden in die Vergangenheit blicken und in die Zukunft. Wir werden immer wieder Fragen stellen – warum, wozu, wofür, für wen? Wir werden aus einer Liste mit mehr als 200 Einträgen unsere Werte destillieren, ein Poster von uns und unserem Purpose gestalten, Statements formulieren, ein Manifest verfassen.

Vielleicht werden Sie auch all das im ersten Schritt nicht tun, sondern sich nur die Modelle und Frameworks ansehen, die es ermöglichen, ein klares Bild zu zeichnen, nicht nur inhaltlich, sondern auch und vor allem moralisch. Am Ende des Kapitels stelle ich Ihnen Canvases vor, die beim forschenden Blick in den Purpose-Spiegel helfen, die Schritt für Schritt durch einen Prozess führen – vom Finden des Purpose über die treffenden Formulierungen bis hin dazu, den Purpose zum Teil des Alltags werden zu lassen, damit wir nicht nur schöne Worte haben, sondern auch Taten – und Erfolge.

Von Toyota lernen, in die Tiefe zu fragen

Die 5-Why-Methode zur spielerischen Annäherung an Purpose

Manchmal, wenn Gespräche an der Oberfläche dümpeln, erinnere ich mich an eine schlichte, aber wirksame Methode aus dem Repertoire des japanischen Autoherstellers Toyota und mit ihrer Hilfe drehe ich den Dialog und gebe ihm eine andere Richtung. Die Richtung heißt Sinn. Man sagt: Wenn ein Problem auftritt und du willst es lösen, dann frage nicht nur einmal warum, sondern frage bei jeder Antwort, die du bekommst, wieder. Fünfmal warum zu fragen sollte ausreichen, um zur Wurzel des Problems vorzudringen. Diese Technik lässt sich auch bei der Suche nach dem Purpose anwenden, bis dieser auf der richtigen Flughöhe definiert ist – nicht zu luftig abgehoben und auch nicht zu nah am Boden.

In seinem wunderbaren Buch zum »Toyota Way«, das in den frühen 2000er Jahren erschien, zeigt Jeffrey K. Liker ein Unternehmen, das auf eine eigene Art Purpose-getrieben ist, ein lernender Organismus, der langfristig denkt und auf kurzfristige Gewinne verzichtet, sofern sie langfristig keinen Sinn machen. Sinn bedeutet: Jede Toyota-Einheit, wo auch immer in der Welt sie tätig ist, trägt zum Wohl der Gemeinschaft bei sowie zum ökonomischen Wachstum des Landes, in dem die jeweilige Toyota-Firma angesiedelt ist. Sie trägt zur Stabilität und zum Wohlstand der Mitarbeiter bei. Und sie trägt zum Wachstum des gesamten Toyota-Organismus bei. Das ist ganz grob der philosophische Rahmen des japanischen Autoherstellers, der nach Stückzahlen mit Volkswagen weltweit die meisten Fahrzeuge verkauft.

Zwei Beispiele, wie wir sie bei Toyota finden, zeigen, wohin Warum-Fragen auf der Suche nach Fehlern führen können.

Die Ausgangssituation: Da ist ein Ölfleck auf dem Werkstattboden.
Warum?
Weil der Motor Öl leckt.
Warum?
Weil sich die Dichtung zersetzt hat.
Warum?
Weil wir Dichtungen aus minderwertigem Material gekauft haben.
Warum?

Weil wir ein gutes Angebot hatten.
Warum?
Weil der Einkäufer einen Bonus für kurzfristige Einsparungen bekommt.[82]

Nicht schwer, sich vorzustellen, dass die Maßnahmen je nach Tiefe der Befragung durchaus unterschiedlich ausfallen können – von Boden sauber wischen bis Bonussystem für Einkäufer ändern. Hier ein anderes Beispiel, das noch erheblich grundsätzlicher wird.

Die Ausgangssituation: Die Angestellten von Toyota sind frustriert und beschweren sich über ein neues E-Mail-System.
Warum?
Es fällt ihnen schwer, das System zu bedienen.
Warum?
Sie haben weder adäquates Training erhalten noch gibt das Manual Antworten auf ihre Fragen.
Warum?
Der verantwortliche Manager hat schlecht geplant, die Mitarbeiter nicht eingebunden, weder bei der Entwicklung des Systems noch bei der Einführung.
Warum?
Der Manager bekam weder Anweisungen noch Training oder Unterstützung von seinem Boss.
Warum?
Die Firma als Ganzes hat keine effizienten Prozesse und das oberste Management hat keine Kultur geschaffen, die solche Prozesse herausbildet, um zum Beispiel ein neues E-Mail-System erfolgreich einzuführen.

Sie sehen, es kann sehr schnell grundsätzlich werden. Wer so fragt, der will es wirklich wissen, auch wenn die Antworten zu seinen eigenen Ungunsten ausfallen.

Im Kontext von Purpose macht es meiner Erfahrung nach viel Sinn, einfach mal mit dieser Kette von fünf Fragen nach dem Warum anzufangen. Es können auch vier Warums sein oder sieben. Sie merken schon, wenn Sie die Wurzel zu fassen bekommen. Es folgt ein Beispieldialog, den ich mit einer befreundeten Krankenschwester geführt habe:

Warum bist du Krankenschwester geworden?
Weil ich gern etwas Nützliches tun wollte.

---

82 The Toyota Way. Jeffrey K. Liker. New York: 2004, S. 253.

Warum?
Weil es mir wichtig war, Menschen in Not zu helfen.
Warum?
Weil ich nicht in einer Welt leben wollte, in der jeder nur dem Geld nachrennt.
Warum?
Weil ich davon überzeugt bin, dass Geld nicht glücklich macht – und auch nicht gesund.
Warum?
Weil ich von zu Hause diese positive, hilfsbereite Art mitbekommen habe, mit der ich Menschen selbst in den schwierigsten Situationen zum Lächeln bringen kann, und das ist mein ganz persönlicher Beitrag zu ihrer Gesundung.

Machen wir hier einen Punkt. Mit wenigen Fragen haben wir uns zu den Wurzeln bewegt. Nun werden Sie sagen: Klar, Krankenschwester und Ärztin, das sind schließlich die Purpose-Berufe schlechthin. Stimmt. Also noch ein Beispiel, mein eigenes, in der Zeit nach dem Studium:
Warum bist du Journalist und Autor geworden?
Weil ich mit Texten Menschen erreichen will.
Warum?
Weil ich mir vorstelle, dass die Leser etwas an meinen Texten berührt, ein Satz, ein Wort, eine Einsicht.
Warum?
Weil ich das selbst so erlebe mit Texten von Autoren, die mir etwas bedeuten.
Warum?
Weil die Sprache und Geschichten unsere Einbildungskraft berühren, das Grundvermögen, um die Welt zu gestalten.
Warum?
Das ist ihre Magie. In der Sprache lebt ja nicht nur der Sinn der Worte, sondern auch deren Klang und Musik und Tanz – vielleicht all das, was uns als Menschen ausmacht.

Sie kommen sehr schnell in ganz andere Regionen mit dieser Methode. Das dürfte jetzt deutlich sein. Natürlich reicht sie nicht aus, um den eigenen Purpose zu ergründen, doch sie ist ein guter Anfang, ein Spiel mit einem durchaus ernsten Hintergrund. Es lässt sich von jedem beliebigen Punkt aus spielen. Wir entdecken etwas, das unsere Aufmerksamkeit weckt, ein Detail, und von diesem Detail aus fragen wir uns ins Zentrum, genau wie Kinder oder Philosophen. Auch dafür ein

Beispiel (als Variante habe ich die Warum-Fragen ausführlich gestellt, das heißt mit Bezug auf die Antworten):
Warum hast du eine Katze?
Weil ich Katzen mag.
Warum?
Weil sie so freie Wesen sind.
Warum magst du freie Wesen?
Weil sie mir zeigen, wie wir als Menschen leben sollten.
Warum sollten wir so leben?
Damit wir uns nach unseren Fähigkeiten und Möglichkeiten entfalten können.
Warum ist das wichtig?
Weil ich mir so eine glückliche Gesellschaft vorstelle, eine Gesellschaft aus glücklichen Einzelgängern.

Zum Schluss noch ein Beispiel, das mir bei der Internetrecherche zu den 5 Whys begegnete.[83] Dieses kleine Gleichnis handelt von einem vergessenen Purpose. Der Rahmen: Eine Bürgermeisterin spazierte durch ihre Stadt und fand einen Stadtarbeiter ein Loch graben und hinter ihm einen weiteren, der das Loch wieder zuschüttete. Sie sah sich das an und staunte und fragte die Männer, was sie da täten. Der ältere Arbeiter sagte: »Ich bin derjenige, der die Löcher gräbt, ein zweiter Arbeiter pflanzt einen Baum darin und der dritte füllt das Loch.« Doch leider sei der zweite gerade krank. Und es war doch so ein schöner Tag und sie mussten ja sowieso ihr Soll erfüllen, daher würden sie an diesem Tag nur zu zweit arbeiten.

Das Why einmal zu erzählen nützt nichts. Zweimal nützt kaum mehr. Es geht darum, das Why immer wieder zu erzählen, auf allen Ebenen. Vielleicht hätte die Bürgermeisterin als Reaktion die verschiedenen Ebenen des Why als Selbstgespräch kommunizieren können, etwa so:
Warum graben wir diese Löcher?
Um Bäume zu pflanzen.
Warum pflanzen wir Bäume?
Um unsere Stadt zu verschönern.
Warum verschönern wir unsere Stadt?
Damit mehr Menschen hier leben wollen.
Warum sollten hier mehr Menschen leben?
Um unsere Wirtschaft zu stärken.

---

83 Rodger Price, Mai 2016: *https://leadingbd.com/2016/05/the-five-whys-of-purpose/*

Warum sollten wir unsere Wirtschaft stärken?

Sie bereichert am Ende das Leben, gibt uns Sicherheit und Freiheit, solange die Wirtschaftsstärke nicht auf Kosten der Gesellschaft oder der Natur erreicht wird.

Alternativ hätte die Bürgermeisterin auch den Kreis der Fragen erweitern können, wie wir es im nächsten Abschnitt tun werden. Eine Wie-Frage hätte die Arbeiter vielleicht auf den richtigen Weg führen können. Warum graben wir diese Löcher? Um Bäume zu pflanzen. Wie pflanzt man Bäume? Indem man erst die Saat in den Boden setzt und sie dann mit Erde bedeckt. Nun noch eine Was-Frage: Was ist der Vorteil, wenn man Bäume pflanzt? In ein paar Jahren gibt es Schatten, die Luft wird besser und es sieht schön aus.

Take-away

Von Toyota lässt sich viel lernen, weil es seit seiner Gründung im späten 19. Jahrhundert auf Gemeinwohl ausgerichtet ist und weil seine Philosophie auf langfristigem Denken ruht. Ein einfaches, doch sehr wirkungsvolles Verfahren, das Toyota in der Produktion nutzt, ist die Technik, des 5-Mal nach dem Warum zu fragen. So gelangt man zum Kern eines Problems. Diese 5-Why-Methode lässt sich auch für spielerische Annäherungen auf der Suche nach dem Purpose anwenden. Sie gibt ein gutes Gefühl für die richtige Flughöhe.

Mit dem Why beginnen

Der klassische Golden Circle

Der Golden Circle ist für mich so etwas wie der Zauberstab für alle, die ihren Purpose ergründen und formulieren wollen (siehe **Abbildung 19**): Er funktioniert für jeden Einzelnen, für Abteilungen, für Unternehmen, für Netzwerke. Und er ist einfach zu handhaben – keine komplexen Regeln und Vorgaben, keine Irrungen und Wirrungen in einem Labyrinth von Fragen. Fast wirken die drei Kreise, als wären sie von Kindern entwickelt worden, die sich wünschen, dass die Welt doch bitte so klar und zugleich so profund erklärt werden würde, dass sie bequem folgen können.

Der Golden Circle von Simon Sinek

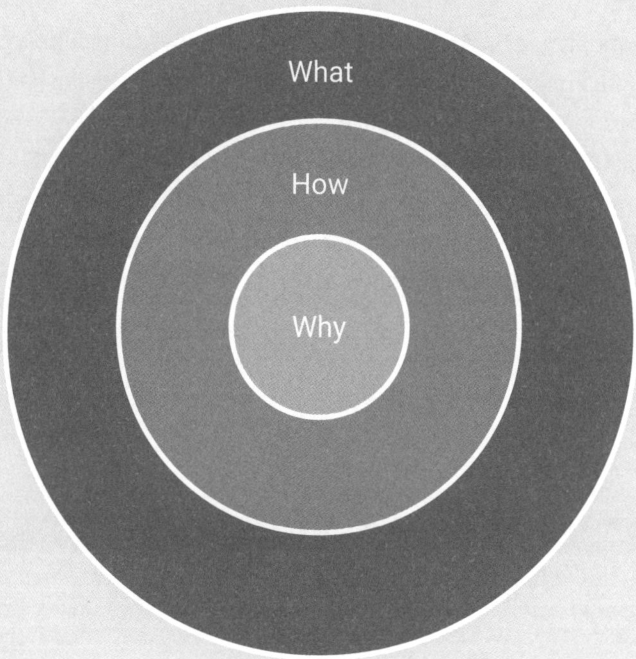

19 *Golden Circle: Die Frage nach dem Purpose befindet sich im Zentrum.*

Ich habe viel mit dem Golden Circle gearbeitet und erleben dürfen, wie es bei Menschen nach kurzer Zeit Klick macht. Andere wiederum finden über die drei Fragen – Why, How, What – keinen Zugang, halten dieses Tool für brauchbar im Marketing, doch mehr auch nicht. Vielleicht lässt es sich so sagen: Die Einfachheit ist zugleich Stärke und Schwäche des Golden Circles. Man kommt sicherlich über ihn hinaus, doch nicht an ihm vorbei.

Der Golden Circle sagt: Stellen Sie drei Fragen und mit den Antworten beschreiben sie perfekt, um was es geht. Die Fragen brauchen keine komplexen Antworten, es reicht oft schon ein Satz. Im Grunde gilt die Regel, je kürzer, desto besser. Simon Sineks Buch[84] »Frag immer erst Warum« erschien 2009, in diesem Jahr gab er auch seinen legendären TED Talk[85] und er wurde in kurzer Zeit eine Berühmtheit. Der Talk wurde mehr als 50 Millionen Mal gesehen – und hat stark gewirkt. Heute ist der Golden Circle ein Standardtool in Organisationen und bei Unternehmensberatungen. Manche Start-ups gehen sogar so weit, ihren Purpose, die Antwort auf die Frage nach dem Warum, plakativ auf die Website zu schreiben, bevor die Besucher verstehen, was das Unternehmen überhaupt tut.

Ein Blick auf die drei Fragen:

- *Was?* Jede Organisation kann diese Frage beantworten, ganz gleich wie groß oder klein, auch wenn große Unternehmen mehr Aspekte des Was besitzen. Es ist eine Frage, die wir jeder Mitarbeiterin stellen können und jedem Mitarbeiter und sie werden nicht lange überlegen müssen. Wie konsistent sollte ein Was sein? Oder wie vielschichtig darf ein Was sein? Es geht um eine vereinfachte Darstellung der Hauptlinie.
- *Wie?* Auch die Antwort auf diese Frage fällt in der Regel nicht schwer, obgleich die Antworten häufig aus ganz verschiedenen Perspektiven kommen, wenn man sich Golden Circles von Unternehmen ansieht: Die Kultur wird beschrieben, der strategische Masterplan, das Mindset oder das, was im Kontrast zur Konkurrenz anders gemacht wird. Wir könnten sagen, es geht um etwas, das mit Disziplin getan wird, um das Was im Sinne des Warum zu schaffen.
- *Warum?* Schon schwieriger zu beantworten ist das Warum, schreibt Sinek. Das Why nutzen vor allem inspirierte und inspirierende Firmen oder Leader. Kein

84 Simon Sinek: Start with why: How great leaders inspire everyone to take action. London: 2009.

85 Simon Sinek: TEDxPuget Sound, September 2009: *https://www.ted.com/talks/simon_sinek_how_great_leaders_inspire_action?language=de*

»Wir wollen Geld verdienen« oder »weil wir das schon immer so machen«, sondern Sätze, die berühren. Geld verdienen ist immer eine Folge des Warum und der Satz, dass Dinge schon immer so gemacht wurden, weist in Richtung auf ein vergessenes Why, ein verdrängtes im Namen des Profits (siehe **Abbildung 20**) oder tatsächlich auf ein Unternehmen, das niemals einen Purpose hatte. Beim Why geht es vor allem um maximale Klarheit und Einfachheit, damit es anschlussfähig ist für viele Menschen. Fragen, die bei der konkreten Antwort helfen können, sind: Warum stehen Sie jeden Morgen auf? Warum existiert Ihre Firma? Warum ist sie wichtig für Menschen?

Sineks Lieblingsbeispiel ist Apple: *»Bei allem, was wir tun, fordern wir den Status quo heraus. Wir glauben daran, dass es gut ist, anders zu denken. Die Art wie wir den Status quo herausfordern, besteht darin, unsere Produkte schön zu designen und sie nutzerfreundlich zu gestalten. Und wir machen zufällig großartige Computer. Willst du einen kaufen?«*[86]

Es ist ein typisches Beispiel aus Sineks Buch, und man merkt schon, dass Marketing in Sineks Welt ein zentrales Thema ist und damit das Thema Purpose in Richtung Marketing gerutscht ist. Mit Sinn aufgeladene Produkte verkaufen sich einfach besser. Purpose sells, wenn er gut designt ist und – klar nutzerfreundlich. Apples Claim *»Think different«* ist genauso eingängig, schön und intuitiv wie die Welt des iPhones.

Den Umgang mit dem Golden Circle beschreibt Sinek ganz einfach: Starte mit dem Warum und frage erst dann nach dem Wie und dem Was. So entsteht deine Welt in der richtigen Ordnung – von außen nach innen. Wenn du in einer anderen Reihenfolge vorgehst, dann kommst du vielleicht schneller zu Ergebnissen, aber findest mit hoher Wahrscheinlichkeit kein Warum oder konstruierst dir mühselig eins. Das aber genau ist zu vermeiden, denn im Kern verbindet die Antwort auf die Frage nach dem Warum. Sie verbindet Menschen mit Menschen, Marken und Kunden, Bewegungen und Anhänger.

86 Simon Sinek: Start with why: How great leaders inspire everyone to take action. London: 2009, S. 41.

Wie Erfolg Purpose beeinflussen kann

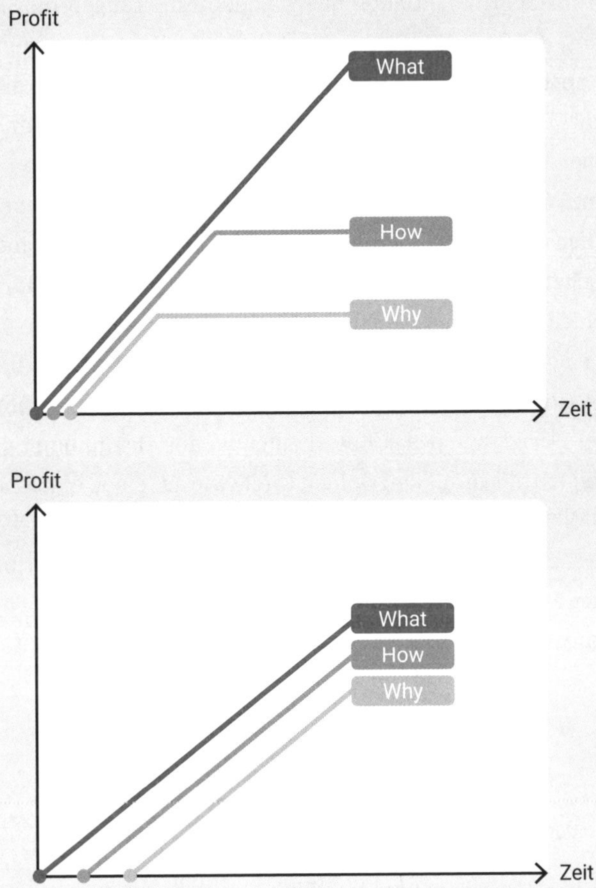

20 *Die größte Gefahr, das Warum und auch das Wie zu vergessen, droht vom finanziellen Erfolg.*

Hier passt gut das Beispiel einer Bekannten, sie ist Musikerin, Schriftstellerin, Kabarettistin. Sie lehrt auch Musik und Schreiben. Das wirkt auf der Was-Ebene eher uneinheitlich. Doch im Warum löst sich alles. Sie sagt: *»Meine Welt ist bunt und voller Gegensätze. Ich glaube an die Gleichzeitigkeit der Gegensätze und dass jeder Mensch den Gegensatz in sich trägt. Diese Überzeugung trage ich nach außen, indem ich Gegensätzliches unter einer Marke/in meiner Person vereine, und diese Gegensätze perfekt, kunstvoll und mit viel Liebe gestalte.«*

Wie nutzen Sie den Golden Circle in der Praxis? Dazu gibt es ein eigenes Buch, einen Schritt-für-Schritt-Leitfaden mit genauen Anleitungen für Sie als Person oder für Teams, die ihr Why suchen. Was diesem 2017 erschienenen Buch leider fehlt, ist der ansteckende Spirit, den Sineks erstes Werk und vor allem der TED Talk versprüht. Darüber hinaus kommt es zu formelhaften Ergebnissen – ganz ähnlich wie bei Aaron Hurst, dessen herausragendes Buch »Purpose Economy« 2014 erschien. Wir werden uns beide im nächsten Abschnitt ansehen, in dem es darum geht, den Golden Circle zu erweitern. In diesem Abschnitt möchte ich ein anderes Vorgehen vorschlagen: Lassen Sie sich von einer Reihe Golden Circles aus ganz unterschiedlichen Branchen und Bereichen inspirieren!

Der einzige Schritt, der hier wichtig ist: Sehen Sie sich nicht nur das Why an. Die Magie des Golden Circles liegt darin, warum, wie und was zusammenklingen zu lassen. Der Dreiklang ist das Entscheidende, die Abstimmung der Elemente untereinander. Ich blicke auf den Golden Circle wie auf einen einfachen Akkord in der Musik: Drei Töne klingen zusammen. Jeder Ton für sich ist schön, doch der Akkord erzeugt eine ganz andere Stimmung und seine Fähigkeit, Hörer zu bewegen, ist stärker. Das Warum allein mag seine eigene Würde haben, doch gewinnt es im Dreiklang. Denn dieser Dreiklang öffnet die Tür zu einer Welt.

Harley Davidson: Die Freiheit spüren

- *Warum*: Träume von persönlicher Freiheit erfüllen
- *Wie*: Alles, was wir tun, tun wir mit dem Bekenntnis, außerordentliche Kundenerfahrungen zu schaffen – durch innovative Produkte, Präzision in der Herstellung und unser starkes Händler- und Lieferantennetzwerk.
- *Was*: klassische Motorräder bauen

Beyond Meat: Besser ernähren, globale Probleme lösen

- *Warum*: Wir sind davon überzeugt, dass es einen besseren Weg gibt, uns in Zukunft zu ernähren und dass die positiven Entscheidungen, die wir alle treffen, ganz gleich wie klein sie auch sein mögen, großen Einfluss auf unsere persönliche Gesundheit sowie die Gesundheit unseres Planeten haben können. Mit dem Shift von tierbasiertem zu pflanzenbasiertem Fleisch beeinflussen wir im positiven Sinne vier globale Probleme: Gesundheit, Klimawandel, Beschränkung natürlicher Ressourcen, Wohlergehen der Tiere.
- *Wie*: Wir verbinden Innovationen mit nicht genetisch veränderten Zutaten (GVO), um eine »Meaty Experience« zu ermöglichen, die Sie sich ohne Kompromisse wünschen.
- *Was*: pflanzenbasiertes Fleisch in Form von Burgern und Würstchen

Biontech: Zukunftsweisende Therapien

- *Warum*: möglichst vielen betroffenen Menschen Zugang zu diesen Therapien zu ermöglichen und so ihr Leben spürbar zu verbessern
- *Wie*: durch Kombination einer Vielzahl an modernen therapeutischen Plattformen und Bioinformatiktools, um die Entwicklung neuartiger Biopharmazeutika rasch voranzutreiben
- *Was*: zukunftsweisende, individualisierte Therapien gegen Krebs und andere schwere Erkrankungen entwickeln

Greta Thunberg: Die Klimakrise abwenden

- *Warum*: Ich will die Klimakrise abwenden.
- *Wie*: Ich habe den School Strike for Climate initiiert, halte Vorträge, gebe Interviews, strebe danach, klimavorbildlich zu leben.
- *Was*: Ich bin Klimaaktivistin.

Tesla: Vorfahrt für nachhaltige Energie

- *Warum*: Wir wollen den Übergang zu nachhaltiger Energie beschleunigen.
- *Wie*: Ein Masterplan führt uns von Nischen- zu Massenmodellen und entwickelt darüber hinaus auch eine Infrastruktur.
- *Was*: Wir bauen Elektroautos.

Einhorn: Fairness und Sustainability

- *Warum*: Wir wollen Design mit Fairstainability (fair & sustainable) kombinieren. Wir glauben daran, wirtschaftliche Macht zu nutzen, Gutes gut designt zu tun.
- *Wie*: 50% unserer Gewinne gehen in soziale und nachhaltige Projekte. Jeder, der in den Prozess der Kondomherstellung eingebunden ist – die Natur und die Menschen – hat einen Stake in unserer Herangehensweise. Unsere Fairstainability-Ziele reichen von fairen Gehältern im gesamten Produktionsprozess über Minimierung unseres CO_2-Fußabdrucks bis hin zum Erhöhen der Biodiversität auf den Plantagen, von denen wir das Gummi für unsere Kondome beziehen.
- *Was*: Wir machen vegane Kondome und Periodenprodukte.

Apple: Die weltbesten Produkte

Zum Schluss folgt noch einmal Apple mit der aktuellen Version des Golden Circles, die sich übrigens nicht auf der Website des Unternehmens findet, doch als Abbinder auf Pressemitteilungen.

- *Warum*: Apples über 100.000 Mitarbeiter engagieren sich dafür, die besten Produkte der Erde zu machen sowie die Erde besser zu verlassen, als wir sie vorgefunden haben.
- *Wie*: Apples vier Softwareplattformen – iOS, macOS, watchOS und tvOS – ermöglichen nahtlose Erfahrungen über alle Apple-Geräte und stärken Men-

schen mit bahnbrechenden Dienstleistungen, zu denen der App Store, Apple Music, Apple Pay und iCloud zählen.

- *Was*: Apple hat die persönliche Technologie revolutioniert, indem das Unternehmen 1984 den MacIntosh auf den Markt brachte. Apple ist weltweit führend in Innovationen mit dem iPhone, iPad, Mac, Apple Watch und Apple TV.

Was meinen Sie, hat Apples Golden Circle gewonnen? Was spricht Sie eher an? Die minimalistischen Golden Circles von Greta Thunberg, Tesla und auch von Harley Davidson oder die üppige Version von Beyond Meat? Die sehr konkrete Version von Einhorn oder Biontechs kühle Klarheit? Ich würde immer empfehlen, einen Golden Circle zu schreiben, der so schlicht und elegant wie möglich ist. Alles, was sich sagen lässt, lässt sich auch klar sagen. Apples barocke Version zeigt, wie ermüdend Aufzählungen wirken. Sie gehören meiner Meinung nach nicht in den Golden Circle. Auch das Why von Beyond Meat platzt aus allen Nähten. Wer gern alles erzählen will, ist falsch im Golden Circle – hier ist der Ort, um fast alles wegzulassen. Mehr Details, mehr Story, mehr Daten gehen immer, aber bitte erst im zweiten Schritt. Ist die erste Ebene der Darstellung überladen, dann kippt die positive Wirkung schnell ins Gegenteil, und ein Leser oder eine Leserin mag glauben, die vielen Worte sollten verwirren oder etwas verbergen.

Im Kontext von Purpose zählen Echtheit, Schlichtheit, Klarheit. Wir stehen nicht in einem Wettbewerb und eifern um Spitzenpositionen darin, wer am meisten für die Erde, die Menschen, die Gesundheit, die Natur, die Atmosphäre, die Glücksgefühle der Menschen tut. Jeder tut in seinem Bereich, was er kann. Mal sind die Hebelkräfte größer, mal weniger groß. So ist es eben. Punkt.

Ein Golden Circle, der gestresst wirkt, verliert augenblicklich in seiner Innen- und Außenwirkung an Magie. Dass die Ansprüche hoch sein dürfen – wunderbar. Google war nicht gerade zurückhaltend mit der Idee, allen das Wissen der Welt zur Verfügung zu stellen. Diesen Purpose zum Beispiel versteht man sofort und er muss sich nicht erklären. Google musste auch in Anfangstagen nicht hinzufügen, dass die Welt dadurch besser werden würde. Den Wert von Google hat jeder verstanden – und bald auch die Quittung, die wir dafür zahlen, von der Google im Purpose nicht spricht.

Nun noch ein Blick auf das How. Die von mir ausgewählten Unternehmen interpretieren das How ganz unterschiedlich: Strategie/Masterplan bei Tesla, ein Gefühl für »Fairstainability« bei Einhorn, eine Idee vom Vorgehen bei Beyond

Meat. Vielleicht ist das genau der Punkt: Das Wie gibt eine Idee vom Vorgehen. Sinek sagt, das Wie zeige die Prinzipien und Werte eines Unternehmens in Aktion. Besser lässt es sich nicht sagen.

Aus der Praxis: Sag's der Zwiebel – genialer Purpose im Vorübergehen

Ein Freund und früherer Kollege erzählte mir folgende, äußerst pragmatische Herangehensweise an den Golden Circle. Sie setzt auf die Eigeninitiative und Kreativität der Mitarbeiter und die Arbeit mit Bordmitteln. Roman Miserre ist der Geschäftsführer der Procurement-Einheit bei Hubert Burda Media. Einkauf ist gewöhnlich ein Raum, der sich vor allem über die effiziente Abwicklung von Prozessen definiert. Fragen zu einem Purpose werden in diesem Umfeld selten gestellt. Doch Roman erklärte mir: *»Um als Arbeitgeber auch attraktiv für High Potentials mit 21st Century Skills zu werden, wusste ich, dass ich das als ersten Schritt ändern musste.«* Natürlich gab es eine Reihe von Maßnahmen.[87]

Auf dem Weg dorthin baute eine Werkstudentin ohne Vorwarnung an die Kollegen per Post-its die drei Kreise an die Flurwand mit einem Hinweis auf Simon Sineks TED-Vortrag und der Bitte, dass jeder im Vorbeilaufen Post-its zu Why, How und What ausfüllen solle. Das alles lief unter der Überschrift: »Sag's der Zwiebel.« Zunächst passierte ein paar Tage lang gar nichts, dann folgten erste Post-its. Es gab Diskussionen. Die gelben Zettel wurden umgehängt. Eine Kollegin fertigte Mind Maps an, hängte sie neben die Zwiebel. Alles unmoderiert. Am Ende blieb ein Why übrig: *»We establish BurdaProcurement as Love Brand for our clients.«* Roman sagt: *»Für eine normale Marke eher ein leeres Why, für einen Einkauf dagegen mit großer Strahlkraft. Ein Einkauf braucht eine für den Klienten erkennbare Handschrift, damit der Klient uns gern einbindet. Und der Klient soll durch anhaltende WOW-Projekte ein wirklicher Fan unserer Abteilung werden. Wir messen dies für alle sichtbar konstant durch NPS-Umfragen.«*[88]

---

87 Roman Miserre von Burda. Warum wir entlernen müssen und was Hotelportiers mit innovativem Einkauf zu tun haben: *https://www.prcrmnt-pnk.de/2019/11/13/warum-wir-entlernen-muessen-und-was-hotelportiers-mit-einkauf-zu-tun-haben/*

88 NPS bezeichnet den Net Promoter Score. Es handelt sich um eine Kennzahl, die herausfindet, inwieweit Kunden ein Produkt oder eine Dienstleistung empfehlen würden.

Purpose funktioniert für jeden Bereich eines Unternehmens, für jedes Team und jede Einheit – für den Einkauf wie für Controlling, Buchhaltung oder Human Resources. Allerdings weist Roman darauf hin, dass er zu diesem Zeitpunkt bereits eine kritische Masse von Personen mit dem richtigen, proaktiven Mindset an Bord hatte. So entwickelte sich der richtige Spirit bei bestehenden Kollegen und das Team wurde immer stärker, sodass es solche Prozesse ohne externe Moderation in Eigeninitiative erledigte. Natürlich war es mit dem Ausfüllen der Zwiebel allein nicht getan, um auch als Einkauf ein Magnet für High Potentials zu werden. Doch sie brachte in einfachen und klaren Worten auf den Punkt, was der Kern dieser ungewöhnlichen Einheit ist und worauf sich neue Kollegen freuen dürfen.

Take-away

Der Golden Circle ist ein fantastisches Tool für Purpose-Einsteiger. Jeder kann sofort loslegen und sich spielerisch und einfach dem Purpose nähern. Darin liegt auch die Beliebtheit des Golden Circles. Seine Risiken und Chancen lassen sich an Beispielen studieren, von denen es viele gibt. Eins sollten Sie allerdings nicht tun: Formulierungen abschreiben. Das ist keine Abkürzung, sondern ein Irrweg.

Nicht beim Why aufhören

Der erweiterte Golden Circle

Seitdem ich mit dem Golden Circle arbeite, frage ich mich, ob er sich nicht ein wenig optimieren ließe, sodass die Einfachheit erhalten bleibt, doch viele Missverständnisse, die in der praktischen Arbeit mit diesem Tool immer wieder auftauchen, Vergangenheit wären. Dabei ist ein Golden Circle entstanden, der eine Frage und damit auch einen Ring hinzugewonnen hat – für wen? – sowie die Fragen segmentiert, um sie begrifflich klarer zu machen. Gehen wir bei der Erklärung von innen nach außen (siehe **Abbildung 21**).

Der erweiterte Golden Circle

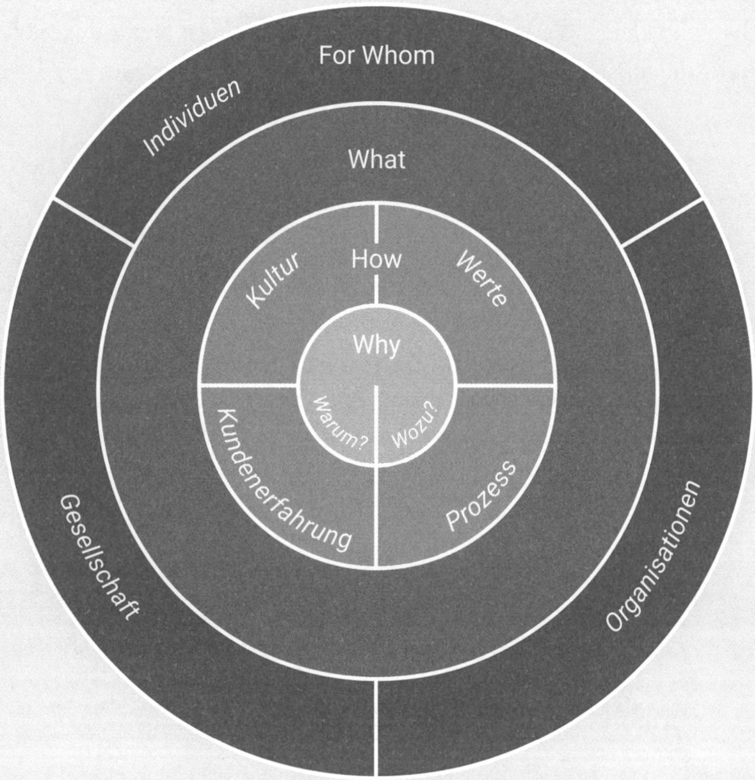

21 *Der erweiterte Golden Circle, um die praktische Arbeit zu erleichtern, gibt es ein differenziertes Why und How sowie die Frage nach dem For Whom.*

Die zwei Aspekte des Warum

Das Warum stiftet häufig Verwirrung, weil es aus zwei Richtungen zu verstehen ist: dem Gestern und dem Morgen. Warum im Sinne von weshalb, das wäre der Blick in die Vergangenheit oder auch der Blick nach innen. Und warum im Sinne von wozu, das wäre der Blick in die Zukunft oder nach außen. Beide Richtungen sind wichtig – wir wollen die Wurzeln verstehen und ein Gefühl für den Baum oder den Wald bekommen, der wachsen soll.

Wie sieht das in der Realität aus? Ein guter Freund ist Achtsamkeits-Coach, und er bat mich, ihm bei den Texten für seine Website zu unterstützen. Als ich mit ihm über sein Warum sprach, erklärte er mir als Erstes, welche entscheidende Rolle das Warum in seinem Leben spiele. Er sprach über das Gestern und erzählte mir dazu eine Geschichte, wie er sein Warum entdeckt hatte. Sollte diese Geschichte auf seiner Website stehen? Unbedingt. Doch dieses innere oder subjektive Warum benötigt noch ein äußeres, objektives Warum, um anschlussfähig zu sein. Es beschreibt, was er dem Kunden gibt. Also noch einmal die Frage: »Warum hast du dich als Achtsamkeits-Coach selbstständig gemacht?« Nach einigen Iterationen kamen wir sehr schnell auf den Punkt: »Weil ich dazu beitragen will, dass meine Kunden das Beste für sich erkennen und leben.«

Ich halte es für wichtig, sich sowohl mit dem inneren wie auch mit dem äußeren Warum zu beschäftigen. Am Ende geht es darum, diese beiden Seiten zu verbinden, zum Beispiel im Rahmen einer Website. Das äußere Warum sollte dort im Vordergrund stehen und das innere in der Rubrik »Über mich« zu finden sein. Exakt so würde ich es auch bei größeren Unternehmen machen. Das äußere Warum ist Bestandteil des Golden Circles, das innere Warum erscheint als Gründungsstory und gibt dem äußeren Warum Halt und Substanz und Echtheit. Exakt diese Kombination halte ich für unschlagbar.

Die vier Aspekte des Wie

Das Wie öffnet interessanter Weise den Raum in viele Richtungen – und das ist gut. Ich würde niemals vorschreiben, welcher Regel das Wie zu folgen hat. Es ergibt sich organisch in der Arbeit mit dem Golden Circle. Dennoch scheint mir hilfreich, nicht nur inspirierende Beispiele zu kennen, wie andere Menschen oder Organisationen ihr Wie beschreiben, sondern auch eine kleine Hilfsstruktur anzubieten, die aber wirklich nicht mehr sein soll als das. Wer sich bewusst entscheidet, aus dieser Struktur auszubrechen, der sollte es natürlich tun.

Ich habe das Wie aufgeteilt in vier Segmente: die Werte, den Prozess, die Kultur, die Kunden. Je nachdem, was Ihnen im Kontext Ihres Lebens, Ihres Teams oder Ihrer Organisation wichtig erscheint, können Sie den Fokus des Wie ausrichten. Blicken wir zurück zum vorherigen Kapitel. Harley Davidson betont Werte wie Innovation und Präzision, die dem obersten Wert der außerordentlichen Kundenerfahrungen untergeordnet sind. Es geht um Werte und Kunden. Tesla betont den Prozess, das Vorgehen: Wir bewegen uns vom Nischenmarkt zum Massenmarkt und folgen dabei der Economy of Scale. Bei Greta Thunberg und auch bei Biontech geht es um den Prozess, die Reise, die Schritte.

Das klare Was

Das Was ist sicherlich die einfachste Frage und sie braucht keine Zusätze – außer vielleicht den, hier um keinen Preis in den Modus einer Aufzählung zu verfallen, sondern klar zu bleiben und das dominante Produkt oder den dominanten Service zu benennen. Tesla baut auch Wallboxen und Batterien für Drittanbieter und betreibt ein Netz von Stromtankstellen. Würde man das alles im Was erwähnen, würde das eher verwirren, obwohl es natürlich wahr ist. Besser scheint mir, den Golden Circle als die erste Informationsebene zu betrachten, die sich auffalten lässt. Auf der zweiten Ebene lassen sich dann bequem weitere Produkte hinzufügen.

Die drei Aspekte des Für Wen

Der äußere Kreis fragt danach, für wen meine Produkte oder Dienstleistungen gedacht sind. Oder bei meinem privaten Purpose: Wen genau habe ich im Blick? Hier habe ich drei Segmente gewählt, um den Kreis der Empfänger oder Kunden zu beschreiben: Sind es Individuen oder Organisationen oder geht es um die

Gesellschaft als Ganzes? Kombinationen sind natürlich ebenfalls denkbar. Warum diese Aufteilung? Ganz einfach, weil mir auffiel, dass viele der Golden Circles einfach stillschweigend annehmen, man wüsste schon, um wen es sich handeln würde. Darüber hinaus rücken so Organisationen in den Blickwinkel – ein großes Thema für Menschen – die sich außerhalb ihrer Arbeit engagieren – sowie die Gesellschaft als Ganzes. Sie schließen auf die Art außerdem aus, dass Sie die Gesellschaft vergessen oder unterbewerten, wenn Sie einen Golden Circle entwickeln oder updaten. Und Sie erkennen sofort, welche Unternehmen direkt mit dem, was sie tun, gesellschaftliche Probleme lösen, wie zum Beispiel Biontech oder Tesla, und welche das nicht oder allenfalls indirekt tun, wie Harley Davidson und Einhorn.

Das eigene Why in einem simplen Schema notieren

»Menschen inspirieren, die Dinge zu tun, die sie inspirieren, damit wir alle gemeinsam die Welt zum Besseren verändern können.« So formuliert Simon Sinek sein Why. In seinem zweiten Buch »Finde dein Warum: Der praktische Wegweiser zu deiner wahren Bestimmung« schlägt er folgende Formel vor, um den eigenen Purpose zu beschreiben oder auch den eines Teams:

_____ (Beitrag), damit _____ (Wirkung).

Drei weitere Beispiele, die diesem Schema folgen, formulierten Mitarbeiterinnen und Mitarbeitern seines Teams.[89]

Aisha: *»Menschen helfen, in ihre eigene Magie zu treten, damit wir gemeinsam wachsen können.«*

Matt: *»Das Wachstum von Menschen zu befeuern, damit wir die Mittel haben, um eine bessere Welt zu schaffen.«*

Kristen: *»Menschen zu befähigen, es zu versuchen, damit sie ihre eigenen Grenzen überschreiten.«*

Wie Sie sehen, ist es immer die gleiche Form. Rein pragmatisch halte ich sie für nützlich, allerdings nur für einen ersten Entwurf. Das Why lebt meiner Meinung nach von der Sprache, vom Ausdruck. Worauf unser Leben abzielt, hängt nicht nur am Inhalt, sondern auch an der Form und den Worten, die wir wählen. Wobei ich mir bei den drei Beispielen von Sineks Mitar-

89 *https://simonsinek.com/about/?ref=mainNav*

beitern nicht allein Gedanken über die Form machen und die fünf Whys von Toyota anwenden würde, um insbesondere Aisha zu erden.

Hier noch ein ganz ähnliches Schema, das Aaron Hurst in seinem Buch »The Purpose Economy« verwendet, der 60.000 Menschen geholfen hat, ihren Purpose zu beschreiben:

»Mein Purpose ist _____ zu dienen, indem ich _____, damit sie _____.«[90]

Ein generisches Beispiel findet sich auf seiner Website: *»Mein Purpose ist, Menschen zu helfen, indem ich sie mit bahnbrechenden Tools versorge, damit sie ihr Potenzial verwirklichen können.«*

Spielen Sie damit! Nutzen Sie die detaillierten Anleitungen für den Prozess von Sinek, oder wählen Sie Ihren Weg. Entscheidend ist, dass Sie es gern und mit Freude tun.

Take-away

Der Charme des Golden Circles besteht in seiner Einfachheit, doch mit kleinen Veränderungen erscheint er mir »runder« und klarer. Auf Basis der Erfahrungen, die ich in der Arbeit mit Hunderten Menschen mit dem Golden Circle gemacht habe, habe ich diesen um einen Ring und einige Kreissegmente zur Präzisierung der Formulierungen erweitert. Eine Ausfüllhilfe.

Ketchup in den Venen

Die eigenen Werte finden und formulieren

Einen der absurdesten Psychotests, der mir je begegnet ist, absolvierte ich in meiner Rolle als Medienmanager. Der Vorstand der Muttergesellschaft hatte die Idee für einen Check-up der Führungskräfte. Darin enthalten waren eine Reihe psy-

90 Aaron Hurst: The purpose economy – expanded and updated. Boise: 2016, S. 125.

chometrischer Onlinetests. Der schrägste dieser Test offerierte mir eine Reihe von Sätzen, die ich sortieren sollte, von »weniger schlimm« bis »schlimm«. Im Grunde handelte es sich um Schlagzeilen aus den Medien, allesamt negativ. Etwa so: Schüler läuft Amok. Familie wird entführt. Terroranschlag in der S-Bahn. Mit dem Mauszeiger ließen sich diese Statements sortieren und ergaben eine skurrile Hitliste von Gräueltaten. Die Auswertung, auf die ich danach mehr als gespannt war, war nicht wirklich transparent. Ich habe das damals nicht ernst genommen, gelächelt, genau wie viele Kollegen.

Wenige Monate später verbrachte ich einen Monat in Frankreich – ein Leadership Training an der Business School INSEAD in Fontainebleau mit ca. 70 Managern aus aller Welt. Auch dort wurden die Werte jedes Einzelnen ermittelt, allerdings ohne Psychotest, sondern ganz einfach mit Post-its in einem Prozess, der vollkommen transparent war. Im Kern ging es darum, unsere fünf Kernwerte zu bestimmen, nach denen wir unser Leben ausrichten. Unsere jeweilige Peer Group trug dazu bei, indem jeder die Werte notierte, die ihm oder ihr bei jedem anderen wichtig erschienen. Das dauerte einen Vormittag. Fertig.

Natürlich verbrachten wir danach noch viel Zeit damit, über unsere endgültige Auswahl von Werten nachzusinnen. Doch genau das war das Gute daran, denn darum ging es ja exakt: in den Spiegel zu sehen als erste Voraussetzung für erfolgreiches Leadership.

Heute würde ich dieses Thema noch pragmatischer angehen, wenn es um die Werte einer Person geht. Florian, ein Coachee, hat mich darauf gebracht. Sein Vorgehen: Er hat sich die längste Liste mit Werten aus dem Internet geladen, die er finden konnte. Natürlich enthielt sie auch Begriffe, die wir nicht unbedingt als Werte bezeichnen würden, aber das schien ihm nebensächlich. Man konnte mit der Liste arbeiten. Er kürzte sie in mehreren Schritten, bis er bei seinen zwölf Werten angekommen war. Danach ging er ganz ähnlich vor wie das INSEAD: Er schrieb eine E-Mail an seine Peers und bat diese, die Werte zu notieren, die diesen zu seiner Person einfielen. Und so bekam er noch einmal rund zehn Listen mit Werten. Er fügte sie zusammen und hatte am Ende ein Fremd- und Selbstbild seines Wertesystems, mit dem er wunderbar arbeiten konnte.

So eine Liste mit Werten finden Sie im Anhang des Buches, falls Sie Lust haben, es Florian gleichzutun. Das Vorgehen ist wirklich sehr effizient. Und ob am Ende drei, fünf, sieben oder zehn Werte stehen bleiben, ist Typsache. Amazon hat 14 Grundsätze für sein Management, die sich alle an Werten orientieren, Zappos hat zehn Basiswerte für alle Mitarbeiter. Mir persönlich wäre das etwas zu unübersichtlich, drei bis fünf Werte halte ich für ausreichend, doch bei Unternehmen ist es häufig noch etwas anderes: Die Beschäftigten sollen eine praktische Hilfe im Alltag bekommen, etwas, woran sie sich orientieren können, das konkreter ist als der Purpose.

Während für mich persönlich drei Werte wie Kreativität, Lernen und Empathie ausreichen, habe ich auch den Vorteil, dass ich mich selbst einigermaßen kenne und mir diese Werte nicht im Detail erklären muss. Darüber hinaus weiß ich, dass für mein Leben und meine Arbeit noch andere Werte zählen, die aber so selbstverständlich sind, dass ich sie nicht betonen muss.

Bei einem Unternehmen ist das etwas anderes. Generell finde ich dort im Kern drei Arten von Werten: Lippenbekenntniswerte, die nichts und niemanden ändern und beeinflussen. Dazu gehören Formulierungen wie »Wir legen auf die Entwicklung unserer Mitarbeiter viel Wert« (EON). So etwas kann man sich sparen.

Dann gibt es Werte, die das Unternehmen tragen. Die Deutsche Telekom hat sechs Leitlinien, die ihre Werte zum Ausdruck bringen. Da heißt es: *»Ich bin die Telekom – auf mich ist Verlass. Wir sind stolz, die Telekom zu sein. Wir handeln mit Leidenschaft, Verantwortung und Engagement – Vertrauen bedeutet uns alles.«* Das ist solide, aber etwas farblos. Zugleich scheint die starke Betonung von Vertrauen auch in der Sache gewagt, zum Beispiel mit Blick auf Telefongespräche mit dem Kundendienst, die aufgezeichnet werden.

Schließlich gibt es Werte, die im positiven Sinne das Unternehmen mit Leben füllen und alle Stakeholder berühren – die Eigentümer, die Angestellten, die Partner, die Community und die Natur. Sie helfen beim Recruitment und bei Entscheidungen, beeinflussen die Kommunikation nach innen und außen, wirken auf Marke und Mitarbeiter. Diese Werte sind erinnerungswürdig und besitzen das, was ich sanften Imperativ nenne – genau wie ein guter Purpose. Sie bewegen. FedEx schreibt zum Beispiel: Turn ideas into I did this – verwandle Ideen in »ich habe es getan«.

Die Werte von McDonald's

Ein anderes Beispiel ist McDonald's. 2009 wollte das Unternehmen seine Werte präzisieren. Dutzende Interviews wurden im Unternehmen geführt und schließlich fand man den Purpose: »Erfülle Familien mit Glück.« Doch nun die Werte. Es gab viele, viel zu viele. Anstatt einfach Werte zu streichen, bis wenige übrig blieben, fragte sich McDonald's: WWKD – What would Kroc do? Ray Kroc ist der Mann, der McDonald's groß gemacht hat. Und so tauchten viele Mitarbeiter in die Geschichte ab und betrachteten die Gegenwart mit Krocs Augen. Hier sind die Antworten auf die Frage, die schließlich das Rennen gemacht haben:

1. *Ketchup in ihren Venen* – Ketchup in their veins
2. *Den Milchshake als halb voll ansehen* – Seeing the milkshake as half full
3. *Eins zu einer Milliarde* – One in a billion
4. *Fahre hindurch* – Drive through it
5. *Die Goldene (Bogen-)Regel* – The golden (arches) rule

Diese Werte haben schon mal einen ganz eigenen Klang und sie sind eben nicht generisch, wie zum Beispiel Passion, Optimismus, Teamwork. Im Gegenteil, sie sind spezifisch und emotional. Und sie sind darüber hinaus so verfasst, dass jeder sie versteht und sich merken kann. Weil sie ganz nah am Was sind, an der Welt von McDonald's.

Zu jedem Wert gibt es ein paar erklärende Sätze. Ein Beispiel: Eins zu einer Milliarde. Mitglieder der McDonald's-Familie sind nie allein. Sie betrachten sich als Tausende, die Milliarden dienen. Ray Kroc erkannte den Wert von McDonald's als Kette von Franchise-Unternehmen. Er sah das Unternehmen als eine Organisation kleiner Geschäftsleute. In seinen Augen ähnelte McDonald's seiner ersten Liebe, dem Jazz. Kroc bestand darauf, dass McDonald's auch als großes Unternehmen seinen Solisten die Freiheit geben sollte, eine gesellschaftliche Rolle zu spielen. So würde sich Erfolg einstellen – für jeden einzelnen und das Unternehmen als Ganzes.[91]

McDonald's hat sich an folgenden Schritten orientiert, um seine Werte zu entwickeln:

1. Bestimme zunächst den Purpose.
2. Dann suche die Werte, die sich um den Purpose gruppieren.

---

91 Im Detail schildert diesen Prozess Joey Reiman von der Purpose-Agentur BrightHouse in seinem Buch: Purpose. The path to creating a brighter brand, a greater company, and a lasting legacy. New Jersey: 2013.

3. Nutze dazu einen Prozess, der viele Mitarbeiter des Unternehmens durch Interviews und Diskussionen einbindet.
4. Reduziere die Anzahl der Werte auf ein greifbares Maß – nutze ein nachvollziehbares Kriterium (WWKD?)
5. Formuliere die Werte in einem Stil, der zu deinem Unternehmen passt, zum Beispiel bildhaft, klar und nah an der eigenen Welt von McDonald's.
6. Achte bei der Formulierung auf Emotion und Sympathie, der Funke muss überspringen.
7. Erkläre die Werte in wenigen Sätzen, nutze dafür auch Geschichten oder Anekdoten.
8. Achte darauf, dass jeder Mitarbeiter deine Texte versteht und für seine tägliche Arbeit als Leitlinien nutzen kann.
9. Bringe in dem Ton, in dem deine Werte geschrieben sind, deine Haltung zum Ausdruck.
10. Sorge dafür, dass die Werte nicht nur lesbar, sondern auch fühlbar sind, indem sie vorgelebt werden.

Werte und Storys

Wer Werte ins Unternehmen bringen will, der macht es am besten als Vorbild. Eine Geschichte, die ich in meiner Zeit als Journalist bei CHIP häufiger hörte, war die des Verlegers Kurt Eckernkamp, der bei der Gründung des Magazins 1978 auf einiges Unverständnis in seinem Freundes- und Bekanntenkreis stieß. Mikrocomputer? Was war denn das für ein seltsames Thema? Warum er sich nicht eine Yacht kaufen würde, da könne er mit seiner Frau ein bisschen segeln. Man hielt es für smarter als sein Geld für so ein Thema zu verbrennen.

CHIP wurde ein Erfolg, genau wie diese Mikrocomputer. Die Geschichte wird deswegen so gerne erzählt, weil sie genau das Dilemma des innovativen Menschen deutlich macht: Du siehst etwas, was andere nicht sehen. Du hängst zwischen zwei Welten. Und dieser Zustand war dann auch mit der Gründung nicht vorüber, es war eine Grundbefindlichkeit dieser Marke, die ich auch einige Jahre führen durfte. Du könntest dich immer zufriedengeben. Doch der Wert hinter der Anekdote mit der Segelyacht heißt: Aufbruch, permanenter Aufbruch. Deshalb hat sie auch kein Verfallsdatum, sie macht bis heute verständlich, worum es geht. Genießen wäre doch auch ganz schön. Nein, es geht weiter.

Von Jeff Bezos, dem Amazon-CEO, wird die Geschichte erzählt, dass lange Zeit eine ausgediente Tür sein Schreibtisch war. Mehr brauche er nicht. Frugality heißt der Wert dazu – Sparsamkeit. Der Wert klingt trocken, doch dieses kleine Bild macht ihn anschaulich. Bei den Dingen, die keinen Mehrwert stiften, halten wir uns zurück. Die Geschichte dahinter kennen viele im Unternehmen. Sie handelt von dem Unternehmensstart in der Garage, in der Bezos Schreib- und Packtische aus Türen zauberte. Bezos sagt, die Menschen kauften dort, wo es am günstigsten sei, wo die Auswahl am größten und der Service am besten sei. Darum geht es. Sein Türschreibtisch ist so etwas wie eine Erinnerung daran, worum es wirklich geht.

Werte aus verschiedenen Perspektiven bei Mambu

Leisten wir uns einen Blick auf das Werteset eines Start-ups aus dem Fintech-Bereich, das in Deutschland gegründete Mambu. Berlin ist nur noch der Knoten, an dem alles zusammenläuft, Mambu gibt es in Amsterdam, Sidney, Singapur. Es konzipiert und realisiert Kernbankensysteme und zählt zu den Einhörnern der Branche, das sind Unternehmen mit einer Marktbewertung von mehr als 1 Milliarde US-Dollar. Bei Mambu sind die Werte einfach, klar und auf den Punkt formuliert, dabei echt und nicht generisch. Interessanterweise beschreibt Mambu die Werte gleich zweimal aus unterschiedlichen Perspektiven. Die Wertesets folgen auf der Website direkt untereinander. Eingeleitet wird das Thema mit der Unternehmensvision.

Unsere Vision

Die meisten Menschen würden zustimmen, dass die Interaktion mit Banken selten eine gute Erfahrung war. Ein umständlicher Prozess, oft manuell, frustrierend sowie undurchsichtige und nicht auf individuelle Bedürfnisse zugeschnittene Produkte und Dienstleistungen. Technologie spielt dabei eine große Rolle, und wir bei Mambu haben uns zum Ziel gesetzt, eine Plattform für alle zu bieten, die dieses Bankerlebnis verbessern wollen. Wir arbeiten in einer Reihe von Bereichen, Privatkredite, Geschäftskredite, Hypotheken, Handelsfinanzierungen, digitale Wallets, Girokonten und vieles mehr, und wir werden weiter expandieren, um in der Lage zu sein, jede Erfahrung einer Finanzdienstleistung zu bedienen, die überall auf der Welt aufgebaut werden kann oder wird.

Die Werte im Kontext des Business-Umfeldes:

1. *Getrieben – Driven*
   Mit über 180 Liveeinsätzen helfen wir, Finanzdienstleistungen in mehr als 45 Ländern zu revolutionieren. Und wir fangen gerade erst an.
2. *Global – Global*
   Mambuvianer arbeiten innerhalb und über Teams, Kontinente und Zeitzonen hinweg. Von Miami über Berlin und Iași bis Singapur und Sydney.
3. *Agil – Agile*
   Für uns ist kein Kunde gleich – sie reichen von Fintechs bis hin zu etablierten Unternehmen, Kreditgebern und Telekommunikationsunternehmen – was bedeutet, dass kein Tag wie der andere ist.
4. *Offen – Open*
   Nichts sichert den Erfolg unserer Kunden mehr als ein glückliches Team. Deshalb ist Mambu auf einer Kultur des Vertrauens und eines echten Ownerships aufgebaut.
5. *Verantwortlich – Ownership*
   Die Finanzindustrie ist unsere Heimat, deshalb ergreift Mambu die Initiative, um sie zum Besseren zu verändern.
6. *Hunde liebend – Dog-loving*
   Haustiere machen die Welt zu einem besseren Ort. Deshalb sind Hunde in unseren Büros herzlich willkommen. Je mehr, desto lustiger!

Nun die fünf Core Values in einer gekürzten Version, mehr in Form von Handlungsanweisungen:

1. *Proaktivität*
   Wir schätzen Menschen, die Probleme erkennen und lösen, ohne darum gebeten zu werden.
2. *Langlebigkeit*
   Wir schätzen auch Menschen, die langfristige Lösungen suchen.

3. *Fragen*
   Wir glauben, jeder hat das Recht und die Pflicht, etwas zu hinterfragen, wenn er glaubt, dass es nicht richtig ist.
4. *Wertschätzung*
   Wir schätzen die Fähigkeiten von anderen, deren Standpunkte und Zeit.
5. *Evolution*
   Mambu entwickelt sich ständig weiter – genau wie die erfolgreichsten Mambuvianer.[92]

Die Werte von Patagonia – Vergleich gestern und heute

1991 reiste Yvon Chouinard, der Gründer von Patagonia, mit einem Dutzend seiner Topmanager ins wilde, windgepeitschte Patagonien, die Landschaft Argentiniens und Chiles, die der Firma den Namen gegeben hat. Sie wollten wandern und zwei Fragen beantworten, die Chouinard umtrieben: Warum sind wir im Business und was für eine Art Unternehmen soll Patagonia sein? Sie sprechen über Werte und den Schaden, den das Unternehmen der Natur zufügt. Nach ihrer Rückkehr schreibt der Autor Jerry Mander in der Mittagspause eines Board Meetings alles zusammen.

Es ist ein großartiger Text, der in einfachen Worten den Kern des Outdoorunternehmens Patagonia schildert. Nicht nur diesen – auch den Kern vieler Unternehmen, die Patagonia inspiriert hat, weit über den Outdoorbereich hinaus. Es ist ein Text über Kultur, Werte, Purpose, der den Spirit von Patagonia erfasst vor dem Hintergrund einer gefährdeten Welt. Mehr noch: Patagonia erscheint als Antwort auf einen Zustand der Welt. Indirekt klingt hier auch bereits der Imperativ der berühmten vier R an: reduce, repair, reuse, recycle (siehe **Abbildung 22**).

92 *https://www.mambu.com/about-us*

Die vier R von patagonia®

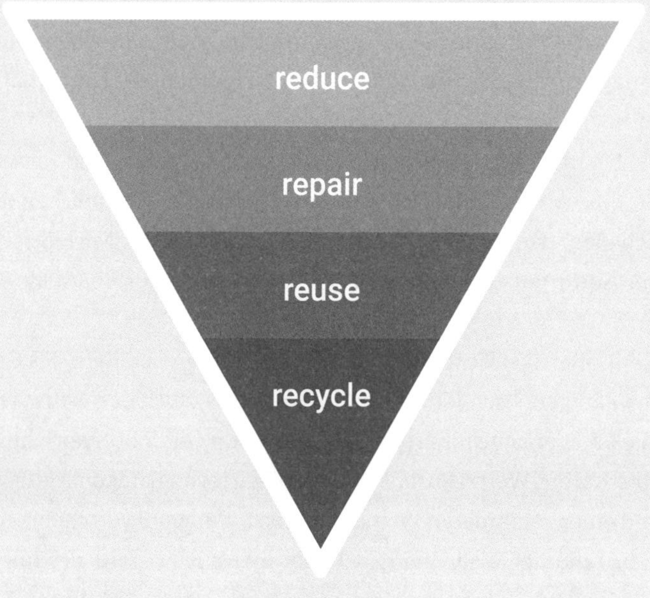

22 *Die legendären vier R von Patagonia als Leitbild für das Unternehmen selbst, seine Kunden, die Welt*

Jeder, der diesen kleinen Text liest, spürt, das sind nicht nur Worte. Hier erscheint die Seele eines Unternehmens. Chouinard war es wichtig, diese schriftlich festzuhalten, einen Bezugspunkt zu schaffen, an dem sich alle orientieren können – auch und gerade in den Stunden, in denen sie vor schwierigen Entscheidungen stehen. Das sollte festgeschrieben werden.

All das, was hier steht, gilt noch heute, 30 Jahre später. Darin zeigt sich die Weitsicht des Gründers und seiner Mitarbeiter. Später wird Patagonia die erste Benefit Corporation (B-Corp) in Kalifornien – ein Unternehmen, das sich dem Gemeinwohl verpflichtet. Die Wurzeln finden sich bereits deutlich in dem Werte-Statement. Hier ist der Text von 1991, ich habe mir erlaubt, ihn minimal zu kürzen:

»*Unsere Werte*

Wir beginnen mit der Prämisse, dass sich alles Leben auf der Erde einer kritischen Zeit gegenübersieht, in der Überleben das Thema sein wird, das die öffentliche Besorgnis zunehmend dominiert. Wo die Überlebensfähigkeit nicht das Thema ist, ist es die Qualität der menschlichen Lebenserfahrung, ebenso wie der Niedergang der Gesundheit der Natur, der sich im Verlust der Biodiversität, der kulturellen Vielfalt und der lebenserhaltenden Systeme des Planeten widerspiegelt.

Zu den Ursachen gehören grundlegende Werte, die in unserem Wirtschaftssystem verankert sind, einschließlich der Werte der Unternehmenswelt. Zu den problematischen Unternehmenswerten gehört in erster Linie das Primat der Expansion und des kurzfristigen Profits gegenüber anderen Überlegungen wie Qualität, Nachhaltigkeit, Gesundheit der Umwelt und der Menschen sowie erfolgreiche Gemeinschaften.

Das grundlegende Ziel dieses Unternehmens ist es, so zu operieren, dass wir uns der oben genannten Bedingungen voll bewusst sind und versuchen, die Hierarchie der Unternehmenswerte neu zu ordnen, während wir Produkte herstellen, die sowohl die menschlichen als auch die ökologischen Bedingungen verbessern.

Um diese Veränderungen zu erreichen, werden wir unsere betrieblichen Entscheidungen auf der Grundlage der folgenden Liste von Werten treffen:

Alle Entscheidungen des Unternehmens treffen wir im Zusammenhang mit der Umweltkrise. Wir müssen danach streben, keinen Schaden anzurichten. Unsere Aktivitäten in diesem Bereich werden ständig evaluiert und neu bewertet, da wir nach permanenter Verbesserung streben.

Maximale Aufmerksamkeit widmen wir der Qualität der Produkte, die sich durch Langlebigkeit, minimalen Verbrauch natürlicher Ressourcen, Multifunktionalität,

Zeitlosigkeit und die Art von Schönheit auszeichnen, die sich aus der absoluten Eignung für die Aufgabe ergibt. Die Beschäftigung mit vorübergehenden Modetrends ist ausdrücklich kein Unternehmenswert.

Der Vorstand und das Management sind sich bewusst, dass erfolgreiche Gemeinschaften Teil einer nachhaltigen Umwelt sind. Wir verstehen uns als integraler Bestandteil von Gemeinschaften, zu denen auch unsere Mitarbeiter, die Gemeinden, in denen wir leben, unsere Lieferanten und Kunden gehören. Wir erkennen unsere Verantwortung gegenüber all diesen Beziehungen an und treffen unsere Entscheidungen mit Blick auf den allgemeinen Nutzen. Wir beschäftigen Menschen, die die grundlegenden Werte dieses Unternehmens teilen und gleichzeitig kulturelle und ethnische Vielfalt repräsentieren.

Ohne dass es um ein Leistungsprimat geht, wollen wir von unseren Aktivitäten profitieren. Wachstum und Expansion sind jedoch keine grundlegenden Werte für dieses Unternehmen.

Um die negativen Folgen unserer Geschäftstätigkeit für die Umwelt abzumildern, erheben wir eine jährliche Steuer in Höhe von 1 Prozent unseres Bruttoumsatzes oder 10 Prozent des Gewinns, je nachdem, welcher Wert höher ist. Der gesamte Erlös aus dieser Steuer wird für lokale Gemeinde- und Umweltaktivitäten verwendet.

Auf allen Ebenen des Unternehmens – Vorstand, Management und Mitarbeiter – fördert Patagonia eine proaktive Haltung, die unsere Wertvorstellungen widerspiegelt. Dazu gehören Aktivitäten, die die größere Unternehmensgemeinschaft beeinflussen, um ihre Werte und ihr Verhalten anzupassen und die durch Aktivismus und finanzielle Unterstützung nationale Aktivisten unterstützt, die an der Lösung der aktuellen ökologischen und sozialen Krise arbeiten.

In unseren internen Abläufen wird das Top-Management als Gruppe und mit maximaler Transparenz arbeiten. Auf allen Ebenen der Unternehmenstätigkeit fördern wir eine offene Kommunikation, eine kollegiale Atmosphäre und maximale Einfachheit, während wir gleichzeitig Dynamik und Innovation anstreben.«[93]

Heute, im April 2021, liest sich das auf Patagonias Website so:

1. *Stelle das beste Produkt her:* Das beste Produkt messen wir nach folgenden Kriterien: Funktionalität, Reparaturfähigkeit und vor allem Strapazierfähigkeit. Das Beste, was eine Firma für Nachhaltigkeit tun kann, ist, hochwertige Pro-

---

93 Yvon Chouinard: Let my people go surfing. New York: 2016, S. 63 f.

dukte herzustellen, die jahrelang halten oder die recycelt werden können, damit wir deren Materialien möglichst lange nutzen können. Das beste Produkt herzustellen ist wichtig für die Rettung unseres Planeten.

2. *Richte keinen unnötigen Schaden an:* Wir wissen, dass unsere unternehmerische Tätigkeit – angefangen bei der Beleuchtung von Geschäften bis hin zum Bleichen von Hemden – mit der Verschmutzung unserer Umwelt einhergeht. Wir arbeiten kontinuierlich daran, unsere Geschäftspraktiken zu verbessern. Und wir geben weiter, welche Lektionen wir gelernt haben. Wir wissen jedoch, dass dies nicht genug ist. Wir sind nicht nur danach bestrebt, keinen unnötigen Schaden anzurichten, sondern wir wollen auch mehr Gutes tun.
3. *Nutze das Unternehmen dazu, die Umwelt zu schützen:* Die Herausforderungen, vor denen wir als Gesellschaft stehen, brauchen eine führende Hand. Sobald wir ein Problem erkannt haben, handeln wir, um es zu lösen. Wir gehen gerne Risiken ein, um die Stabilität, die Integrität und die Schönheit der Natur zu schützen bzw. wiederherzustellen.
4. *Wir sind an keine Konventionen gebunden:* Unser Erfolg, und das, was uns unglaublich viel Spaß macht, liegt in der Entwicklung neuer Wege und Methoden.[94]

Den aktuellen Text auf der Website mit dem ursprünglichen von vor 30 Jahren zu vergleichen, ist eine gute Schule, um etwas über Form, Darstellung und Wahl der Worte zu lernen. Beide Texte sind kraftvoll auf ihre Art und doch ganz anders. Wie wirken Werte stärker, im Rahmen eines damals sicher utopisch anmutenden Textes oder in der Form von Imperativen? Was berührt Sie stärker? Oder – einen Schritt weiter zurück – wie finden Ihre Werte den ehrlichsten Ausdruck? Sind Sie eher bei McDonald's, Mambu oder Patagonia?

Die Philosophie der Werte und die Grundlagen ihrer Vermittlung

Der deutsche Philosoph Hans Joas hat ein Buch der Entstehung von Werten gewidmet. Es erscheint mir vor allem deswegen spannend, weil sich dieses Buch mit den Wertphilosophien verschiedener Denker wie Friedrich Nietzsche, Charles Taylor oder Jürgen Habermas auseinandersetzt. Joas sagt, Werte seien keine Normen, keine Handlungsanweisungen und keine Wün-

94 *https://eu.patagonia.com/de/de/core-values/*

sche. Sie seien im Gegenteil mit starken Emotionen besetzte Vorstellungen darüber, *»was eigentlich wahrhaftig des Wünschens wert ist«*.[95]

Werte sind die Grundlage unserer Existenz, sie lassen sich weder verordnen noch befehlen, weder rational produzieren noch stehlen. Das scheinbar Paradoxe liegt darin, dass wir Werte nicht rational wählen und uns doch stark an diese binden. Und weil jeder Mensch das tut, sind Werte so etwas wie kultureller Code. *»Eine Gesellschaft«*, zitiert Hans Joas den französischen Soziologen Emile Durkheim, *»kann nicht entstehen, noch sich erneuern, ohne gleichzeitig Ideales zu erzeugen. Diese Schöpfung ist für sie nicht irgendeine Ersatzhandlung, mit der sie sich ergänzt, wenn sie einmal gebildet ist, es ist der Akt, mit dem sie sich bildet und periodisch erneuert.«*[96]

Werte entstehen also, wenn wir von etwas berührt werden, das in uns ein intensives Gefühl von Freiheit auslöst. Werte geben uns Sicherheit. Sie berühren gleichermaßen unseren Drang nach Freiheit als auch nach Zugehörigkeit. Wir nehmen sie als verlässliche und verbindliche Größen wahr, die für uns, aber auch für andere gelten. Indem wir uns an einen bestimmten Wert binden, wählen wir eine Einschränkung der absoluten und grenzenlosen Freiheit – und gerade diese Wahl macht frei.

Auf die Verletzung von Werten reagieren wir empört, auch wenn wir es vielleicht nicht offen sagen. Wer unsere Werte verletzt, den empfinden wir als fremd. Ebenso gilt: Wer unsere Werte teilt, dem fühlen wir uns verbunden. Es ist wie mit dem Purpose, wir teilen etwas, das viel tieferer Natur ist als ein gemeinsamer Arbeitgeber, ein Geschmack, ein Freundeskreis – obgleich all das mit hoher Wahrscheinlichkeit Ausdruck unserer Werte ist.

Daraus leitet sich Folgendes für ein tieferes Verständnis und auch für die Vermittlung von Werten ab:

- *Wertevermittlung ist an Personen geknüpft*

  Es gibt Personen, die für etwas einstehen, die eben Werte verkörpern, anstatt lediglich über diese zu sprechen oder sie auf Wertetafeln zu schreiben, die auf der Website niemanden interessieren, im ungünstigs-

95 Hans Joas: Die Entstehung der Werte. Frankfurt am Main: 1997, S. 32.

96 Ebd., S. 97.

ten Fall nicht einmal ihren Urheber. Wenn Sie sich fragen, wie Sie Werte in der Praxis zum Ausdruck bringen – durch Ihr eigenes Verhalten.

- *Wertevermittlung ist an den äußeren Rahmen geknüpft*
  Sind das nicht im wahrsten Sinne Äußerlichkeiten, ob wir in Sneakers und Bermudas ins Büro gehen, ob wir frei sind, von zu Hause aus zu arbeiten, ob die Trainees mit dem CEO reden können, ohne von einer Assistenz ausgebremst zu werden, ob es Büros gibt oder einen Open Space usw. Nein, das sind keine Äußerlichkeiten. Denn all das erzählt auch eine Geschichte der Werte. Ganz gleich, was auf der Unternehmens-Website dazu steht. Schauen Sie sich also genau um.
- *Wertevermittlung ist an Erfahrungen geknüpft*
  Wenn Werte nicht spürbar sind, werden sie überflüssig. Wir brauchen die Erfahrungen, dass das Unternehmen, die Abteilung, die bestimmte Person so ist, wie sie laut Wertekanon sein sollte oder sein will. Fehlt diese Verbindung zwischen Sagen und Schreiben und der Realität, ist das schlecht. Schlimmer noch: Die Werte werden mit Füßen getreten oder übergangen – etwa im Namen von mehr Profit. Zum Glück lässt sich das in unserer Zeit bei Unternehmen wunderbar leicht durchschauen. Bei Menschen sowieso.

Take-away

Werte und Purpose gehören zusammen. Die Kernwerte eines Menschen oder eines Unternehmens sind Resultat einer Reise nach innen mit offenen Augen für die Welt. Werte werden idealerweise knapp und doch bildhaft festgehalten. Ihr Nutzen liegt darin, Entscheidungen besser fällen zu können, weil sie die ethische Ausrichtung eines Menschen, einer Gruppe von Menschen, einer Marke oder eines Unternehmens beschreiben. Werte sind tot, solange es sich nur um leere Worte handelt, handelnde Menschen erfüllen sie mit Leben.

Ein Mindset, das alle anderen schlägt

So wachsen Sie mit System über sich hinaus

George Dantzig war ein Mathematikstudent in Berkeley. Als er einmal verspätet in eine Vorlesung kam, fand er zwei mathematische Probleme an der Tafel, hielt sie für Hausaufgaben, schrieb sie ab und ging nach Hause. Er fand sie recht schwer und brauchte einige Tage, um sie zu lösen. Als er die Lösungen bei seinem Professor abgab, erklärte ihm dieser überrascht, dass es sich gar nicht um Hausaufgaben gehandelt habe, sondern um zwei unbewiesene Vermutungen aus der Statistik.[97]

Ein genialer Student? Sicher. Glück? Vermutlich auch. Doch das ist nicht alles. Das Mindset von George Dantzig spielt eine entscheidende Rolle. Mit welchem Mindset gelingt einem das, mathematische Vermutungen quasi en passant zu lösen, fragt die amerikanische Psychologie-Professorin Carol S. Dweck. Sie nennt es das Growth Mindset und hält das Fixed Mindset dagegen (siehe **Abbildung 23**)[98]. Das Growth Mindset oder zumindest eine Annäherung daran halte ich für unerlässlich, um auf unserer Purpose Journey auch und gerade im Angesicht von Hindernissen mit Freude Schritt für Schritt vorwärtszugehen. Es ist die stärkste Hilfe auf der Reise zu unseren Zielen. Ist der Purpose die Antwort auf die Fragen nach dem Warum und Wozu, so ist das Mindset die Antwort auf die Frage nach dem Wie.

Menschen, die mit einem Fixed Mindset operieren, sagt diese Theorie, orientieren sich stärker an Fähigkeiten, die sie bereits besitzen. Danach wählen sie ihre Tätigkeiten aus, anstatt zu riskieren, Herausforderungen anzunehmen und vielleicht zu scheitern, weil Fähigkeiten dafür nötig sind, die ihnen (noch) fehlen. Menschen mit einem Growth Mindset dagegen machen es zu ihrem Programm, neue Dinge zu lernen, obwohl ihnen klar ist, dass sie die Herausforderungen, die sie annehmen, nicht auf Anhieb bewältigen werden. Hindernisse interpretieren beide Mindsets entsprechend ihrer Ausrichtung positiv bzw. negativ. Das Gleiche gilt für Kritik.

---

97 Die Anekdote um George Dantzig fand ich in verschiedenen Quellen: *https://de.wikipedia.org/wiki/George_Dantzig*

98 Carol S. Dweck: Mindset. New York: 2007.

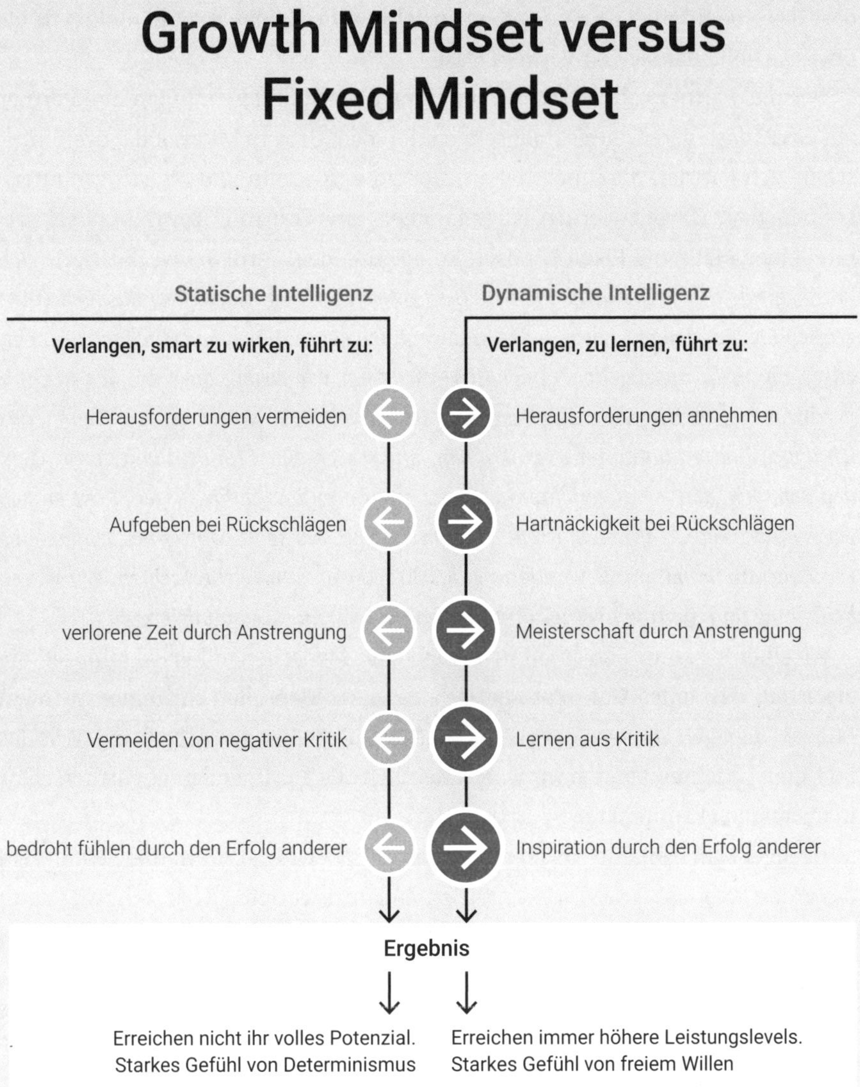

23 *Growth Mindset vs. Fixed Mindset – Verlangen zu lernen vs. Verlangen, smart zu wirken (nach Carol Dweck)*

Das Fixed Mindset nimmt Kritik persönlich, weil es sich mit seinen Fähigkeiten voll identifiziert, während das Growth Mindset Kritik als Chance auf seiner Lernreise betrachtet. Die gravierende Differenz zwischen beiden Mindsets liegt darin, dass das eine Intelligenz als gegeben ansieht, während das andere Intelligenz als etwas ansieht, das sich entwickeln lässt.

Beispiel Partnerwahl: Menschen mit einem Fixed Mindset stellen ihre Partner auf ein Podest, verehren sie. Menschen mit einem Growth Mindset dagegen wünschen sich Partner, die ihnen helfen, sich zu entwickeln und die sie ermuntern können, neue Dinge zu lernen. Angenommen, eine Frau mit Growth Mindset heiratet einen Mann mit Fixed Mindset. Keine gute Idee. Carol S. Dweck zitiert: *»Ich hatte gerade den Reis aus meinen Haaren gefischt, als ich feststellte, dass ich einen großen Fehler gemacht hatte. Jedes Mal wenn ich sagte ›Warum versuchen wir nicht, ein wenig mehr auszugehen?‹ oder ›Ich würde mir wünschen, dass du dich mit mir berätst, bevor du Dinge entscheidest‹, war er verzweifelt. Anstatt über das Thema, das ich angeschnitten hatte, reden zu können, musste ich eine Stunde damit verbringen, den Schaden, den ich angerichtet hatte, zu reparieren und dafür sorgen, dass er sich wieder gut fühlte. Außerdem rannte er zum Telefon, um seine Mutter anzurufen, eine Frau, die ihn immer mit Bewunderung duschte, die er zu brauchen schien. Wir waren beide jung und nie zuvor verheiratet. Ich wollte doch nur kommunizieren.«*[99]

An einer Beziehung zu arbeiten ist nichts für Menschen mit Fixed Mindset, die erwarten, dass alles Gute automatisch passiert. Menschen mit einem Growth Mindset dagegen glauben, dass langanhaltende Beziehungen Arbeit sind. Was das im Detail bedeutet, kennen wir wahrscheinlich alle aus irgendeiner Partnerschaft in unserem Bekanntenkreis.

Beispiel Management: Als Lou Gerstner 1993 CEO von IBM wurde, befand sich das große amerikanische Tech-Unternehmen in einer tiefen Krise. Gerstner hatte zunächst abgelehnt, er sei dafür nicht der Richtige, vor allem, weil er noch nie in Tech-Unternehmen gearbeitet hatte. Als sogar die Regierung ihn bat, den Job zu übernehmen, stimmte er schließlich zu. Er bekam jede Menge guter Ratschläge von seinem Verwaltungsrat – vor allem den, IBM in kleine Firmen zu zerschlagen, die unabhängig voneinander rasch und flexibel auf diesen schnellen Markt der Computer reagieren könnten, so wie die PC-Anbieter. Gerstner schwieg dazu.

99 Ebd., S. 19.

Nach einer Woche im Amt begann er, IBM-Niederlassungen, Partner und natürlich Kunden zu besuchen und diese zu interviewen, um sich persönlich ein Bild von der Lage zu machen. Einige Monate später verkündete er, wir sind ein Elefant, alle sagen das, ein schwerfälliges Tier, das vielleicht bald ausstirbt. Und jetzt werden wir ein tanzender Elefant. Das war seine Botschaft. Dann bekämpfte er das Fixed Mindset bei IBM, wo immer es ihm begegnete, um so ein agiles, kundenzentriertes Unternehmen zu schaffen. Er ersetzte Statusdenken und Bürokratie durch Teamwork und Offenheit, feuerte Intriganten, stoppte interne Kämpfe usw. Wir mögen genial sein, sagte er, aber wichtiger ist, dass wir unsere Arbeit machen und dass der Kunde glücklich ist. Mit diesem Wechsel vom Fixed Mindset zum Growth Mindset kam der Erfolg zurück – und zwar nachhaltig. Bis heute ist IBM eines der Top-IT-Unternehmen.

Wie lässt sich ein Mindset in der Praxis entwickeln? Dwecks Framework folgt fünf Schritten und beginnt überraschend:

1. *Umarmen Sie Ihr Fixed Mindset!*
   Wir alle haben ein mehr oder weniger stark ausgeprägtes Fixed Mindset. Das zu akzeptieren ist der erste Schritt.
2. *Kennen Sie seine Trigger!*
   Ihre Fixed Mindset Persona kommt zum Beispiel in Stresssituationen oder bei Misserfolgen zum Vorschein. Was flüstert sie Ihnen ins Ohr, welche Gefühle ruft sie hervor?
3. *Geben Sie Ihrer Fixed Mindset Persona einen Namen!*
   Schreiben Sie eine Seite über Ihr Fixed Mindset, beschreiben Sie es wie einen Menschen oder eine Figur in einem Roman.
4. *Erziehen Sie Ihr Fixed Mindset!*
   Nehmen Sie es mit auf eine Reise zu Ihrem Growth Mindset. Lernen Sie auf dem Weg.
5. *Setzen Sie Wachstumsziele!*
   Jetzt wäre ein guter Zeitpunkt, um damit zu beginnen, den eigenen Purpose Realität werden zu lassen. Das Growth Mindset streckt sich gern.

Bei diesem Prozess, den wir im letzten Teil des Buches am Beispiel von Microsofts kulturellem Change-Prozess aus der Nähe betrachten werden, lässt sich bereits erkennen, dass sich ein Mindset Change nicht über Nacht entwickelt. Er dauert Jahre. Doch wie viele Change-Prozesse sind einfach verlorene Zeit, weil sich am

Mindset nichts ändert und alles bleibt, wie es immer war. Ganz anders hier: Stellen Sie sich vor, wie ein Unternehmen abhebt, wenn sich das Mindset ändert und ein starker Purpose die Richtung vorgibt. Oder stellen Sie sich vor, wie ein innerer Change-Prozess Sie selbst neu ausrichtet und bereit dafür macht, einen Purpose nicht nur zu finden, sondern auch konsequent zu leben.

Take-away

Das Growth Mindset ist ein starkes Tool auf der Purpose Journey. Ganz gleich, ob Sie über Ihre persönliche Reise nachdenken, die Ihres Teams oder Ihres Unternehmens – dieses Mindset ermöglicht eine Kultur des Wachstums, der Innovation, eine Kultur des Weiterkommens. All das funktioniert mit Empathie und einem tiefen Verständnis für das Fixed Mindset, seinen mächtigen Gegenspieler, der Sie von einem erfüllten Leben abhalten will.

Zu tausend Dingen nein sagen

Purpose und das Igelprinzip

Eines der Bücher, die mich am meisten beeindruckt haben und die ich immer wieder lese, ist »Der Weg zu den Besten« von Jim Collins. Es ist ein Buch über die Prinzipien besonders erfolgreicher Unternehmen, doch für mich ist es viel mehr: Ein Buch darüber, wie wir uns im Leben orientieren können, und zwar so, dass wir die Dinge, die uns bedeutsam erscheinen, mit Erfolg machen.

Collins unterscheidet in Anlehnung an eine antike Fabel Füchse und Igel. Füchse sind schlaue Tiere und wissen viele Dinge, der Igel dagegen beherrscht genau eine Sache: Wenn es kritisch wird, igelt er sich ein. Das klingt ja erst einmal nicht so positiv für den Igel, er kommt als verängstigter, vereinsamter und nicht besonders heller Geselle rüber. Collins meint es aber anders.

So gibt es im Leben Fuchstypen und Igeltypen. Die Fuchstypen sind Menschen, die mit vielen Themen auf vielen Ebenen unterwegs sind. Sie bündeln ihre Gedanken nicht unter einem übergreifenden Purpose, sie sind kreativ, sprühen oft vor Energie und machen und machen und machen. Igeltypen dagegen bevorzugen das Einfache und Klare. Sie folgen einer zentralen Einsicht, einem Prinzip, einer Maxime – einem Purpose.

Google zum Beispiel ist ein Igeltyp. Suche ist das dominante Thema und damit verbunden auch die Monetarisierung von Daten. Alphabet, die Mutterfirma von Google, ist ein Fuchstyp – autonomes Fahren, künstliche Intelligenz etc. Wo ist die Mitte? Wo ist der Purpose? Es gibt keinen. Das Konzept von Alphabet wirkt gegen das von Google offen und experimentell. Collins schreibt: *»Freud und das Unbewusste, Darwin und die natürliche Selektion, Marx und der Klassenkampf, Einstein und die Relativität, Adam Smith und die Arbeitsteilung – alles Igel-Prinzipien. Diese Denker gingen von einer komplexen Welt aus und vereinfachten sie [...] Igeltypen sind keine Einfaltspinsel. Sie verfügen über eine große Trennschärfe, die es ihnen ermöglicht, durch die Komplexität hindurchzusehen und darunter verborgene Muster zu erkennen. Igeltypen haben einen Blick für das Wesentliche, alles andere ignorieren sie.«*[100]

Zu tausend Dingen nein sagen, darum geht es. Nicht darum, weil wir die Buntheit der Ideen nicht mögen, die vielen Wege nicht sehen wollen, das Leben lieber Grau in Grau leben, sondern weil wir respektieren, dass wir nicht alle Ideen würdigen können, nicht alle Wege gehen, nicht alle Farben leben. Purpose hilft bei dieser Entscheidung. Er ist der Polarstern, der unseren Weg ausleuchtet, nicht die Zahl in der Excel-Tabelle, die vielleicht ein Einkommen enthält, das wir verdienen wollen. Purpose hilft, nein zu sagen, indem wir zu einer großen Sache ja sagen.

Das Modell für das Igelprinzip zeigt bei Collins drei Kreise, die sich überschneiden. In der Mitte befindet sich das Gemeinsame aus diesen Bereichen: Worin können wir die Besten werden? Was ist unser wirtschaftlicher Motor? Was ist unsere wahre Passion? Ich erlaube mir, diese Kreise etwas zu modifizieren, damit sie eine universellere Form bekommen – und damit sich im Zentrum der Purpose findet (siehe **Abbildung 24**):

- *Worin können wir die Besten sein?*
  Die Annahme ist folgende: Wenn ich keine Chance habe, etwas gut zu machen, vielleicht sogar die oder der Beste zu sein, verliere ich die Freude daran, bin frustriert. Daher spielt Fähigkeit bzw. Begabung eine Rolle.

100 Jim Collins: Der Weg zu den Besten. Die sieben Management-Prinzipien für dauerhaften Unternehmenserfolg. München: 2005, S. 122.

Das Igelprinzip

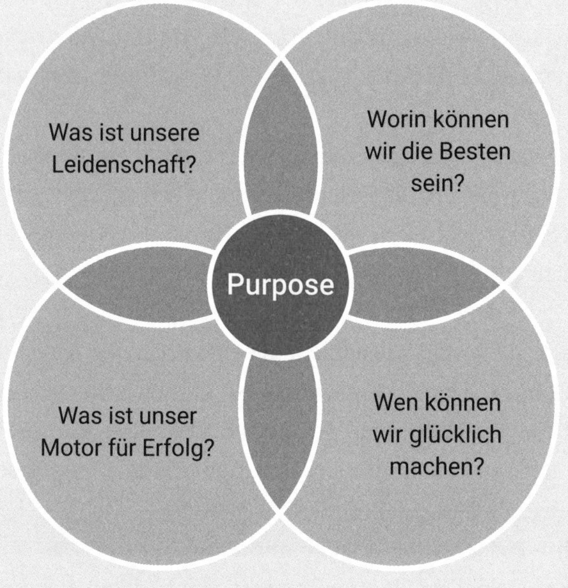

24 *Das Igelprinzip: Purpose findet sich im Schnittpunkt der vier Kreise.*

- *Was ist unsere Leidenschaft?*
  Wie bereits im ersten Teil von »That's me!« beschrieben, ist Leidenschaft fundamental im Kontext von Purpose. Nur sollte sie nicht das oberste Prinzip sein.
- *Was ist unser Motor für Erfolg?*
  Welchem Prinzip folgen Sie, um Ihre Sache zu machen? Für Collins ist der Erfolg rein wirtschaftlicher Natur, doch vielleicht geht es um ganz andere Dinge. Bei Amma, der geistlichen Führerin aus Indien, zum Beispiel geht es darum, möglichst viele Menschen zu umarmen und sie so zu inspirieren.
- *Wen können wir glücklich machen?*
  Für mich ist das eine grundlegende Frage und ich füge sie hier als vierten Kreis hinzu, genau wie ich den Golden Circle um das Für wen erweitert habe. Wem wollen Sie Gutes tun?

Wie gehen Sie praktisch vor bei der Anwendung des Igelprinzips? Das Vorgehen ist folgendes: Damit sich der Purpose zeigt (die Schnittmenge der vier Kreise in der Mitte) sammeln Sie Ihre Leidenschaften, Erfolgsmotoren, potenziellen Adressaten und die Fähigkeiten, die es Ihnen ermöglichen, zu den Besten zu gehören. Schreiben Sie Wörter in die Kreise und spielen Sie mit möglichen Verbindungen. Nehmen Sie sich Zeit, so etwas kann dauern. Sprechen Sie mit Freunden oder Kollegen über das Thema. Der Dialog ist ein wichtiger Teil des Prozesses. Wenn Sie eine Lösung haben, die für Sie gut genug ist, dann arbeiten Sie mit dieser. Im Detail lässt sich die Lösung immer noch verbessern.

Und im Unternehmen? Im Kontext eines Teams oder einer Firma nutzen Sie, um Komplexität zu vermeiden, die Methoden, mit denen Sie bisher erfolgreich gearbeitet haben. Sollten Sie eine neue Methode suchen, um eine Entscheidung herbeizuführen, können Sie vielleicht einmal Konsent anstelle von Konsens ausprobieren. Während der Konsens Widersprüche gänzlich auflösen will, nutzt Konsent Widersprüche als Teil der Lösung und zielt auf ein »Good enough for now, save enough to try«. Es ist ein starkes Verfahren, das gerade nicht beim kleinsten gemeinsamen Nenner endet, sondern bei einer starken Wahl. Das Vorgehen im Detail zu erklären, würde an dieser Stelle den Rahmen sprengen, doch im Internet finden Sie Schritt-für-Schritt-Anleitungen, zum Beispiel bei dem Coach Andreas Diehl.[101]

101 *https://digitaleneuordnung.de/blog/konsent/*

Take-away

Das Igelprinzip findet Purpose in der Schnittmenge von vier Kreisen, die sich am besten als Fragen formulieren lassen. Worin können wir die Besten sein? Was ist unsere Leidenschaft? Was ist unser Motor für Erfolg? Wen können wir glücklich machen? Es ist, ähnlich wie der Golden Circle, ein einfaches Schema, das direkt zum Kern führt.

Liebende und Rebellen

Der archetypische Zugang zu Purpose

Archetypen werden im Branding verwendet, in der Kunst, im Storytelling, in der Psychologie. In der Beschäftigung mit dem Purpose mögen sie als ungewöhnliches Werkzeug erscheinen, weil sie nicht von der jeweiligen Person ausgehen, sondern von Urbildern, die jeder Mensch in sich trägt. Der Liebende, der Rebell, der Weise, der Narr sind solche Archetypen. Wenn wir sie in der Realität entdecken, etwa in der Malerei oder auf der Bühne, sprechen sie direkt zu unserem Unbewussten ohne Umweg über den Verstand. Sie adressieren unsere Träume, Wünsche, Sehnsüchte – unseren Purpose. Denn jeder Archetyp repräsentiert eine Sinnorientierung.

Welcher Archetyp sind Sie, Ihr Team, Ihr Unternehmen, Ihre Marke? Bevor wir uns der Beantwortung dieser Frage nähern, betrachten wir die Archetypen genauer. Als ihr Entdecker gilt der Schweizer Psychologe C. G. Jung[102]. Er schreibt, dass wir alle uns in archetypischen Mustern bewegen, die unser Leben bestimmen. Sie seien vor uns da gewesen und würden noch da sein, wenn wir längst wieder gegangen sind. In der Welt von Jung erscheint das Leben wie ein Puppenspiel, das jede Minute, jeden Tag, jedes Jahr von Neuem aufgeführt wird, wobei wir der Zauberer sind, der Held, der Narr. Wir füllen alte Muster mit neuem Leben – unserem eigenen.

---

102 C. G. Jung: Archetypen. München: 2001.

Das Rad der Archetypen nach C. G. Jung

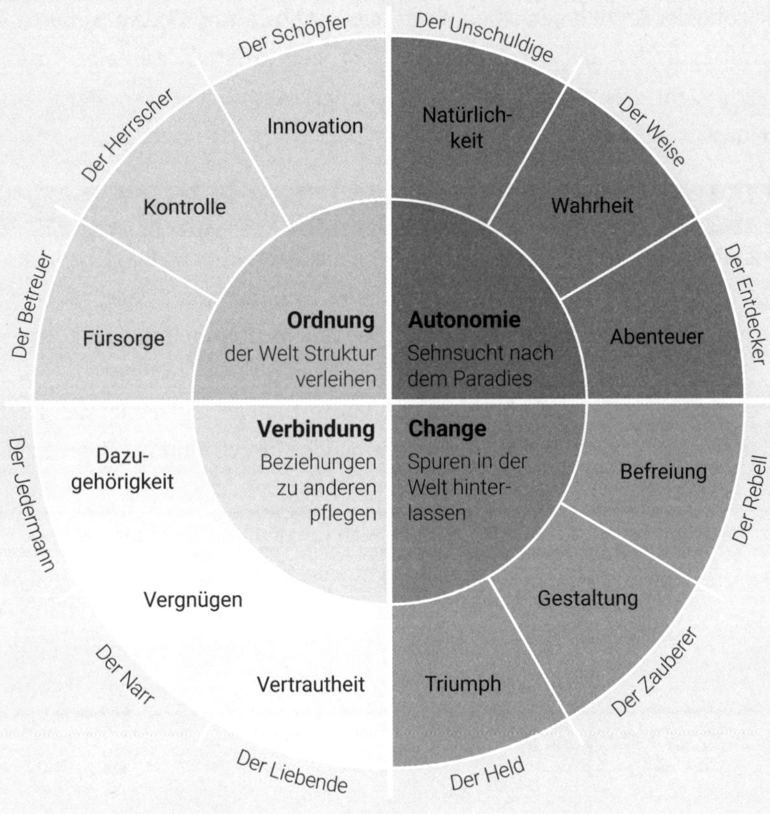

25 *Wer bin ich? Der Kreis der zwölf Archetypen nach C. G. Jung*

Hervorragend beschrieben wurden die Archetypen von den beiden Amerikanerinnen Margaret Mark und Carol S. Pearson in ihrem Standardwerk »The Hero and the Outlaw«.[103] Zugleich haben sie Jungs Idee von universellen psychischen Strukturen, die sich in allen Epochen und Kulturen finden, für die Welt der Marken erschlossen. Sie zeigen, wie sich Marken und ihre Wirkung archetypisch verstehen lassen. Marken werden so zu lebendigen Wesen, um sie herum öffnet sich ein Raum von Geschichten, der uns auf einer unbewussten Ebene berührt. Wir sagen uns ja nicht, ich mag Tesla, weil Tesla den Rebellen verkörpert. Oder ich mag McDonald's, weil McDonald's den Unschuldigen verkörpert. Das Archetypische schwingt in der Marke mit, in dem, was sie tut oder sagt oder darin, wie sie sich zeigt.

Das Bild der Archetypen ist ein Kreis (siehe **Abbildung 25**). Am äußeren Rand des Kreises findet sich der Archetyp selbst, der äußere Kreis zeigt, wofür der Archetyp steht. Der Narr steht für Freude, der Weise für Wissen, der Rebell für Befreiung.

Archetyp	Wichtige Merkmale
Der Liebende	Der Archetyp des Liebenden steht für alle Bereiche menschlicher Liebe – Elternliebe, Freundschaft, Liebespaar oder spirituelle Liebe. Verlangen: Vertrautheit und sinnliche Freude. Ziel: in einer Beziehung mit Menschen sein. Furcht: ungeliebt sein. Strategie: anziehend sein. Falle: sich selbst verlieren. Beispiele: Chanel, Marilyn Monroe, Romeo und Julia.
Der Narr	Der Archetyp des Narren reicht vom Clown bis zum Hochstapler. Verlangen: einen Schmerz überwinden. Ziel: die Wahrheit in heiterer Form verkleiden. Furcht: allein sein. Strategie: komisch sein. Falle: Zynismus. Beispiele: Ben and Jerry's, Hofnarr, Woody Allen

1 *Die zwölf Archetypen und ihre wichtigsten Merkmale*

103 Margaret Mark, Carol S. Pearson: The Hero and the Outlaw. Building extraordinary brands through the power of archetypes. New York City: 2001.

Archetyp	Wichtige Merkmale
Der Jedermann	Der Archetyp des Jedermann repräsentiert den Typen von nebenan. Verlangen: Verbindung zu anderen. Ziel: unauffällig hineinpassen. Furcht: ausgeschlossen sein. Strategie: Anpassung. Falle: Oberflächlichkeit. Beispiele: Aldi, IKEA, Helene Fischer
Der Betreuer	Der Archetyp des Betreuers repräsentiert einen fürsorglichen, empathischen Altruisten. Verlangen: Menschen vor Schaden bewahren. Ziel: anderen helfen. Furcht: Egoismus. Strategie: für Menschen da sein. Falle: Selbstaufopferung. Beispiele: Ärzte ohne Grenzen, Prinzessin Diana, Mutter Teresa
Der Herrscher	Der Archetyp des Herrschers repräsentiert die Mächtigen dieser Welt. Verlangen: Kontrolle. Ziel: Wohlstand schaffen. Strategie: Führung. Furcht: Chaos. Falle: Machtmissbrauch. Beispiele: Angela Merkel, Napoleon, Rolex
Der Schöpfer	Der Archetyp des Schöpfers repräsentiert den Künstler, Innovatoren und Unternehmer. Verlangen: etwas von anhaltendem Wert zu schaffen. Ziel: einer Vision Form geben. Strategie: künstlerische Fähigkeiten erwerben. Falle: Perfektionismus. Beispiele: Leonardo da Vinci, Joanne K. Rowling, Post-it
Der Unschuldige	Der Archetyp des Unschuldigen repräsentiert das Kind. Verlangen: das Paradies erfahren. Ziel: glücklich zu sein. Strategie: die Dinge richtig machen. Falle: Angst: etwas falsch zu machen. Beispiele: Dalai Lama, McDonald's, Disney
Der Weise	Der Archetyp des Weisen repräsentiert den Wissenschaftler oder Lehrer. Verlangen: die Wahrheit finden. Ziel: die Welt verstehen. Strategie: sich und andere durch Wissen wachsen lassen. Falle: sich in seinen Studien verlieren. Beispiele: Albert Einstein, Yoda, Harvard University

1 *Die zwölf Archetypen und ihre wichtigsten Merkmale (Forts.)*

Archetyp	Wichtige Merkmale
Der Entdecker	Der Archetyp des Entdeckers repräsentiert den Abenteurer. Verlangen: sich selbst finden durch Entdeckung der Welt. Ziel: Befriedigung einer unstillbaren Neugier. Strategie: Aufbruch und Reise. Falle: zielloses Umherwandern. Beispiele: Reinhold Messner, Christoph Kolumbus, Patagonia
Der Rebell	Der Archetyp des Rebellen repräsentiert den Outlaw. Verlangen: Rache, Revolution, Gerechtigkeit. Ziel: überwinden, was nicht funktioniert. Strategie: disruptiv sein. Falle: auf die dunkle Seite zu geraten. Beispiele: Elon Musk, Fidel Castro, Harley Davidson
Der Zauberer	Der Archetyp des Zauberers repräsentiert den Macher. Verlangen: zu wissen, wie die Welt tickt. Ziel: Träume verwirklichen. Strategie: Visionen umsetzen. Falle: zum Manipulator werden. Beispiele: Gandalf, der gereifte Steve Jobs, Viagra
Der Held	Der Archetyp des Helden repräsentiert den Kämpfer. Verlangen: mutige Taten. Ziel: die Welt verbessern. Strategie: die machtvollste Version seiner selbst werden. Falle: Arroganz. Beispiele: Odysseus, James Bond, Nike

1 *Die zwölf Archetypen und ihre wichtigsten Merkmale (Forts.)*

Im inneren Kreis der Grafik der Archetypen finden Sie vier Grundausrichtungen menschlichen Strebens: Verbindung, Autonomie, Ordnung, Change. Psychologen nennen das auch die »Himmelsrichtungen der Seele«. Die Gegensatzpaare liegen einander diagonal gegenüber. Sie helfen bei der Grundorientierung.

Wie gelangen Sie von dem Kreis der Archetypen zum Purpose? Indem Sie Ihren Archetyp verstehen und damit ein Gefühl für den Raum Ihrer Möglichkeiten bekommen. Angenommen, Sie sind ein Weiser, dann ist Ihr Weg, auf dem Sie Gutes für sich, die Gemeinschaft, die Natur tun können, vorgezeichnet – es ist der Weg des Wissens und der Forschung. Sind Sie ein Narr, ist auch da Ihr Weg klar – Sie bereiten anderen und sich selbst Vergnügen und können bittere Wahrheiten so aussprechen, dass Menschen über sie lachen und sie zugleich verstehen. Auf dieser Linie liegt Ihr Purpose. Ob Sie jetzt Filme drehen, die zugleich unterhalten und nachdenklich machen, wie Woody Allen, oder coole, faire, vegane Kondome aus Naturkautschuk oder Biotampons produzieren wie Einhorn, es gibt ausreichend Spielraum.

Den eigenen Archetyp oder auch den der Firma oder der Marke zu bestimmen, ist manchmal ganz einfach. Sie blicken auf die Grafik und wissen: Das bin ich. Meist aber dauert es etwas länger. Meiner Erfahrung nach können Sie sich auf zwei Arten nähern: rational oder intuitiv. Ich empfehle, beide Herangehensweisen zu kombinieren. Das rationale Vorgehen funktioniert am einfachsten über Ausschluss: Wer bin ich nicht? In den seltensten Fällen bleibt genau ein Archetyp übrig, meistens sind es mehrere. Das ist der Zeitpunkt, um sich intuitiv zu nähern. Die Frage ist, zu welchem Archetyp fühlen Sie sich besonders stark hingezogen?

Ein starker Ausgangspunkt ist meiner Meinung nach auch ein Set aus vier Archetypen aus allen vier verschiedenen Segmenten. Wo, wenn überhaupt, finden Sie sich in Bezug auf Verbindung, Autonomie, Ordnung, Change? Sie könnten theoretisch in jede Richtung gehen, doch das ist unwahrscheinlich. Eher ergibt sich eine bevorzugte Richtung und in Verbindung mit den anderen Archetypen ergibt sich ein volleres Bild Ihrer Persönlichkeit. Dazu noch eine weitere Grafik darüber (siehe **Abbildung 26**), was Archetypen bewirken. Sie zeigt, worum Menschen sich sorgen und wie die Archetypen diese Sorge überwinden.

Take-away

Archetypen sind universelle Gestalten des Lebens, ein Repertoire von Figuren, die sich Menschen, Romanfiguren, Marken, Produkten oder Unternehmen zuordnen lassen. Sie sind ein großartiges Tool bei der Beschäftigung mit unserer Identität und bei der Realisierung des eigenen Purpose, weil Archetypen ganz klar den Weg vorzeigen, wie wir auf die Welt einwirken. Mit ihnen zu arbeiten, gibt dem Purpose-Prozess zugleich Struktur und Tiefe und erhält doch einen spielerischen Charakter.

Archetypen und ihre Motivation

Motivation	Ordnung und Kontrolle	Zugehörigkeit und Freude	Spuren und Überlegenheit	Autonomie und Erfüllung
Archetyp	Betreuer Herrscher Schöpfer	Liebende Narr Jedermann	Held Zauberer Rebell	Entdecker Weise Unschuldige
sorgt sich um	Chaos	Alleinsein	Scheitern	Leere
hilft Menschen	sich sicher zu fühlen	eingebunden zu sein	Dinge zu erreichen	Glück zu finden

Das 1-1-1-Prinzip

Ein Framework für Philanthropie

Marc Benioff sagt: *»Mein Sabbatical war eine der produktivsten Perioden in meinem Leben.«*[104] Der Gründer von Salesforce.com war zu der Zeit bei dem Datenbankspezialisten Oracle beschäftigt. Er mietete sich in seiner Auszeit zunächst eine Hütte auf Big Island, Hawaii, lernte die Kultur kennen und schätzen und übernahm später Ideen daraus für die Kultur seines eigenen Unternehmens, die er Ohana-Kultur nannte (Ohana ist das hawaiianische Wort für Familie). Dann ging Benioff mit einem guten Freund nach Indien. Beide befanden sich an einer Weggabelung ihres Lebens, sie wollten sich mit eigenen Ideen selbstständig machen, zögerten aber noch. Sie trafen den Dalai Lama und den Musiker Ravi Shankar, doch die Begegnung, die Benioff am stärksten berührte, war das Treffen mit Mata Amritanandamayi, einer spirituellen Führerin, bekannt als Ammachi oder Amma. Amma inspiriert, ermutigt und transformiert Menschen durch ihre körperliche Umarmung, ihre Weisheit und ihre karitativen Projekte. Bislang hat sie nach eigenen Angaben mehr als 30 Millionen Menschen umarmt und getröstet. Sie umarmt auch die beiden Männer und nimmt sich Zeit für ein Gespräch. Sie stellt ihnen die Idee vor, den Menschen etwas zurückzugeben, während sie ihre Karriereambitionen verfolgen. *»Ich erkannte, dass ich nicht wählen musste zwischen Business und meinem Wunsch, Gutes zu tun.«*[105] Als Benioff 1999 Salesforce gründete, nutzte er von Anfang an ein Framework, das diesen Gedanken, den Amma in ihm gepflanzt hatte, umsetzt. Er nennt es das 1-1-1-Prinzip (siehe **Abbildung 27**). Die Idee dahinter ist verblüffend einfach: Es gibt eine Salesforce-Stiftung, die organisch mit dem Unternehmen wächst, weil Salesforce ihr Folgendes gibt:

104 Marc Benioff: Behind the cloud. The untold story of how salesforce.com went from idea to billion-dollar company – and revolutionized an industry. San Francisco: 2009, S. 3.

105 Ebd.

Das 1-1-1-Modell von Salesforce.com

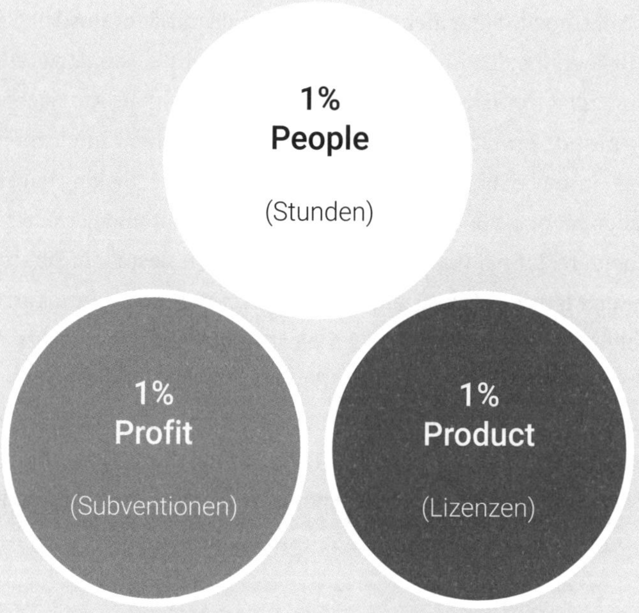

27 *Das 1-1-1-Modell von Salesforce.com – Philanthropie als Urbestandteil des Geschäfts*

- 1% des Kapitals für Beihilfen, Zuschüsse, Subventionen mit Fokus auf der Jugend und auf Technologie
- 1% der Zeit der Mitarbeiter (großzügig aufgerundete 6 Tage pro Jahr), damit diese vermittelt durch die Stiftung dort volontieren und helfen können, wo sie es für richtig halten
- 1% der Produkte, das heißt Lizenzen, von Salesforce.com für Non-Profit-Organisationen, damit diese effizienter arbeiten und sich stärker auf ihre Mission konzentrieren können.

Als Salesforce.com mit seinem Angebot von Software as a Service (SaaS) für Unternehmen abhob und zu einem der erfolgreichsten Unternehmen des Silicon Valley wurde, hob auch die Stiftung ab. Seit der Gründung hat es mehr als 240 Millionen US-Dollar finanzielle Zuwendungen gegeben, 3,5 Millionen Stunden Gemeinschaftsarbeit und Lizenzen für mehr als 39.000 Non-Profit-Organisationen und Bildungseinrichtungen. Und alles auf Basis dieses simplen Prinzips, das das Unternehmen in guten und schlechten Zeiten beharrlich verfolgt hat, wie Benioff versichert.

Der zentrale Satz in seinem Buch ist folgender: *»Die erfolgreichsten Geschäftsleute sind getrieben von Profit und Purpose.«*[106]

Den berühmten Satz des Ökonomen Milton Friedman: *»Soziale Verantwortung im Business besteht darin, den Gewinn zu steigern«*[107], münzt er um in: *»Der Sinn des Business ist es, den Zustand der Welt zu verbessern.«* Punkt.

Wie geht das konkret? Ein Beispiel: Benioff erzählt von einem Projekt für Obdachlose in San Francisco, dem Project Homeless Connect[108], das eine Vielzahl sozialer Dienste zur Verfügung stellt – ärztliche Versorgung, Job Coaching, Essen, Frisör, Brillen, Unterstützung bei Drogensucht, Impfungen etc. Dorthin fließen finanzielle Mittel, dort arbeiten Mitarbeiter von Salesforce.com mit ihren Familien, um den Obdachlosen und sozial Schwachen zu helfen, dort hat das Unternehmen auf Basis der eigenen Software eine Applikation entwickelt, um die Daten zu erfassen, zu verwalten und produktiv zu nutzen.

---

106 Ebd., S. 259.

107 Milton Friedman: The social responsibility of business is to increase its profits. New York Times im September 1970: *https://www.nytimes.com/1970/09/13/archives/a-friedman-doctrine-the-social-responsibility-of-business-is-to.html*

108 *https://www.projecthomelessconnect.org*

Das 1-1-1-Prinzip halte ich deswegen für faszinierend, weil es von seiner Logik her sehr einfach ist. Im Grunde kann es jede Firma anwenden. Auch als Privatperson können Sie sich überlegen, ob Sie es nicht vielleicht nutzen wollen. Die sechs Tage Freiwilligenarbeit pro Jahr wären Teil Ihres Urlaubs oder Ihrer Freizeit, das 1 % Geldzuwendungen könnte als Basis das Jahresgehalt oder die Ersparnisse nutzen. Produkte gibt es in diesem Fall nicht. Doch warum nicht noch weitere sechs Tage Freiwilligenarbeit, in denen Sie Ihre Jobfähigkeiten zur Verfügung stellen? Als Guideline dient Ihr eigenes Gefühl – zu welchen Organisationen oder Institutionen fühlen Sie sich hingezogen?

In sieben Schritten zur Unternehmensstiftung

Wie lässt sich eine Stiftung im Kontext eines Unternehmens aufbauen, die nicht nur von den Gründern, sondern vor allem auch von den Mitarbeitern inspiriert ist, die davon lebt, dass diese sich engagieren, und die schließlich im Unternehmen eine Kultur begründet, in der die Menschen füreinander sorgen? Marc Benioff empfiehlt folgende Schritte:

- *Beginne am Anfang*
  Alle neu eingestellten Mitarbeiter nehmen in ihren ersten Wochen an der Freiwilligentätigkeit teil.
- *Frage die Mitarbeiter nach ihren Interessen*
  So entsteht ein Sinn für Ownership.
- *Etabliere eine Struktur, die Mitarbeiterbeteiligung einfordert*
  Die Mitarbeiter wirken in Councils, um die 1-1-1-Regel mit Inhalten zu füllen.
- *Mache die Stiftung sichtbar*
  Beide sind verschränkt: Unternehmen und Stiftung. So ist die Stiftung immer präsent.
- *Würdige die Anstrengungen der Mitarbeiter*
  Es gibt Ehrungen, Preise, Dankes-E-Mails, das Feedback der NGOs etc.
- *Fördere die Stiftung in guten und schlechten Zeiten*
  Gerade in schlechten Zeiten ist sie wichtig, um die Menschen zu verbinden.
- *Gib der Stiftung Raum für Entwicklung*
  Benioff rät: Heiße die Dynamik in allem, was du tust, willkommen.

Take-away

Das 1-1-1-Modell von Salesforce.com ist ein Schema, um Philanthropie in eine Firma zu integrieren. Die Logik ist: Im Rahmen einer Stiftung nutzen die Mitarbeiter sechs Tage für Freiwilligenarbeit, das entspricht 1 % ihrer Arbeitszeit, deutlich aufgerundet. Das Unternehmen stiftet 1 % des Profits und gibt 1 % seiner Produkte oder Services an NGOs oder Bildungsorganisationen.

Wirtschaftsprüfer bekämpfen Terrorismus

Machen Sie ein Poster von Ihrem Purpose

Was tust du bei KPMG? Ich bekämpfe Terrorismus. Punkt. Die obere Gesichtspartie einer Frau, braune Augen, braune Haare. Im Hintergrund das Bild der Freiheitsstatue. KPMG unterstützt zahlreiche Finanzinstitute dabei, Geldwäsche zu verhindern, damit finanzielle Ressourcen nicht in die Hände von Terroristen und Kriminellen gelangen. KPMG. Du bist hier wegen eines Purpose. Tagline: Inspire Confidence. Empower Change. Wecke Zuversicht. Ermögliche Veränderung.

Was tust du bei KPMG? Wir setzen uns für die Demokratie ein. Punkt. Die obere Gesichtspartie von einer Frau und zwei Männern. Im Hintergrund das Bild jubelnder Persons of Color. Als Südafrika in den ersten freien Wahlen Nelson Mandela wählte, war KPMG Südafrika da, um die Wahlergebnisse zu zertifizieren. KPMG. Du bist hier wegen eines Purpose. Tagline: Inspire Confidence. Empower Change.[109]

Vom Text zur Visualisierung: KPMG, das globale Netzwerk von Wirtschaftsprüfern, Steuerberatern, Rechts- und Unternehmensberatern macht vor, wie es geht. Es stellte seinen Mitarbeitern ein Poster-Template zur Verfügung, bei dem diese aus diversen Hintergründen wählen konnten und den Purpose in eine Text-

109 Eine kleine Galerie der Purpose-Poster und eine Einführung in die Aktion findet sich hier: *https://advisory.kpmg.us/insights/future-hr/future-hr-purpose-culture/kpmg-purpose.html*

fläche eintrugen. Die Aktion »10.000 Stories Challenge« lief im Jahr 2014. Die Zahl schien den Organisatoren ein ambitioniertes Ziel. Sie wurde weit übertroffen: Es entstanden 40.000 Storys in Posterform.[110]

Gehen wir zurück an den Anfang der Aktion. KPMG hat über 200.000 Mitarbeiter in mehr als 150 Ländern. Die Wirtschaftsexperten hatten sich zum Ziel gesetzt, eine Initiative zu starten, die Bedeutung und Purpose der Arbeit bei KPMG steigern sollte. Zunächst formulierten sie den Purpose neu. Sie führten Hunderte von Interviews, und das Ergebnis war die Formulierung: Inspire Confidence. Empower Change – Vertrauen wecken. Veränderung ermöglichen. Vier Wörter, zwei Imperative. Einfach zu merken, weil die Dynamik der Formulierung stimmt. Die nächste Frage war: Wie zieht dieser neue Purpose jetzt ins Unternehmen ein?

Die Idee war, die Kolleginnen, angefangen bei den 27.000 Partnern, einfach damit spielen zu lassen, ihnen die Möglichkeit zu geben, aus einer frischen Perspektive auf ihre Arbeit zu blicken. So begann die Initiative mit der einfachen Frage: »Was tust du bei KPMG?« Man schickte zur Inspiration ein Video herum, das den Titel trägt: We shape history! – Wir gestalten Geschichte! Es war ein Video, das in seiner dramatischen Art eher auf ein amerikanisches Unternehmen zugeschnitten ist als auf ein globales, ein Video, das an vergessene Leistungen von KPMG erinnert, zum Beispiel im Zweiten Weltkrieg oder im Irankrieg.

Dann legten alle los. Sie zeigten sich nicht mehr als Experten für Steuerrecht oder Wirtschaftsprüfung, sondern als Menschen, die mit ihrer Arbeit Geschichte schreiben, indem sie Dinge tun, von denen am Ende die Gesellschaft profitiert. Die Poster gaben allen die Möglichkeit, ihre Interpretation des KPMG-Purpose zu erzählen, schematisiert und doch frei in der Ausgestaltung. Niemand musste Photoshop beherrschen, um das zu tun oder ein begnadeter Texter sein.

Was hat es gebracht? Die positiven Effekte: Der Stolz der Mitarbeiter auf das Unternehmen hat zugenommen, die Moral ist ebenfalls gestiegen. In einer vergleichenden Betrachtung von Mitarbeitern, deren Chefs Purpose favorisieren bzw. ablehnen, ergaben sich klare Vorzüge für den Purpose: höhere Arbeitszufriedenheit, höheres Engagement, Streben nach kontinuierlicher Verbesserung

---

110 Bruce N. Pfau: How an accounting firm convinced its employees they could change the world. Harvard Business Review: Oktober 2015: *https://hbr.org/2015/10/how-an-accounting-firm-convinced-its-employees-they-could-change-the-world*

und hoher Performance – die typischen Effekte in Purpose-getriebenen Unternehmen. Die Herausforderungen: Skeptizismus, akademisches Herangehen, das schon bei der Unterscheidung beginnt, was genau Purpose, Mission, Vision, Ethos oder Kultur denn seien, Angst, sich in dieser Weise im Unternehmen zu zeigen.

Der letzte Punkt scheint mir sehr wichtig. Wir sind im Umfeld von Wirtschaftsprüfern, für die es alles andere als normal ist, ihren Purpose auf ein Poster zu schreiben. Das Umfeld ist sachlich, nüchtern, faktengetrieben. Und dennoch haben nicht alle rigoros abgelehnt und gesagt, das Poster, das können gern andere machen.

Das Purpose-Poster halte ich für eine geniale Idee, die eigene Story mit der Firmenstory zu verknüpfen. Es ist eine Idee, die meiner Meinung nach in vielen Firmen absolut Sinn ergeben würde im Kontext der Verbreitung von Purpose – und nicht nur in Firmen: Gerade für mich als Person ist so ein Poster eine geniale Idee, meinen Purpose auszudrücken. Viele machen es in Büros oder daheim am Schreibtisch. Ich erinnere mich, dass ein Kollege nichts an den Wänden hatte, nur ein Poster von Muhammed Ali. Warum hing es dort? Weil er den Boxer bewunderte. Warum bewunderte er ihn? Purpose. Davon erzählte er mir, als ich ihn nach der Bedeutung des Posters fragte. Heute denke ich, wie viel stärker dieses Poster gewirkt hätte, wenn er seine Botschaft darauf festgehalten hätte. So wie Apple, die das gleiche Poster von Muhammed Ali, das der Kollege an der Wand hatte, für ihre Werbekampagne verwendeten und es mit ihrem Purpose verbanden: Think different – denk anders.

Apple hat mit dieser Kampagne einen Weg eingeschlagen, der meiner Meinung nach auch eine großartige Vorlage für ein Poster wäre. Wir zeigen unsere Heldinnen und Helden und schreiben unseren Purpose dazu, vielleicht in einer Abwandlung eines Zitats dieser Person. Es gibt so viele kreative Möglichkeiten. Wir könnten auch Bilder von Kolleginnen für die Poster nutzen und diese würdigen, indem wir sie mit dem Purpose und den Werten des Unternehmens in Verbindung bringen. Wertschätzung empfangen, nicht nur von den Vorgesetzten, sondern vielmehr von den Kollegen, den Kunden, den Partnern, dem Netzwerk, das ist einer der wichtigsten Punkte auf der Skala der Dinge, die im Berufsleben zählen.

Wir könnten, um visuell zu werden, Videos drehen, in denen wir über unseren Purpose in Verbindung mit dem Unternehmen sprechen. Das funktioniert auch, um unseren ureigenen Purpose festzuhalten. Wir könnten ihn zeichnen, malen, singen, tanzen – wohin auch immer uns die Kreativität führt. Wichtig ist doch vor allem eins – dass uns das Ergebnis wie ein Spiegel so zeigt, wie wir uns sehen, mit so viel Verletzlichkeit und positiver Purpose-Energie, wie wir zulassen wollen. Dass wir beim Anblick lächeln und uns manchmal fühlen wie Götter und an anderen Tagen wie Hochstapler. Dass wir leben.

Eine Sache würde ich wahrscheinlich anders machen als KPMG: Diese Aktion sollte meines Erachtens von den Mitarbeitern kommen und nicht mit dem Helikopter eingeflogen werden – genau wie die Entwicklung von Purpose in meiner Wahrnehmung noch viel stärker ein Gemeinschaftsprojekt sein sollte. Hunderte Interviews klingt viel – aber in einem Unternehmen mit dem Tausendfachen an Mitarbeitern, relativiert sich diese Zahl schnell, so kompliziert es sein mag.

Um ein einfaches Bild zu verwenden: KPMG setzte Kunstrasen ein, um seinen Garten neu zu gestalten, ich würde säen. Sicher ist die eine Lösung bequemer ist als die andere, doch bei so einem bedeutenden Thema für den Langzeiterfolg des Unternehmens scheint mir das nachhaltiger.

Take-away

Die klassische Form, um einen Purpose festzuhalten, ist der Text. Aber warum verwenden wir keine Bilder? KPMG, das Netzwerk von Wirtschaftsprüfern, macht vor, wie sich ein Purpose in ein Poster verwandeln lässt – ein Poster mit einer starken Aussage über Sie selbst, Ihr Team, Ihr Unternehmen.

So einfach wie Malen nach Zahlen

Mit dem Purpose-Rad zum ersten Draft navigieren

Jedes der in »That's me!« vorgestellten Tools oder Frameworks oder Modelle hat seinen eigenen Charme und spricht damit ganz unterschiedliche Typen an. Das Purpose-Rad (siehe **Abbildung 28**) besitzt ganz ähnlich wie die Archetypen den Charme der vorgegebenen Auswahl. Die mythischen Figuren, die Sie repräsentieren können, sind schon da, es sind zwölf und Sie sind eine davon oder ein Mix aus verschiedenen Typen – das ist die Aufgabe bei den Archetypen.

Das Purpose-Rad

28 *Purpose-Rad: von innen nach außen zu einem ersten Purpose Statement. Beispiel: Wir fördern Lebensqualität, indem wir Sicherheit gewährleisten, sodass sich die Gesellschaft zum Guten verändert.*

Das Purpose-Rad ist ganz ähnlich aufgebaut: Auch hier gibt es ein Rad, das zwei Modi der Auswahl enthält: einen inneren und einen äußeren Kreis. Doch das Purpose-Rad ist so gebaut, dass es in Verbindung mit einem kleinen Text-Template direkt zu einem Ergebnis führt. Das ist zwar in den meisten Fällen noch nicht originell oder authentisch, aber es ist da. Das Fundament für die Elemente des Purpose-Rades findet sich in den Archetypen und in Maslows Bedürfnispyramide. Die Gestaltungsidee stammt von der amerikanischen Designagentur IDEO.[111]

Bevor ich ins Detail gehe, eine Anmerkung: Die Einfachheit des Purpose-Rades sollte nicht dazu verführen, das Thema Purpose in einem zehnminütigen Stand-up-Meeting abzuhaken.

Im Gegenteil! Sie sollten sich immer klarmachen: Das ist die erste Annäherung, mehr nicht. Dieser schnelle, unkomplizierte Zugang, noch einfacher als der Golden Circle, soll vor allem erst einmal ein Gefühl für die Landschaft geben, in der Sie sich bewegen. Dass Sie sie größer zeichnen können und sich aus dem vorgegebenen Raster entfernen bzw. die Kreise erweitern können – herzlich gerne. Es wäre zu schön, wenn dieses Modell für alle passen würde. Doch das ist wohl eine Illusion.

Also, los geht's! Sie nutzen eine Vorlage, die folgendermaßen aussieht:

Wir existieren, um (gewünschter Impact – innerer Kreis), indem wir (unsere Leistung – äußerer Kreis), sodass sich die Gesellschaft zum Guten verändert.

Sie bewegen sich also von innen nach außen durch den Kreis, mehr ist es nicht. Es gibt fünf Startpunkte und danach jeweils drei Auswahlmöglichkeiten. Fertig. Am Ende habe ich mir erlaubt, als Standard an das zu erinnern, was für jedes Unternehmen selbstverständlich sein sollte. Ein Beispiel:

Airbnb: Wir existieren, um Entdeckungen zu ermutigen, indem wir eine Welt schaffen, in der Menschen an einem Ort wirklich leben können, anstatt nur dorthin zu reisen, sodass sich die Gesellschaft zum Guten verändert.

Könnte der Purpose von Airbnb nicht auch in einem anderen inneren Kreis begonnen haben? Sicher, in jedem. Und so ist es wahrscheinlich auch, wenn Sie sich mit sich selbst beschäftigen. Das ist zunächst die Frage der Grundrichtung: Was geben Sie den Menschen, mit denen Sie arbeiten? Alles irgendwie? Nun gut, Sie müssen sich für eine Grundrichtung entscheiden. Der Purpose ist so etwas wie

---

111 *https://www.ideo.com/eu*

Ihr Nordstern – es gibt genau einen. All die anderen Möglichkeiten, sich zu orientieren, verlieren damit automatisch an Bedeutung. Sie folgen diesem Stern und nur diesem Stern.

In einer spielerischen Annäherung würde ich unbedingt empfehlen, jeden möglichen Weg auszuprobieren und ähnlich wie im Modell der Archetypen auszuschließen, was gar nicht infrage kommt. Nun bleiben einige Varianten übrig – und jetzt? Nutzen Sie andere Tools: die Archetypen, den Golden Circle, diskutieren Sie die Ergebnisse, fragen Sie, lauschen Sie, optimieren Sie. Am Ende haben Sie eine starke Vermutung, was Ihr Nordstern ist, wohin es Ihr Team zieht, Ihr Unternehmen.

Fragen, die im Prozess helfen, sind etwa folgende: Deckt sich dieser Purpose mit dem, was Sie tun? Gibt es Differenzen, glauben Sie, dass Ihnen der Purpose hilft, sich zum Besseren zu entscheiden? In welcher Weise wird er Ihr Leben/Ihre Unternehmenskultur inspirieren – und ebenso den Kreis der Menschen, in dessen Sinne Sie wirken, Ihre Freunde, Kunden, Klienten? In welche Richtung würde sich wahrscheinlich Ihr Leben/Geschäft verändern, wenn Sie diesen gewählten Purpose als Nordstern nutzten, der alle Richtungsentscheidungen prägt?

Zum Abschluss noch eine stärker geschliffene Version eines Purpose Statements, die dieser Vorlage folgt: *»The North Face: Wir existieren, um Entdeckungen zu ermutigen, indem wir Neugier inspirieren zum Wohle des Einzelnen. Zum Vergleich das Original: Pushing the limits of innovation and design, so that you can push your limits outdoors – Die Grenzen von Innovation und Design verschieben, damit du deine Limits in der Natur verschieben kannst.«*

Take-away

Das Purpose-Rad führt spielerisch zu einem ersten Draft des Purpose Statements. Seine Stärke liegt zum einen im schnellen Erfolg und zum anderen in dem Gefühl, das Sie für die Landschaft bekommen, die Sie betreten. Es ist wie eine grobe Karte, die Ihnen Orientierung gibt, auch wenn Sie dort nicht exakt verortet sind.

Die Baumeister von morgen inspirieren

Die Kunst, ein authentisches Purpose Statement zu verfassen

Wie verfassen Sie ein herausragendes Purpose Statement? Gibt es dafür ein Schema, eine ganz konkrete Vorgehensweise? Ich fürchte nicht. Hier bewegen wir uns vom Schema zur Kunst, wir arbeiten freier, intuitiver und lassen uns von inneren Bildern leiten. Mal angenommen, Sie haben ein Standard-Statement für Ihr Warum verfasst, dann wäre der erste Schritt, zu sagen: Das lässt sich ausdrucksstärker formulieren, inspirierender, authentischer. Nehmen wir wieder Matts Kristens Warum als Beispiel, das ich dort zitiert habe: *»Menschen zu befähigen, es zu versuchen, damit sie ihre eigenen Grenzen überschreiten.«* Wir würden sagen, das ist gut, doch es ist nicht genug. Wer damit zufrieden ist, braucht diesen Abschnitt nicht, denn mit so einem Satz lässt sich gut arbeiten. Meiner Erfahrung nach gilt allerdings folgende Regel: Je passgenauer dieses Statement, desto besser. Passgenau hat verschiedene Dimensionen, die ich gleich vorstellen werde.

Zuvor noch ein paar Worte zum Vorgehen. Dieser Prozess lässt sich ganz unterschiedlich gestalten. Geht es um Ihr privates Purpose Statement, dann sollten Sie sich einen Sparringspartner mit Schreiberfahrung suchen und Feedback von Freunden, Bekannten, Kollegen einholen. Geht es um ein Unternehmen, ist der Prozess komplexer. Doch auch hier würde ich das Schreiben einer finalen Version einer kleinen Gruppe von Mitarbeitern überlassen, die sich eng mit den Stakeholdern vernetzt und immer wieder Feedbackschleifen dreht.

In jedem Fall empfehle ich *Lean Storytelling*, das ich, inspiriert von Eric Riess' Lean-Start-up-Methode in meinem Buch »Tell me! Wie Sie mit Storytelling überzeugen« vorstelle. Sie bewegen sich durch einen Zirkel, der es Ihnen ermöglicht, schnell zu lernen und besser zu werden (siehe **Abbildung 29**). Es beginnt mit einer Hypothese, zum Beispiel, wir müssen inspirierender sein, dann schreiben Sie eine Version des Purpose Statements. Nächste Station: Sie erzählen dieses verschiedenen Menschen, um ihr Feedback zu bekommen. Dann versuchen Sie, daraus zu lernen und eine neue Hypothese zu formulieren, zum Beispiel: Wir müssen uns kürzer fassen, es fehlt ein starkes Verb, oder der Text ist zu allgemein. Durch diesen Zirkel gehen Sie immer wieder, bis es passt.

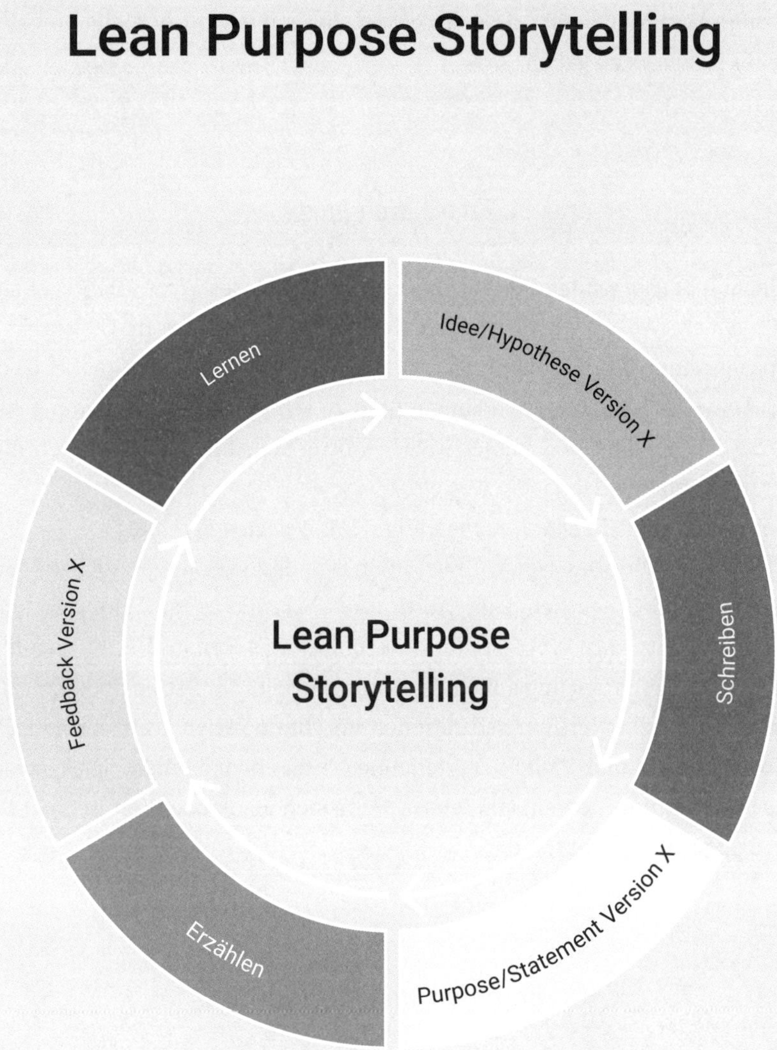

29 *Lean Purpose Storytelling, um nach dem Muster eines Start-ups schnell zu lernen*

Dieser Prozess kann wenige Tage dauern, doch häufig dauert es länger, Wochen, Monate. Geduld ist wichtig, und die Genauigkeit liegt im Detail. Wenn es dringlich sein sollte, würde ich beginnen, mit der Rohfassung des Purpose zu arbeiten und offen kommunizieren, dass diese noch optimiert wird und alle eingeladen sind, ihr Feedback zu geben.

Fasse dich kurz!

In einem herausragenden Purpose Statement zählt jedes Wort. Die Regel lautet nicht, je mehr Wörter wir verwenden, desto aussagekräftiger. Im Gegenteil: Das Knappe gewinnt. Es gibt diesen Satz von Johann Wolfgang von Goethe, er habe leider keine Zeit gehabt, einen kurzen Brief zu schreiben. Genau darum geht es: sich Zeit zu nehmen und immer wieder Wörter wegzunehmen, bis sich nichts mehr wegnehmen lässt.

Beispiel Netflix: *To entertain the world – Die Welt zu unterhalten*

Vier Wörter, die alles sagen, ohne sich in Details zu verlieren. Auch die Ambition kommt hier deutlich zum Ausdruck – Netflix ist ein globaler Player. Schließlich lässt das Wort »Entertain« offen, was genau Netflix eigentlich macht, keine Beschränkung auf ein Streamingangebot für Serien und Filme. Darüber hinaus weckt Netflix Assoziationen an eine positive Welt vor dem Bildschirm: Einigkeit und Vielfalt, Verbindung, Zusammenkommen, Spaß, gemeinsame Unterhaltung, gemeinsam feiern, wenn sich die ganze Welt in einer Serie wie »Bridgerton« verliert.

Erzähle von einer Reise!

Ein herausragendes Purpose Statement erzählt eine kleine Geschichte. Es deutet eine Reise an, ohne sie zu erzählen. Diese Reise findet nur im Kopf der Zuhörer oder Leser statt, indem diese ganz automatisch beginnen, ihre Einbildungskraft zu nutzen, um das Statement in ihrem Sinne auszumalen. Wenn das passiert, dann verankert sich die Formulierung ungleich stärker, sie wird viel leichter erinnert. Nicht nur das: Sie wird übernommen.

Beispiel REI: *To awaken a lifelong love of the outdoors, for all – Eine lebenslange Liebe zur Natur wecken, für alle*

Purpose Statements, die von einer Reise erzählen, sind häufig ein wenig länger. Der amerikanische Outdoorausrüster REI nutzt zehn Wörter. Sein Purpose weckt nicht nur starke Emotionen, wenn ich ihn lese, fühle ich, dass ich in die Natur gehöre. Ich spüre diese Liebe in mir. Darüber hinaus wirkt diese Formulierung fast stärker nach innen. Was machen wir hier, warum existieren wir? Damit diese Liebe für Outdoorsport in unseren Kunden erwacht, jedes Mal wieder, wenn sie unsere Läden betreten oder online shoppen.

Sei inspirierend!

Was genau ist ein inspirierendes Purpose Statement? Ich würde sagen, es ist eines, das du spürst, weil es so etwas wie Poesie in sich trägt. Es ist wie eine gute Gedichtzeile: gewagt. Und wie ein Funke, der auf dich überspringt.

Beispiel Apple: *Think different – Denke anders.*

Diese zwei Wörter von Apple sind der Inbegriff des Unternehmens und seiner Kunden. Mehr geht nicht. Die Formulierung ist ein sanfter Imperativ. Sie ist grammatikalisch inkorrekt, im Sinne des Klanges, wie Steve Jobs einmal erklärt hat. Different höre sich einfach besser an als differently. Sie wirkt nach innen und nach außen mit größter Klarheit. Zugleich ist sie absolut offen und wird erst durch klare Produkte oder Werte oder nach außen durch die Werbeplakate mit den Menschen, die anders denken, konkreter. In jedem Fall fordert es uns ohne Umschweife zum Handeln auf.

Sei emotional!

Längst nicht alle herausragenden Purpose Statements wagen Emotion. Dabei ist Emotion ein Schlüssel, um Menschen zu bewegen. Doch beim Thema Purpose ist es ein Drahtseilakt. Zu viel Emotion macht das Statement kaputt, und da ist eine klare Sachlichkeit eindeutig vorzuziehen.

Beispiel Red Bull: *Menschen und Ideen Flügel verleihen*

Flügel verleihen ist etwas anderes als inspirieren, auch wenn es etwas Ähnliches meint. Die eine Formulierung emotional, die andere dagegen kühl und rational. Sie wendet sich an unsere Vorstellungskraft. Wir alle kennen die Werbung von Red Bull und wissen, wie stark die Emotion, die mit den Flügeln verbunden ist, wirkt. Wir kennen Red Bulls mitreißende Bilder von Snowboardern und Skateboardern. Auch für dieses Purpose Statement gilt: Es ist inhaltlich offen. Was auch immer Red Bull sich vornehmen mag – es wird nicht inhaltlich eingeschränkt, nur emotional: Es muss Flügel verleihen.

Nutze den Imperativ!

Der Imperativ ist im Kontext von Purpose Statements eine Ausnahme – etwas für Mutige. Der Apple-Imperativ »Think different« zählt zu den genialsten Formulierungen, die alles repräsentieren können – Purpose, Mission, Vision, Leitbild etc. Ein Imperativ demonstriert in jedem Fall Entschlossenheit, wie ein freundlicher Befehl – da geht's lang.

Beispiel Adidas: *Wir können durch Sport Leben verändern.*

Das ist in der Tat ein sehr sanfter Imperativ durch das Wort können. Meiner Meinung nach macht es dieses Purpose Statement nicht besser. *Durch Sport Leben verändern.* Punkt. Oder sogar Ausrufezeichen. Das ist doch viel entschiedener. *Just do it* – Nike braucht nur drei Wörter, und jeder weiß, worum es geht.

Klinge, wie du selbst!

Authentizität ist beim Purpose Statement fundamental wichtig. Es gibt Stimmen, die behaupten, es könne sein, dass die Konkurrenz unter Umständen mit dem exakt gleichen Purpose Statement operieren könnte und doch wäre das nicht schlimm. Im Gegenteil! Dieses Statement in Verbindung mit Werten gibt ein Gefühl für das, was einen Menschen oder eine Firma im Kern ausmacht. Und im Kern zählt beides – das, was gleich ist, wie auch das, was uns unterscheidet.

Beispiel Lego: *To inspire and develop the builders of tomorrow – Die Baumeister von morgen inspirieren und entwickeln*

Die Baumeister von morgen ist für mich die perfekte Formulierung, um das Lego-Erlebnis zu beschreiben. Ganz gleich, ob diese Baumeister in der Zukunft Häuser bauen oder Unternehmen oder weiterhin mit Lego arbeiten werden, etwa um als Agile Coaches Teams zu bauen. Ich war mir nicht sicher, worin der Vorteil der beiden Verben liegt, doch eine Freundin erklärte mir, dass diese ihrer Meinung nach genau simulierten, wie Lego funktioniert: Stein auf Stein und innehalten, das passende Stück suchen. Lego, glaubt sie, habe eine Langsamkeit und genau die drücke sich hierin aus.

Erzeuge Spannung!

Ganz ähnlich wie in der Konstruktion des Archetyps kann Spannung ein Element sein, das starke Aufmerksamkeit erzeugt, ganz einfach deshalb, weil wir versuchen, diese Spannung aufzulösen. Wir können nicht anders. Und sobald wir das versuchen, sind wir mittendrin in der Welt eines Menschen oder Unternehmens.

Beispiel Beyond Meat: *We believe, there is a better way to feed the planet – Wir glauben, es gibt einen besseren Weg, den Planeten zu ernähren.*

In diesem Purpose Statement von Beyond Meat ist ganz klar die Spannung zu spüren zwischen dem, was ist, und dem, was sein soll. Wir wissen, Beyond Meat stellt pflanzenbasierte Burger und Würstchen her, Beyond Meat will damit gleich mehrere Probleme lösen – die Qualität der Nahrung verbessern, das Tierleid verringern, die Umweltbelastung reduzieren. Das »Wir glauben« gibt der Formulierung darüber hinaus eine persönliche Note und lässt sie weniger hart klingen.

Sei generell!

Es gibt mindestens zwei Grundausrichtungen von Purpose Statements. Die eine ist mehr genereller Natur, die andere klingt sozialer, ist also stärker auf die Gesellschaft bezogen, so wie zum Beispiel das Statement von Beyond Meat. Welche Form gewählt wird, hängt ganz vom Produkt oder Service ab und natürlich von den Zielen des Unternehmens oder auch einer Person. Die Frage wäre: Ist es wichtig für das Verständnis meiner Tätigkeit, dass wir sie zur Veränderung der Welt formulieren oder geht es eine Nummer kleiner?

Beispiel Barbie: *To inspire the limitless potential in every girl – Das grenzenlose Potenzial in jedem Mädchen inspirieren*

Das ist ein Purpose Statement, das sich nicht künstlich beschränkt – jedes Mädchen –, ohne Gesellschaft oder Planet ins Spiel zu bringen. Was bei den Produkten von Barbie vielleicht auch etwas übertrieben wäre. Schon dieser Purpose zeugt nicht gerade von Bescheidenheit.

Sei sozial!

Das ist die andere Seite eines Purpose Statements. Wenn es darum geht, die Gesellschaft oder das Leben der Menschen oder die Welt zu verändern, dann gehört das in diese Formulierung. Es ist genau der richtige Ort.

Beispiel IKEA: *To create a better everyday life for the many people – Den vielen Menschen einen besseren Alltag schaffen*

IKEA wählt zwar eine eigenwillige Formulierung, »den vielen Menschen«, doch diese betont, dass es wirklich darum geht, jeden mit den skandinavischen Möbeln zu erreichen. IKEA ist nicht der kleine Möbelmarkt nebenan, es ist der Möbelhersteller und -händler für die Welt. Und es geht auch nicht darum, Möbel für besondere Situationen oder Einsatzzwecke zu schaffen, sondern für den Alltag, für das tägliche Leben. Wer dieses Purpose Statement liest, ist sich über Reichweite und Tragkraft des Unternehmens bewusst.

Verändere, wenn nötig!

Ein Purpose Statement ist ein lebendiges Produkt. Wenn es einmal fixiert ist, dann sollte es eine Weile halten. Doch es kommen Zeiten, da macht es zutiefst

Sinn, dieses Statement zu modifizieren. Manchmal geht es nur darum, ein Wort zu ändern, manchmal wird es Zeit für ein ganz neues Set an Wörtern.

Beispiel Patagonia: *Patagonia is in business to save our home planet – Patagonia ist im Business, um unseren Heimatplaneten zu retten.*

Dieses Purpose Statement kommt auf den Punkt, es ist eine starke Aussage und passt perfekt zu den Kaliforniern, die Aktivismus mit Unternehmertum verbinden. Doch dieses Purpose Statement ist neu, vorher hieß es über Jahrzehnte: *Build the best product, cause no unneccesary harm, use business to inspire and implement solutions to the environmental crisis – Erschaffe die besten Produkte, verursache kein unnötiges Leid, nutze Business, um zu inspirieren und Lösungen für die Umweltkrise zu realisieren.*

19 Wörter statt 9 Wörter, eine Reihe von Aussagen anstelle eines klaren Fokuspunktes. Es geht gar nicht darum zu sagen, welches Statement besser ist, sondern zu erkennen, welche Evolutionen möglich sind. Meiner Meinung nach ist das aktuelle Statement überlegen, weil Patagonia als Marke längst etabliert ist und wir wissen, welche Farben der Purpose »Planet retten« bei dem Hersteller von Outdoorbekleidung und -artikeln hat.

Aus der Praxis: Wie lautet dein Leben in einem einzigen Satz?

Eine hervorragende Praxisübung besteht darin, sein Leben in einem einzigen Satz zusammenzufassen. Mal gar nicht an Purpose denken, einfach nur daran, wie dieser Satz wohl lauten würde. Es gibt keine formalen Vorgaben, keine Regeln, nur eine kleine Geschichte, die Sie inspirieren soll.

Im März 1962 schrieb US-Präsident John F. Kennedy einen Brief an Clare Boothe Luce und lud sie zu sich ein. Luce, Journalistin, Diplomatin und Schriftstellerin, nahm die Einladung an und fand sich einige Wochen später im White House auf den Präsidenten wartend. Als Kennedy eintrat, elegant wie immer, sagte er: *»Ich nehme an, Sie haben etwas auf dem Herzen.«*

Luce hatte erwartet, dass das Gespräch in eine ganz andere Richtung laufen würde, dass Kennedy sie um etwas bitten wolle. Sie antwortete direkt: Ja, sie habe etwas auf dem Herzen. *»Jeder große Mann ist ein Satz«*, sagte sie. *»Der Satz von Abraham Lincoln war: Er bewahrte die Union und befreite die Sklaven. Franklin Roosevelts Satz war: Er holte uns aus der Great Depression* *heraus und half uns, einen Weltkrieg zu gewinnen.«* Sie fürchte, dass die Aufmerksamkeit John F. Kennedys ihren Fokus verlieren würde, sodass sein Satz nur eine müde Aufzählung werden würde. Zu viele Themen. So fuhr sie fort: *»Was ich auf dem Herzen habe? Ich frage mich, welcher Satz wird Sie beschreiben, nachdem Sie das Weiße Haus verlassen haben?«*

Wie lautet dieser Satz von JFK? Wir wissen es nicht. Lässt sich sein Leben von seinem gewaltsamen Tod trennen? Die beiden Beispiele der Schriftstellerin sind rückblickend verfasst. Ich halte das für ein wichtiges Element der Übung: sie aus der Zukunft heraus rückblickend zu schreiben. Also eher zu fragen: Was war das, mein Leben? Und sich in der Gegenwart zu fragen: Wofür werde ich wohl erinnert werden? Wofür möchte ich erinnert werden? Und ich bin sicher, es ist genau wie Clare Boothe Luce sagt: Wer zu viele Dinge macht, wird diesen Satz nicht schreiben können. Dieser Satz ist ein Satz, der fokussiert, alles verdichtet auf wenige Worte. Und die Beispiele zeigen auch, dass diese wenigen Worte direkt vom Impact handeln, von den tatsächlichen Spuren, zugleich indirekt vom Purpose – worum es Lincoln und Roosevelt wirklich ging, ihr Anliegen, ihre raison d'être.

Lassen Sie sich Zeit für diesen Satz. Schreiben Sie ihn vielleicht auf ein Blatt Papier, das auf dem Schreibtisch oder Küchentisch liegt, auf das Sie immer wieder sehen und das Sie leicht überarbeiten können. Irgendwann wird es nichts mehr zu überarbeiten geben – und dann wissen Sie auch, wie Ihr Leben laufen wird.

Take-away

Ein herausragendes Purpose Statement zu schreiben gleicht mehr einer künstlerischen Tätigkeit als einem mechanischen Verfahren. Idealerweise entsteht es in agiler Form nach dem Muster des Lean Storytellings. Es gibt zehn Dimensionen, die für die Formulierung relevant sind – zum Beispiel Emotionalität, Spannung oder Authentizität.

Von sozialen Bewegungen lernen
Ihre starke Purpose Story à la Barack Obama erzählen

Marshall Ganz erzählt vom Wahlkampf Barack Obamas, den er als Grassroots-Bewegung organisiert hat. Die Menschen, die mitmachen wollten, kamen und fragten nach Details über Obama, die sie weitererzählen könnten. Ja, werdet ihr erfahren, erklärte er, doch wichtiger ist, dass ihr eure Geschichte erzählen könnt, dass ihr von eurem Warum berichtet, und zwar nicht als hohle Phrase, sondern als gelebtes Leben, und dann verbindet sich euer Purpose mit dem Obamas und schließlich mit unser Idee von Amerika. Mein Leben, fragten die Leute erstaunt zurück, was spielt denn das für eine Rolle? Ich bin doch hier, um Obama zu unterstützen. Und das tust du, erklärt Ganz, indem du dich auf deine Identität und deine Werte besinnst und davon in Form von Geschichten erzählst. So werden andere sie hören, verstehen, fühlen und sich mit dir verbinden, so wie du dich mit ihnen verbindest. Ihr werdet eine Bewegung.[112]

Der Harvard-Professor Marshall Ganz ist Spezialist für Leadership in sozialen Bewegungen. Er hat mit Barack Obama gearbeitet, aber nicht als Berater, sondern als Macher. Er hat auch lange mit César Chávez gearbeitet, dem Gründer der amerikanischen Landarbeitergewerkschaft, dessen Claim »*Si, se puede*« bei Obama zu »*Yes we can*« wurde und später bei Angela Merkel zu »*Wir schaffen das*«. Ganz sagt:

»Soziale Bewegungen entstehen als ein Resultat der Anstrengungen purposevoller Handelnder (Individuen sowie Organisationen), um neue öffentliche Werte durchzusetzen, um neue Beziehungen zu gestalten, die in diesen Werten verwurzelt sind und die schließlich politische, ökonomische und kulturelle Kräfte mobilisieren, um die Werte in Aktionen zu übersetzen.«[113]

Ganz hat ein System entwickelt, um in sozialen Bewegungen Führungsrollen zu übernehmen. Im Zentrum dieses Systems steht die Frage nach dem Warum und dessen Ausdruck in der *Public Narrative*, der öffentlichen Erzählung (siehe **Abbildung 30**).

---

112 Marshall Ganz: Leading Change. Leadership, Organisation, and Social Movements. Download: *https://www.researchgate.net/publication/266883943_Leading_Change_Leadership_Organization_and_Social_Movements*

113 Ebd., S.1.

Die Public Narrative nach Marshall Ganz

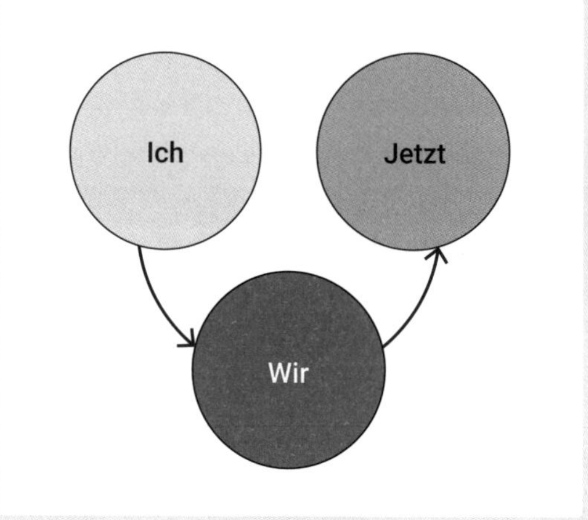

30 *Public Narrative nach Marshall Ganz. Um Menschen mitzunehmen, brauchen wir drei Storys: die Story of Self, die Story of Us, die Story of Now*

Dieses Modell sollte jeder kennen, der in einem Umfeld wirken will, das nach einem Sinn trachtet, ganz einfach deshalb, weil es immer wichtiger wird, Menschen mitzunehmen, sie von Dingen zu überzeugen, die Ihnen am Herzen liegen. Es geht darum, mit Ihnen zu fühlen, an etwas Gemeinsames zu glauben und es schließlich auch zu tun. Dafür ist Storytelling wichtig, und zwar eines, das ohne jedwede Form von Manipulation auf Nähe ausgerichtet ist und so Barrieren überwindet (siehe **Abbildung 31**).

Auch wenn Ganz seine Public Narrative, die er an der Harvard-Universität lehrt, sozialen Bewegungen zuordnet, so lässt sie sich, davon bin ich überzeugt, ebenso in Unternehmen einsetzen, die Purpose-getrieben sind. Dort wird sie dafür sorgen, dass Menschen mitgehen, ohne dass irgendeiner irgendjemandem etwas zu befehlen versucht. Autorität basiert nicht auf wirtschaftlicher oder politischer Macht, sondern auf moralischer Überzeugungskraft. Unternehmen werden, wie das Beispiel Patagonia zeigt, zu Bewegungen.

Was ist die Public Narrative? Es ist einfaches Modell, das davon ausgeht, dass Sie in einem Vortrag oder Gespräch, in dem Sie Menschen für sich und Ihre Ideen gewinnen wollen, über konkrete Inhalte hinaus auch Werte und Überzeugungen teilen, dass Sie Ihren Purpose erzählen – warum und zu welchem Zweck Sie für etwas einstehen. Dafür sind drei Geschichten zu erzählen: die *Story of Self*, die *Story of Us* und die *Story of Now*. Es geht nicht darum zu sagen: Ich will die Welt gerechter machen. Das kann jeder behaupten – und wir erleben täglich, dass es auch viele tun und mit Fake Purposes, Fake Missions oder Fake Visions operieren. Nein, so geht es nicht. Das, wofür Sie stehen, offenbart sich nach den Erfahrungen von Ganz in Ihrer Story. Denn diese ist ehrlich und emotional und berührt auf diese Weise andere Menschen. Sie zeigt Sie verletzlich und angreifbar.

Professor Ganz erläutert: »*Wir interpretieren die Welt im analytischen und im narrativen Mode [...] Wenn wir in Betracht ziehen, einer Herausforderung mit zielgerichteten Taten zu begegnen, stellen wir uns zwei Fragen: warum und wie? Analytisches Denken hilft uns mit der Wie-Frage – wie wir Ressourcen effizient nutzen, wie wir Chancen aufspüren, wie wir Kosten vergleichen und so weiter. Doch um die Warum-Frage zu beantworten – warum ist das wichtig, warum sollen wir uns dafür interessieren, warum bewerten wir ein Ziel höher als ein andres – wählen wir die erzählerische Form.*«[114]

114 Ebd., S. 8.

In dieser Form erzählen wir von Entscheidungen, wir stellen uns unser Leben als eine Reihe von Weggabelungen vor, wie in dem berühmten Gedicht von Robert Frost »The Road not taken« oder in dem Film »Matrix«, in dem die Hauptfigur Neo zwischen der roten und der blauen Pille wählen muss. Indem wir von unserer Wahl und unserem Weg, von unserer Reise erzählen, entstehen Emotionen, die bei den Zuhörern oder Zuschauern wiederum zur Überwindung von Blockaden führen, etwa Angst oder Trägheit. Die gute, wahrhaftige, tiefe Erzählung reißt uns mit.

Storys sind der einzige Weg, tief zu berühren. Ihre Moral und ihre Kraft liegen im emotionalen Verstehen. Dahin gibt es keine Abkürzung. Was passiert denn, wenn ich die blaue Pille genommen habe? Wer bin ich in dieser neuen Welt der Matrix, was bestimmt mich, wie gestalte ich diese Welt? Das ist das, was Menschen interessiert. Ganz schreibt: *»Der Umgang mit dem Unerwarteten definiert das Gewebe unseres Lebens. Es gibt keine Tickets mehr im Kino. Du verlierst deinen Job. Deine Hochzeit steht auf der Kippe zur Trennung. Wir lernen ständig, wie wir mit Ungewissheit umgehen und die beste Quelle, das zu lernen, sind andere Menschen.«*[115]

Nun zu den drei Elementen der Public Narrative. Die eigene Geschichte ist eine von den drei Storys, die nötig sind, um Menschen mitzunehmen, Ganz nennt sie die Story of Self. Darüber hinaus benötigen Sie aber noch eine Story of Us, das ist eine Geschichte, die Sie mit der Gemeinschaft verbindet, an die Sie andocken wollen. Schließlich ist noch eine dritte Geschichte zu erzählen, die Story of Now. Sie sorgt dafür, dass ein ganz konkretes Ziel genannt wird, für das es sich in diesem Moment lohnt, einzutreten. Dieses Ziel ist selbstverständlich eng mit den beiden anderen Storys verknüpft.

Es mag für Sie an dieser Stelle unvorstellbar klingen, dieses Modell anzuwenden. So ist es häufig in meinen Workshops, intuitiv schrecken die Teilnehmer davor zurück, ihren Purpose auf diese Art zu offenbaren und sich verletzlich zu zeigen. Wenn sie es dann aber wagen, lauschen alle gebannt – und die Auflösung hat etwas Magisches, bewirkt Lachen, Schmunzeln, auch Tränen. Ganz sicher verankert sich so eine Public Narrative in der Erinnerung und sie knüpft ein starkes Band zu den Erzählenden.

---

115 Ebd., S. 12.

Die emotionale Wirkung der Public Narrative

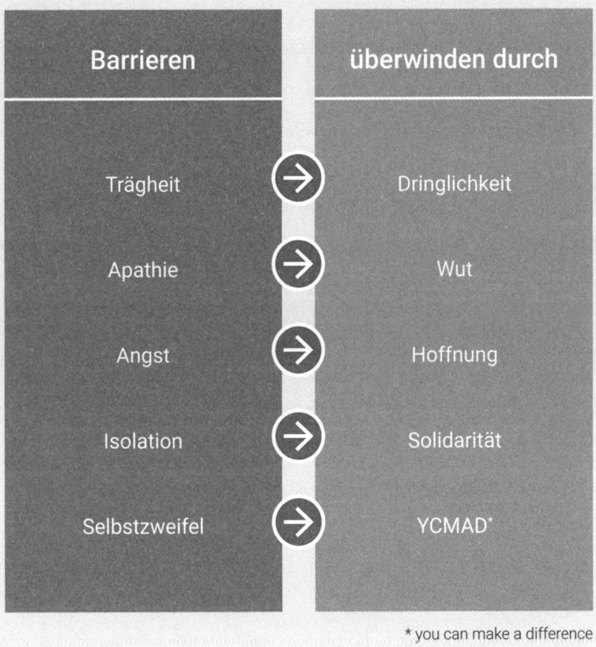

31 *You can make a difference! Wie die Public Narrative emotionale Barrieren überwindet.*

Ein Beispiel für die Public Narrative ist der Vortrag »The Audacity of Hope – Die Kühnheit der Hoffnung«, von Barack Obama aus dem Juli 2004. Zu dieser Zeit war er noch Senator und Obamas Ziel bestand darin, John Kerry, den Präsidentschaftskandidaten der Demokraten, zu promoten.[116]

Die Story of Self

Die Story of Self stellt Ihre persönliche Geschichte in den Mittelpunkt. Sie erzählt, warum Sie tun, was Sie tun, warum Sie etwas anstreben, was Sie anstreben. Warum dieses Thema, diese Aufgabe, diese Ziele? Diese Story zeigt Sie an Weggabelungen Ihres Lebens (zumindest an einer) und erlaubt den Zuhörern zu verstehen, warum Sie sich wofür entschieden haben und was die Resultate waren. Jeder hat so eine Story zu erzählen. Sie handelt von Wurzeln, Wendepunkten, Werten.[117] Denn diese offenbaren am tiefsten, wer wir sind, sagt Marshall Ganz.

Barack Obama: The Audacity of Hope

Obama erzählt in dem Vortrag von seinen Wurzeln, von seinen Eltern und Großeltern. Sein Vater war ein Ziegenhirte in einem kleinen Dorf in Kenia, doch dessen Vater hatte größere Pläne für seinen Sohn: Er sollte in den USA studieren. Seine Mutter wuchs in Kansas auf und auch ihre Eltern hatten große Träume für ihre Tochter. Diese Träume galten auch für Barack – er sollte auf die besten Schulen gehen und an den besten Universitäten studieren, obwohl sie nicht reich waren. Amerika würde das ermöglichen. Und so war es auch. Obama sagt: *»Heute stehe ich hier, dankbar für die Diversität meiner Herkunft, und ich bin mir bewusst darüber, dass die Träume meiner Eltern in meinen zwei kostbaren Töchtern weiterleben.«*[118]

---

116 Die Abschrift der Rede findet sich in dem zitierten Aufsatz von Marshall Ganz.

117 Um diese Story zu erzählen, helfen verschiedene Erzählmodelle, die ich im Rahmen von »That's me!« leider nicht vorstellen kann. Wer hier tiefer einsteigen möchte, dem empfehle ich ein Buch über Storytelling. Für Fortgeschrittene »Story« von Robert McKee, für Einsteiger und Fortgeschrittene »Tell me! Wie Sie mit Storytelling überzeugen« von mir.

118 Ebd., S. 37.

Die Story of Us

Wir alle leben in vielen »Uns-Welten« – Familie, Firma, Bewegungen, Nationen –, in denen wir mit anderen agieren. Diese Geschichte erzählt davon, welche Bestimmung, Ziele, Visionen eine Community oder eine Organisation hat. Diese Story lädt jeden Zuhörer, Leser oder Zuschauer dazu ein, Teil des Ganzen zu sein und bereit zu sein für die Story of now. Während das Schlüsselwort der Story of Self »Ich« ist, ist das Schlüsselwort der Story of Us »Wir«.

Barack Obama: The Audacity of Hope

Obama spricht die Zuhörer als Amerikaner an, als Menschen einer Gemeinschaft, die Storys wie seine ermöglichen: *»Ich stehe hier und weiß, dass meine Story Teil der größeren amerikanischen Story ist, ich weiß, dass ich allen etwas schulde, die vor mir kamen, und dass meine Story in keinem anderen Land der Welt möglich wäre.«*[119]

Er zitiert die amerikanische Verfassung als den Dreh- und Angelpunkt der Story of us und betont, dass der Genius ihres Landes darin liege, dass es an die Verwirklichung von Träumen glaube.

Die Story of Now

Die Story of Now erzählt im Grunde vom Call-to-Action. Da ist eine Herausforderung, vor der die Community oder Organisation steht. Und diese Story fordert dazu auf, nicht zu warten, sondern diese anzugehen. Die Zeit läuft, Dinge sind zu tun, lasst uns loslegen! Das sind typische Formulierungen, die sich in der Story of Now finden. Die Story hat tiefe Wurzeln in der Story of Self und in der Story of Us und steht eben den Werten gegenüber, die schnelles und beherztes Handeln nötig machen.

Barack Obama: The Audacity of Hope

Obama erklärt, dass jeder in der Wahl seine Werte und Überzeugungen erneut bekräftigen muss. *»Wir haben mehr zu tun [...]«*, sagt er und erinnert an Arbeiter,

---

119 Ebd.

die er in Galesburg getroffen hat, die ihre Jobs verloren haben, den Vater, der nicht weiß, wie er die Medikamente für seinen kranken Sohn bezahlen soll. Er spricht von den jungen Frauen in East St. Louis, die die Noten, die Energie, den Willen haben zu studieren, doch nicht das Geld. Er sagt, diese Menschen erwarteten nicht, dass die Regierung all ihre Probleme löse, *»doch sie fühlen tief in sich, dass mit einer kleinen Änderung der Prioritäten sichergestellt werden könnte, dass jedes Kind in den USA eine faire Chance im Leben hätte und die Türen der Möglichkeiten offen wären für alle.«*[120] Erst dann kommt er auf den Punkt: Wählt John Kerry, denn er verkörpert das Beste, das dieses Land zu bieten hat.

In dieser Rede sind alle Elemente der Public Narrative vorbildlich vereint. Obama erzählt von seinem Warum, das er aus den Träumen seiner Eltern und Großeltern ableitet. Er erzählt von einem Amerika, das auf den Ideen der Autoren der Verfassung ruht: der Freiheit, Gleichheit und dem Recht auf das Streben nach Glück. Ideen, die alle verbinden. Und schließlich sagt er, was zu tun wäre. Seine Rede ist sehr ausgewogen, es gibt allerdings auch Reden von Obama mit anderen Schwerpunkten. Da ist fast alles Story of Self, und auch das funktioniert – eben weil die Erzählung des Purpose das Entscheidende ist.

Entscheidend ist ein Gefühl dafür, wie wichtig die eigene Person und der eigene Purpose sind, wenn wir höhere Ziele verfolgen. Wir sollten niemals denken, ich bin zu unwichtig. Im Gegenteil: Ohne eine/Ihre Geschichte funktioniert weder eine soziale Bewegung noch ein Unternehmen, das Purpose in den Mittelpunkt stellt.

Schließlich sollten wir nicht vergessen, dass das Fehlen unserer Geschichte andere dazu ermuntern könnte und wahrscheinlich auch ermuntern wird, diese aus ihrer Sicht zu erzählen, nicht weil sie uns feindlich gesonnen sind, sondern weil sie versuchen, Sinn zu konstruieren. Das kann zu Deutungen führen, die uns nicht gefallen. Somit scheint es mir auf jeden Fall klüger, seine Geschichte selbst zu erzählen und damit auch keinen Zweifel am eigenen Purpose und dessen Echtheit zu lassen. Dazu die eigene Version der Geschichte der Gemeinschaft, in der wir uns sehen, sowie die Geschichte dessen, was unsere Meinung nach aktuell getan werden sollte, um die Welt zu verbessern.

120 Ebd., S. 38.

Take-away

Die Public Narrative ist ein starkes Framework, um den eigenen Purpose in den Dienst einer Sache zu stellen und Menschen emotional mitzunehmen. Sie fordert dazu auf, dass wir uns als verletzliche Menschen zu erkennen geben, um andere Menschen zu berühren und mitzunehmen. Die drei Elemente der Public Narrative sind die Story of Self (Purpose), die Story of us (Gemeinschaft) und die Story of now (Dringlichkeit). So lernen wir von sozialen Bewegungen und deren Fähigkeit, ihr Anliegen und ihre Werte in neuen Storys zu erzählen.

Ich werde danach streben, weltweit nachhaltigen Wohlstand zu schaffen

Wir schreiben ein Manifest

In einer Umfrage unter Studenten der Harvard Business School gaben 56% zu, dass sie regelmäßig schummeln. Wenige Jahre später blickten angesichts der Finanzkrise einige Harvard-Studentinnen und -Studenten in den Spiegel und fragten sich, ob sie vielleicht nicht Teil der Lösung, sondern das Problem wären. Die Menschen, die sie gern sein wollten, waren auf einmal keine strahlenden Helden mehr, sondern die Bösen – gierig, rücksichtlos, manipulativ. Die Schummler zu Business-School-Zeiten hatten die Finanzwelt an den Abgrund manövriert. Das war im Jahr 2009. Was sollten sie tun, nicht nur für sich selbst, sondern auch für kommende Generationen? Wie könnten sie erreichen, dass zukünftig MBAs einen anderen Geist verkörpern?

So setzten sich 25 Studenten mit zwei Professoren zusammen und schrieben den »MBA-Eid«, eine Art hippokratischer Eid für Absolventen von Business Schools, ein Code of Conduct, ein Manifest. Und dieser Eid zeigt eine ganz klare Richtung auf – es geht nicht um die Maximierung von Profit, sondern um die

Maximierung von Purpose. Noch im gleichen Jahr unterzeichnete die Hälfte der insgesamt 900 Absolventen diesen Eid. Obwohl sich der Eid nicht wie ein hippokratischer Eid durchgesetzt hat, hat er nicht nur in Business Schools Diskussionen und Variationen rund um den Globus angestoßen. Hier ist der Wortlaut der kürzeren Fassung:

»Der MBA-Eid.

In meiner Funktion als Manager diene ich in erster Linie dem gesellschaftlichen Gemeinwohl. Durch die Verknüpfung von Menschen und Ressourcen schafft ein Manager gemeinschaftliche Werte, die von einzelnen Individuen nicht hätten erbracht werden können.

Deshalb werde ich einen Weg einschlagen, der langfristig den gesellschaftlichen Nutzen meines Unternehmens steigert. Mir ist bewusst, dass meine Handlungen weitreichende Konsequenzen haben können, die sich sofort und in der Zukunft auf das Wohlbefinden von sowohl unternehmensinternen als auch -externen Personen auswirken können. Da ich als Manager zukünftig die Interessen verschiedener Seiten vereinbaren muss, ist mir bewusst, dass mir schwierige Entscheidungen bevorstehen.

Deshalb gelobe ich:

1. *Ich werde stets mit größter Rechtschaffenheit handeln und in meiner Arbeitsweise ethischen Prinzipien treu bleiben.*
2. *Ich werde die Interessen meiner Aktionäre, Mitarbeiter, Kunden und des Unternehmensumfeldes sichern.*
3. *Ich werde mein Unternehmen nach bestem Gewissen führen und mich vor Entscheidungen und Verhalten hüten, die lediglich meinen eigenen egoistischen Zielen dienlich sind, aber dem Unternehmen und seinen Mitarbeitern Schaden zufügen.*
4. *Ich werde alle Gesetze und Verträge einhalten, die mein persönliches Verhalten und das meines Unternehmens betreffen.*
5. *Ich übernehme volle Verantwortung für meine Handlungen und präsentiere Unternehmensleistungen und Unternehmensrisiken akkurat und wahrheitsgerecht.*
6. *Ich werde mich selbst beruflich weiterentwickeln und auch die berufliche Entwicklung mir unterstellter Manager fördern, damit meine Profession weiterwächst.*
7. *Ich werde danach streben, weltweit nachhaltigen, ökonomischen, sozialen und ökologischen Wohlstand zu schaffen.*

8. *Ich erkenne meine Rechenschaftspflicht gegenüber anderen MBA-Absolventen an, nach diesem Eid zu handeln, und erkenne ihre Verantwortung mir gegenüber an, selbiges zu tun.*
9. *Diesen Eid lege ich freiwillig ab.«*[121]

Ein Eid ist eine starke Form der Verbindlichkeit, generell und im Business-Kontext, der hinreichend anders als die Ärzteschaft operiert, sowieso. Zu stark für die Welt der Manager – noch. Das mindert den Wert der Aktion der Harvard-Studenten in keiner Weise. Ihr Eid hat Wellen geschlagen und dem Thema Purpose und Management Nachdruck verliehen. Es gibt eine Textform, die ebenso revolutionär, doch weniger allverbindlich daherkommt, das Manifest. Ich halte es für eine großartige Form, einer Bewegung, einem Netzwerk, einer Gruppe, einem Unternehmen oder auch sich selbst über das eigene Vorhaben schriftlich Klarheit zu verschaffen. Schauen wir uns einige Beispiele an, um uns inspirieren zu lassen!

Die Welt der Manifeste ist bunt. Ursprünglich ging es um öffentliche Erklärungen von Zielen, Absichten, Werten und Purpose, meist politischer Natur. Das berühmteste Beispiel ist das »Manifest der kommunistischen Partei« (1847) von Karl Marx und Friedrich Engels, das mit dem legendären Satz beginnt: *»Ein Gespenst geht um in Europa – das Gespenst des Kommunismus.«*

Während moderne Manifeste eher knapp formuliert sind, nehmen sich Marx und Engels 35 Seiten.

Hier noch eine knappe, thesenartige Version, das »Agile Manifesto« (2001) aus der Softwareentwicklung:

»Wir erschließen bessere Wege, Software zu entwickeln, indem wir es selbst tun und anderen dabei helfen. Durch diese Tätigkeit haben wir diese Werte zu schätzen gelernt:

1. *Individuen und Interaktionen mehr als Prozesse und Werkzeuge*
2. *Funktionierende Software mehr als umfassende Dokumentation*
3. *Zusammenarbeit mit dem Kunden mehr als Vertragsverhandlung*
4. *Reagieren auf Veränderung mehr als das Befolgen eines Plans*

121 Der MBA-Eid – Kurz- und Langfassung: *https://careermee.wordpress.com/2009/06/23/the-mba-oath-german-translation/*

Das heißt, obwohl wir die Werte auf der rechten Seite wichtig finden, schätzen wir die Werte auf der linken Seite höher ein.«[122]

Was mich an diesem Manifest beeindruckt, ist die absolute Klarheit der Prinzipien. Sie sind leicht zu erinnern, und somit haben sie auch eine erheblich größere Chance, wirklich beachtet zu werden, denn wer heftet sich ein Manifest an die Magnetwand und liest es immer wieder? Wer kann sich acht oder zehn Punkte so merken, dass sie jederzeit Entscheidungen steuern? Obwohl ich eine gewisse Detailgenauigkeit für eine sehr gute Idee halte, würde ich nicht von dieser Art Nutzung ausgehen. Will ich vor allem meinen eigenen Standpunkt verorten und das Manifest für mich nutzen, ist jede Länge gut. Will ich viele Menschen erreichen, gilt die Regel: Wer sich nicht kurzfasst, wird weder gelesen noch genutzt.

Das »Davos Manifest 2020« beschreibt *»die universelle Aufgabe eines Unternehmens in der Vierten Industriellen Revolution«*[123], sein Verfasser ist Klaus Schwab, Gründer und Vorsitzender des World Economic Forums. Der Text ist unbedingt lesenswert, doch etwas zu ausführlich, um ihn hier komplett zu zitieren, daher nur eine gekürzte Version der Paragrafen A und B, um ein Gefühl für Inhalt und Tonfall des Textes zu bekommen:

»Es ist die Aufgabe eines Unternehmens, alle Interessengruppen in die gemeinsame und nachhaltige Wertschöpfung einzubeziehen. Dabei dient ein Unternehmen nicht nur seinen Aktionären, sondern allen Interessengruppen – Mitarbeitern, Kunden, Lieferanten, dem lokalen Gemeinwesen und der Gesellschaft als Ganzem [...] Ein Unternehmen ist mehr als eine Wirtschaftseinheit, die Wohlstand schafft. Es erfüllt menschliche und gesellschaftliche Bestrebungen als Teil des weiter gefassten Sozialsystems. Die Leistung muss nicht nur an der Aktionärsrendite gemessen werden, sondern auch daran, wie es seine Ziele in den Bereichen Umwelt, Soziales und Good Governance erreicht.«[124]

Der Text macht dort weiter, wo der MBA-Eid aufhört. Er beschwört eine Welt der Unternehmen, die ihrem Purpose folgend nicht nur (doppelt betont) ihren Aktionären, sondern der Gemeinschaft dienen und im besten Interesse einer globalen Zukunft handeln.

Wenn ich Menschen coache, dann bitte ich sie manchmal, ein Manifest für sich oder ihr Unternehmen zu schreiben. Häufig geht es darum, sich abzugrenzen.

122 Agile Manifesto: *https://de.wikipedia.org/wiki/Agile_Softwareentwicklung#Werte*

123 Davos Manifest 2020: *https://es.weforum.org/agenda/2020/01/das-davos-manifest-2020-die-universelle-aufgabe-eines-unternehmens-in-der-vierten-industriellen-revolution/*

124 Ebd.

Wofür stehen Sie, wofür nicht? Welchen Grundsätzen folgen Sie, welchen Werten? Was ist Ihr übergeordneter Purpose? Ich rate dazu, so ein Manifest ganz einfach in durchnummerierten Sätzen festzuhalten – eine Aufzählung ohne eine zweite Ebene, nur keine Komplexität.

Wobei hilft Ihnen das Manifest? Es hält fest, wohin Sie gehören oder gehören wollen. Es ist eine alternative Form zum Golden Circle oder zu Wertetabellen, und es ist eine aktivere Darstellung, die auch einen Willen bekundet, einen Willen, etwas zu verändern in dieser Welt, Spuren zu hinterlassen.

Aus der Praxis: Ein persönliches Manifest schreiben

Gibt es eine konkrete Schreibanleitung für Manifeste? Nein. Wer »Manifest« googelt, findet die verschiedensten Formen und lässt sich am besten inspirieren. Kopieren ist der Anfang vieler kreativer Prozesse, daher möchte ich Ihnen raten, sich einfach an dem Manifest zu orientieren, das Sie am meisten berührt, ganz gleich aus welchem Bereich.

Mir gefällt zum Beispiel am DOGMA-95-Manifest der dänischen Filmregisseure Lars von Trier und Thomas Vinterberg seine Einfachheit und Praxisnähe. Es enthält im Wesentlichen Anweisungen, die den Rahmen skizzieren, wie ein Film im neuen Stil zu drehen ist. Das ist gut, der Leser steht nicht im Wortnebel, worin eine Gefahr beim Schreiben von Manifesten liegt, sie zu vage zu formulieren. Doch enthält DOGMA 95 zu viele Verbote (zum Beispiel »Spezialeffekte und Filter sind verboten« oder »Es darf sich um keinen Genrefilm handeln«), Formulierungen sollten meines Empfindens nach positiv sein. So wirken sie viel stärker. Außerdem fehlen dem DOGMA-Text das Warum und Wozu, also ein Rahmen. Ein Manifest benötigt meiner Meinung nach Sätze, die ihm Tiefe verleihen, die Ihren Purpose beschreiben und ein Bild der Welt zeichnen. Das finde ich beim MBA-Eid. Oder, von einer höheren Warte aus betrachtet, beim Davos-Manifest. Ja, und schließlich würde ich mir für die Sprachmacht bei Marx und Engels Inspiration holen. Während heutige Texte leider oft eher hohl klingen, geht es hier sprachlich zur Sache.

Der Prozess des Schreibens ist ein Tasten, ein Lesen und Wiederlesen, ein Dialog mit denen, die von außen darauf blicken. Doch das Ziel ist klar: Ihre Absichtserklärung. Und zwar so formuliert, dass sie für andere, die Sie auf Ihre Reise mitnehmen möchten, anschlussfähig ist. Dass die Leser sagen: Ja, stimmt, finde ich auch. Und wenn Sie Ihr Manifest nur für sich selbst schreiben, dann sagen Sie das zu sich selbst. Sie sollten nicken und lächeln beim Lesen Ihres Manifests, dann haben Sie alles richtig gemacht.

Wie sieht der Prozess für Unternehmen oder Bewegungen aus? Hier gibt es ein Dilemma: Ein Text, der von einer Person geschrieben ist, findet selten bei allen Zustimmung. Ein Text, der von allen geschrieben wird, ist dagegen ein schwieriger Prozess. Ich schlage ein Autorenteam vor, dem die Mitarbeiter Vertrauen entgegenbringen. Dessen Entwürfe werden von allen diskutiert und mit Anmerkungen versehen. So geht es von Version zu Version in dem Wissen, dass jeder Text vorläufig ist. Irgendwann würde ich einen Punkt machen und sagen: Verbindlichkeit ist manchmal besser als Perfektion. Der Text bleibt stehen. Er ist ab jetzt verbindlich.

Take-away

Ein Manifest gibt zu erkennen, wohin man gehört – als Person, als Gruppe, als Netzwerk, als Unternehmen. Es gibt in einfachster Form, meist in einer Aufzählung wichtiger Punkte, Auskunft über das Vorhaben, die Intention, die Werte, den Purpose, vielleicht auch über ganz konkrete Maßnahmen. Das Manifest ist keine weit verbreitete Textform in der Wirtschaft, doch Inspiration findet sich vor allem in der Politik, der Kunst oder einem Eid für Manager, aufgesetzt von Harvard-Studenten.

Was wäre, wenn …?

Wie Sie sich zum Erfolg träumen

Der Autor Stephen King beginnt das Schreiben seiner Romane nicht mit einem detaillierten Plan, den er zuvor ausgearbeitet hat, sondern mit einer fesselnden Ausgangssituation. Alles andere wird sich entwickeln, sagt er. Diese Ausgangssituation beschreibt King wie ein Szenario: Was wäre, wenn …? Was wäre, wenn

Vampire in ein kleines Dorf in Neuengland einfielen? Was wäre, wenn eine junge Mutter mit ihrem Sohn in einem liegen gebliebenen Wagen von einem tollwütigen Hund bedroht würde? Und los geht's!

Übertragen wir dieses Vorgehen auf unser Leben und formulieren eine Frage, die unser lächelndes Gesicht im Spiegel zeigt: Was wäre, wenn Sie sich über Geld keine Gedanken machen müssten? Wie würde Ihre Arbeit aussehen? Welchem Purpose würde sie dienen?

Wozu soll das gut sein, fragen Sie? Es soll unser Denken von der Fixierung auf Geld lösen, auch wenn mir natürlich bewusst ist, dass wir alle von etwas leben müssen. Betrachten wir trotzdem unser Leben als einen Roman, den wir neu schreiben können.

Der Purpose-Experte Joey Reiman erzählt, dass er seit zehn Jahren MBA-Studenten, die er unterrichtet, fragt, was diese nach ihrem Abschluss tun wollen.[125] Übliche Antworten sind: bei einer Investmentbank einsteigen oder bei Boston Consulting anfangen. Er sammelt die Antworten an der Tafel. Dann schreibt er jedem Studenten einen Scheck über 25 Millionen US-Dollar von der Bank der Träume aus und fragt noch einmal. Die gleichen Studentinnen und Studenten geben nun ganz andere Antworten: Profigolfer, sagen sie, eine Schule in Sri-Lanka eröffnen, ein Rehab-Center auf Hawaii einrichten, um Drogenabhängige zu kurieren, indem diese surfen lernen. Reiman bittet alle, ihre Handys herauszuholen und Fotos von ihren Träumen zu machen.

Was wäre, wenn ... ist ein mächtiges Gedankenexperiment, doch ich bin sicher, viele von Ihnen sind noch nicht überzeugt, denken vielleicht, als ich jung war, damals, im Studium, da wäre das eine gute Frage gewesen. Oder lieber noch davor, damit das Studium gleich in die richtige Richtung geht. Doch jetzt, mit all den Verpflichtungen, scheinen alle Züge in ein anderes Leben abgefahren. Da würde ich widersprechen.

Im Juli 2014 studierte ich mit Führungskräften aus aller Welt einen Monat Leadership an der französischen Business School INSEAD, ich habe es bereits erwähnt. Auf der Agenda des AMP[126] (Advanced Management Program) standen diverse Leadership-Themen: Coaching, Netzwerke bauen und High-Performance-

---

125 Joey Reiman: Purpose. The path to creating a brighter brand, a greater company, and a lasting legacy, S. 196.

126 *https://www.insead.edu/executive-education/general-management/advanced-management-programme*

Organisationen, Verhandeln etc. Aber es ging auf dieser Lernreise ebenso um Werte, Visionen und Träume. Die Session »Dreaming & Visioning« machten wir unter der Leitung des französischen Freeclimbers, Entscheidungsforschers und Professors Marc Le Menestrel. Letztlich ging es darum, seinen eigenen Weg jenseits von Business-Plänen und Strategien zum Erfolg zu »träumen«.

Das Zielbild, das wir auf einem Vision Sheet festhielten, war sehr einfach gehalten: im Zentrum die Träume und um sie herum eine Reihe praktischer Ziele, also Aspekte der Realisation der Träume. Dorthin führten ausgehend von den persönlichen Werten praktische Schritte. Mehr war das nicht. Es gab noch Raum für Unterstützer und Herausforderungen, nur um ein Gefühl für Weggefährten und Roadblocks zu bekommen. In der Sprache von »That's me!« würde ich sagen, Purpose stand riesengroß im Raum, ohne erwähnt zu werden.

Kaum eine Session in den vier Wochen am INSEAD hat die Teilnehmer so nachhaltig berührt und so viele Gespräche und Gedanken ausgelöst wie diese. Wir alle begannen noch einmal ganz grundsätzlich nachzudenken, losgelöst von kurzfristigen Erfolgen und aktuellen Herausforderungen. Wir gewannen zugleich Abstand zum Tagesgeschäft und Nähe zu uns selbst. Das Träumen war so etwas wie eine geführte Meditation zu unserem Warum.

Menestrel erklärte uns, dass Träume mit der Quelle unserer Motivation verbunden seien, mit dem, was für uns wirklich zähle. Wovon träumen wir? Welche Geschichte erzählen wir von uns, wenn wir im Alter auf unser Leben zurückblicken? Was werden wir bewirkt haben? Was können wir erreichen, wenn wir unser volles Potenzial entfalten? Was ist unser größter Schatz? Das komplexe Netz der Entscheidungsfindung braucht nicht nur mathematische Intelligenz, sondern auch die nicht kognitiven Teile unserer Persönlichkeit. Und es geht darum, diese beiden miteinander zu verbinden. *»Das ist sehr wirkungsvoll und häufig auch ein Tipping Point für Menschen«*, erläutert er in einem Artikel.[127]

Tatsächlich ändern Menschen nach so einer Session ihr Leben. Ich gehöre dazu. »Dreaming & Visioning« war das Ende eines langen Prozesses, den ich meinen Werten, meinem Purpose, meinem zukünftigen Leben gewidmet hatte. Darauf folgte meine Entscheidung, Autor zu werden und einem anderen Lebensentwurf zu folgen, der mich glücklich macht und mir ermöglicht, Menschen durch

---

127 Marc Le Menestrel: Dream your way to success. INSEAD Knowledge: Juli 2012: *https://knowledge.insead.edu/leadership-organisations/dream-your-way-to-success-483?vid=466*

meine Bücher viel direkter zu berühren und zu bewegen als in meiner Managertätigkeit. Menestrel sagt: *»Wir brauchen die Träume, um bessere Entscheidungen zu treffen.«*[128] Punkt.

Das kann ich bestätigen. Doch auch das fiel nicht nur mir auf: Die Träume/Visionen/Meditationen bringen mich auch nicht auf ganz neue Gedanken. Vielleicht ist es so: Diese eher intuitive Beschäftigung bewirkt, dass ich mir mein Leben in der Zukunft bildhafter vorstelle, es ausmale, dessen positive Wirkung verstärke. So ist die Entscheidung, die sowohl im wachen als auch im träumenden Zustand vorbereitet wurde, klarer, deutlicher, definitiver. Nicht nur verbunden mit einem Purpose, sondern auch mit den Spuren, die ich auf dessen Basis hinterlassen haben werde.

Ein Hinweis zum Schluss: Je nachdem, wie tief Sie in dieses Thema einsteigen wollen, empfehle ich einen Experten für Visioning und ähnliche Methoden, die sich stärker über die intuitive Seite dem Warum nähern.

Purpose als intuitive Reise

Die Idee des Purpose Quests besteht darin, dass sich eine Gruppe auf eine Reise begibt, um Antworten auf die Fragen nach dem Warum und Wozu zu finden. Man geht in ein Seminarhotel, nimmt sich 3 bis 5 Tage Zeit und spürt dem Purpose nach. Die Idee ist, weniger rational an die Sache heranzugehen als im Unternehmen und Purpose stärker zu fühlen. Dafür baut man Wände des Gestern, des Heute, des Morgen, sodass alle mit dem großen Bild vertraut sind. Es folgen Spaziergänge, um die Intuition zu beflügeln; die Teilnehmer sind angehalten, die Welt, die sie wahrnehmen, auch symbolisch zu deuten. Die Erfahrungen werden in Gruppen geteilt, die langsam wachsen, zum Beispiel Zweiergruppe, Vierergruppe, Sechsergruppe, alle. Was folgt ist so etwas wie ein assoziativer Tanz um das Why. Ist die Antwort gefunden, beschäftigen sich alle mit der Frage, wie übersetzen wir Purpose in Aktion?[129]

Alternativ zur Seminarhotelversion des Quests empfehle ich die Patagonia-Version – man geht in die Natur, verbringt Zeit zusammen, zeltet, ver-

128 Ebd.

129 Eine Reihe von Praktiken für Unternehmen stellen Franziska Fink und Michael Moeller in ihrem Buch »Purpose driven Organizations« vor. Stuttgart: 2018.

zichtet auf Whiteboards etc. Die Idee ist, dass alles in den Köpfen oder vielmehr in den Herzen der Teilnehmer sein sollte. In dem Moment, indem wir uns auf Elemente des Erzählens einlassen, werden gestern, heute und morgen für jeden einfach erinnerbar. Das symbolische Denken sorgt ebenso wie das Erzählen für starke Emotionen und damit für Erinnerungen. Der große Vorteil so eines Events ist, dass wir die Erkenntnisse in einer Form mitbringen, die einfach zu teilen ist und für jeden zugänglich sein sollte. Der Purpose wird zur Erzählung. Elemente des Erzählens wie die Heldenreise finden Sie auf meiner Website oder in meinem Buch »Tell me! Wie Sie mit Storytelling überzeugen«.[130]

Take-away

Was wäre, wenn die Entscheidung über unsere Lebensentwürfe nicht an Geld oder Status hinge, sondern an unseren Leidenschaften und unserem Purpose? In unseren Träumen und Visionen liegt eine große Kraft, die bessere Entscheidungen ermöglicht, wenn wir sie zulassen.

Ein inneres Navigationssystem entwickeln

Das persönliche Purpose-Logbuch

Beginnen wir mit einer einfachen Frage: Wie würden Sie Ihr Mindset bei der Arbeit beschreiben? Um die Antwort zu erleichtern, biete ich Ihnen drei verschiedene Mindsets an: das Job-Mindset, das Karriere-Mindset und das Purpose Mindset (siehe **Abbildung 32**). Das Job-Mindset zielt vor allem auf den Paycheck. Wir verpflichten uns, Dinge zu tun, und erhalten im Gegenzug Geld. Das Karriere-Mindset erkennen wir daran, dass ein steigendes Gehalt für uns eine Bedeutung

130 *www.strategisches-storytelling.de*; Thomas Pyczak: Tell me! Wie Sie mit Storytelling überzeugen. Bonn: 2020.

hat, ebenso wie Status oder die Anzahl der Mitarbeiter. Einfluss spielt eine Rolle, manche würden auch das Wort Macht verwenden, doch da sehe ich keine notwendige Verbindung. Das Purpose Mindset schließlich zeichnet sich vor allem dadurch aus, dass persönlicher Purpose und Unternehmens-Purpose zur Deckung kommen – sogar wenn beide vielleicht gar nicht explizit formuliert wurden. Man ist auf einer Welle. Leidenschaft spielt hier eine Rolle, ebenso wie eine geweitete Perspektive. Während bei den anderen beiden Mindsets das Ich dominant war, ist es hier das Wir.

Nehmen Sie sich einen Moment Zeit, bevor Sie sich für ein Mindset entscheiden. Es fällt Ihnen schwer? Sicher. Vielleicht blicken Sie anders auf das Thema und fragen sich, wie viel Zeit Sie in jedem dieser Mindsets an einem Tag verbringen. Denn, klar, wir sind selten nur in einem Mindset unterwegs.

Ein Beispiel: Während meines Studiums verdiente ich Geld, indem ich an den Wochenenden als Taxifahrer arbeitete. Das war ganz zu Beginn ein Job. Es ging ums Geldverdienen. Hätte ich kein Geld verdienen müssen, hätte ich diesen Job niemals freiwillig angenommen. Doch mit der Zeit erschien ein weiteres Mindset am Horizont und prägte meine Arbeit. Ich wollte Karriere machen – nicht im Sinne von Status oder Einfluss, doch im Sinne von Verdienst. So begann ich viele Gespräche mit Taxifahrern zu führen, um ihre Erfolgskriterien zu verstehen und zu experimentieren, um zu lernen. In der Tat verdiente ich durch diese Tipps nach relativ kurzer Zeit erheblich besser, denn der Verdienst eines Taxifahrers ist direkt abhängig vom Umsatz – so war es zumindest zu meiner Studienzeit.

Dann passierte etwas Seltsames: Ich begann mich in das Purpose Mindset vorzutasten, unbewusst allerdings. Nachdem ich das Taxifahren beherrschte und auch den Hamburger Stadtplan einigermaßen im Kopf hatte, begann ich, jede Person, die mit mir fuhr, als einen Gesprächspartner zu betrachten, den das Leben mir geschickt hatte, und meine Idee war, dass beide aus dem Gespräch etwas mitnehmen sollten. Es gab plötzlich ein Wir, wenn auch immer nur für die Dauer einer Fahrt und wenn sich die Passagiere darauf einließen. Was ich zu geben hatte, waren vor allem Fragen. Ich wollte die Menschen und ihre Beweggründe verstehen; was ich bekam, waren Einsichten. Für einen Studenten der Philosophie und Literatur war das ein großartiger Kontrapunkt. So begann ich diesen Job, in dem ich im bescheidenen Rahmen eines studentischen Aushilfsfahrers »Karriere« gemacht hatte, am Ende als etwas zu sehen, das Sinn machte – und Spaß dazu. Es gab ein Wir.

Bedeutung und Stellenwert von Arbeit

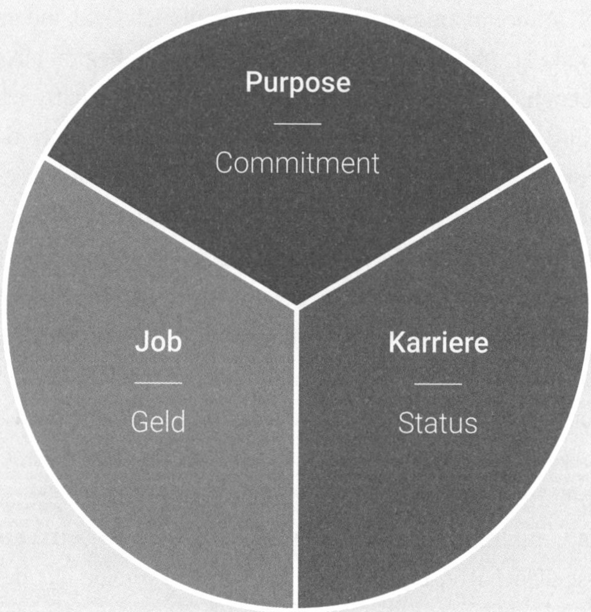

Das Wir ist ein starker Indikator. Wer einem Purpose Mindset folgt, muss sich nur dieses »Wir« genauer ansehen, um zu überprüfen, ob eine (Job-)Beziehung noch stimmt. Das gelingende Leben entscheidet sich vom Wir.

Führen Sie ein Purpose-Logbuch

Wie sieht es bei Ihnen aus? Wenn Sie sich nicht sicher sind, empfehle ich Ihnen, ein Notizbuch zu kaufen und dieses in Ihr Purpose-Logbuch zu verwandeln. Halten Sie darin einfach regelmäßig am Abend fest, in welchen Mindsets Sie sich am Tag bewegt haben, qualitativ und quantitativ. Dafür bietet sich ein Kreis an, der ungefähr die prozentualen Anteile zeigt – ein Tortendiagramm. Vielleicht tun Sie sich noch schwer, das Purpose Mindset zu erfassen, weil Sie Ihren Purpose noch gar nicht fixiert haben – wie übrigens die meisten von uns – und weil Sie auch den des Unternehmens nicht kennen, in dem Sie arbeiten. Dann beginnen Sie doch einfach bei sich selbst und nutzen die Tools aus diesem Buch, die Ihnen dafür am geeignetsten erscheinen.

Sie bitten einen Freund oder Ihren Partner zu helfen, oder Sie machen es allein, wie Sie mögen. Nehmen Sie sich Zeit. Tage, Wochen, es spielt keine Rolle. Jetzt brauchen wir noch den Purpose des Unternehmens, um ein Gefühl für das Matching zu finden. Wird dieser irgendwo schriftlich festgehalten, vielleicht auf der Website? Auch ihn würde ich ins Logbuch übernehmen. Die Unternehmenswerte? Ins Logbuch. Verhaltensprinzipien? Ebenfalls notieren. Fehlt ein konkreter Unternehmens-Purpose, notieren Sie einfach alles, was Sie finden – Leitbild, Vision, Mission.

Ein kurzer Einschub an dieser Stelle: Sie können all das auch digital machen, doch ich würde es nicht empfehlen. In dutzenden Workshops habe ich erlebt, wie viel authentischer Handgeschriebenes ist. Nicht nur das: Oft kommt es auch viel mehr auf den Punkt. Außerdem können Sie leicht Skizzen anfertigen. All das geht natürlich auch auf einem Laptop oder Tablet, es ist nur eine Empfehlung von mir. Nutzen Sie, womit auch immer Sie sich am wohlsten fühlen.

Irgendwann zeigt Ihnen das Purpose-Logbuch den Status quo. Wo stehen Sie? Sind Sie damit zufrieden, oder möchten Sie etwas ändern?

Es gibt vier Möglichkeiten:

1. Kündigung und eine neue Tätigkeit suchen. Diese Variante würde ich allerdings nicht als Erstes in Betracht ziehen. Zuvor würde ich die folgenden Dinge probieren.
2. einen individuellen Sinn finden
3. Job Crafting betreiben
4. ehrenamtlich arbeiten

Die Erkenntnisse daraus lassen sich auch wunderbar im Purpose-Logbuch festhalten.

Finden Sie eine sinnhafte Interpretation Ihrer Tätigkeit

Der Psychologe Viktor Frankl sagt, der Sinn ist da draußen, wir müssen nur zupacken, und schon ist er unser. Das Vorgehen besteht in einer einfachen Übung: Wir verlängern die Beschreibung unserer Tätigkeit, bis wir den Nutzen für andere erkennen – und idealerweise auch den Nutzen für uns selbst. Bei meinem Taxijob wäre das: Ich erleichtere Menschen das Leben, indem ich sie zum Beispiel nach einer Party nach Hause fahre, zum Arzt oder zum Flughafen. In gewisser Weise könnte ich auch sagen, ich schaffe Verbindungen. Als Verkäuferin einer Boutique könnte ich sagen, ich helfe Menschen, schön auszusehen und sich so mit sich selbst wohlzufühlen. Als jemand, der im Supermarkt Regale einräumt, könnte ich mich als wichtiges Element der Versorgungskette betrachten, damit Menschen leben können. Beim Ausbruch der Pandemie kam sicherlich einigen Regaleinräumern dieser Gedanke, sie waren ja plötzlich ziemlich wichtig geworden. Als Tierpflegerin sehe ich meine Rolle vielleicht darin, die Arten zu erhalten.

Das klingt von außen betrachtet vielleicht seltsam, aber ich kenne eine Menge Menschen, die es genauso machen. So *geben Sie* Ihrem Arbeitsleben Bedeutsamkeit. Ich nehme an, viele von Ihnen kennen das. Es ist vielleicht kein Weg, den wir eine lange Zeit gehen sollten – unser Purpose-Logbuch wird uns offenbaren, wohin er führt.

Betreiben Sie Job Crafting

Hinter Job Crafting verbirgt sich die Idee, eine Tätigkeit mit Blick auf Purpose und ebenso meine Leidenschaften umzugestalten. Erforscht wurde Job Crafting von der amerikanischen Professorin of Organizational Behaviour Amy Wrsesniewski. Sie schreibt: *»Du kannst ändern, wie du über den Sinn bestimmter Aspekte deines Jobs denkst oder du kannst ihn komplett neu framen. Der Direktor einer Non-Profit-Organisation zum Beispiel mag sich seinen Job als zwei verschiedene Teile vorstellen, von denen eins nicht besonders erfreulich ist (die Jagd nach Spenden und Zuschüssen) und das andere sehr sinnvoll (aufstrebenden Künstlern eine Chance zu geben). Oder die Verantwortliche einer Entwicklungsabteilung mag ihre Arbeit eher als eine Wegbereiterin der Wissenschaft sehen im Gegensatz zu simplem Projektmanagement.«*[131]

Bis hierhin klingt es wie die sinnhafte Interpretation von Arbeit. Doch es geht einen Schritt weiter. Die Idee ist, wie ein Unternehmer auf die eigene Tätigkeit zu blicken und sich zu fragen: Wie bringt mein Job mir und dem Unternehmen am meisten? An welchen Schrauben ließe sich drehen? An Aufgaben, Beziehungen und der Art der Betrachtung, worüber wir ja schon gesprochen haben.

Schlagen Sie eine neue Seite in Ihrem Purpose-Logbuch auf, und zeichnen Sie ein einfaches Diagramm. Die Grafik in **Abbildung 33** zeigt, wie es geht. Sie zeichnen ein Vorher-Nachher-Bild Ihrer Tätigkeiten. Die Grundfragen sind: Wie korreliert Purpose mit der verbrachten Zeit? Und was könnten Sie ändern, um diese Korrelation zu verbessern? So entsteht aus dem Status quo das Zukunftsbild Ihrer Tätigkeiten.

Ein Beispiel aus eigener Erfahrung. Nachdem ich ein paar Jahre als Chefredakteur für das CHIP-Magazin tätig war, wollte ich CHIP nicht mehr als rein deutsches Magazin denken, sondern als lebendiges, internationales Netzwerk. CHIP existierte zu der Zeit in 15 Ländern – zum Beispiel in Italien, China, Russland und Indien. Purpose bedeutete für mich, aus einzelnen Redaktionen ein kreatives System zu bauen. Menschen aus unterschiedlichen Ländern und Kulturen mit ganz anderen kreativen Ideen und Erfolgsprinzipien zu einem lernenden Netzwerk zu verbinden, das war meine Idee in einfachsten Worten.

131 Amy Wrzesniewski, Jiustin M. Berg, and Jane E. Dutton: Managing yourself: turn the job you have into the job you want. Harvard Business Review, im Juni 2010: *https://hbr.org/2010/06/managing-yourself-turn-the-job-you-have-into-the-job-you-want*

Job Crafting in der Praxis

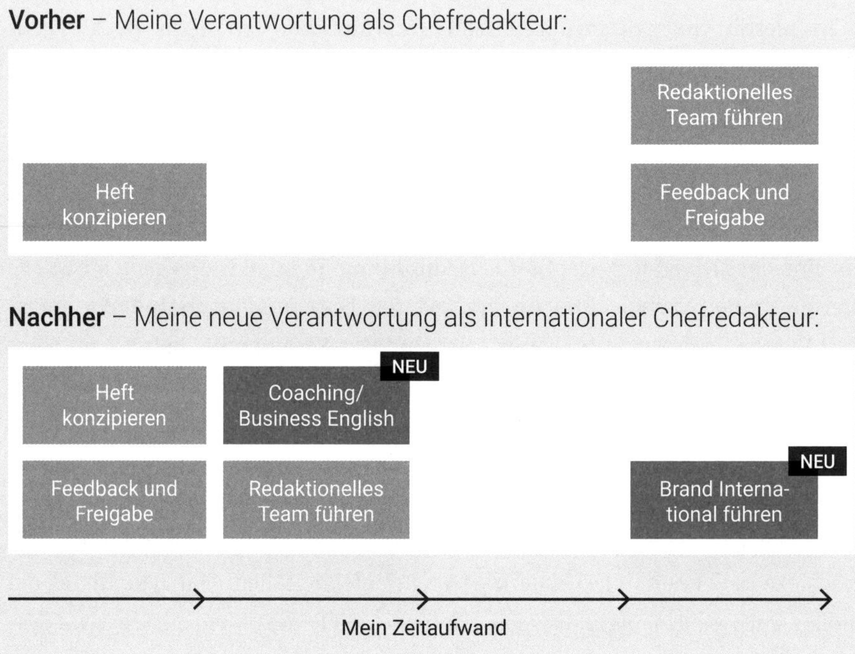

33 *Job Crafting: Wie sich neue Aufgaben einem bestehenden Jobprofil hinzufügen lassen. Die Grafik enthält zum besseren Verständnis nur eine Auswahl zentraler Tätigkeiten.*

Ich entschied mich, Aufgaben, die zuvor viel Zeit in Anspruch genommen hatten, die aber nicht so stark auf diesen Purpose zielten, in die Redaktion zu integrieren. Wir bildeten kleine Teams, die ganz ähnlich wie im holokratischen Modell in Zirkeln organisiert waren und weitgehend autark arbeiten konnten. So lief die Redaktion viel stärker im Autopilot. Ich hatte nicht nur ein starkes Team, sondern auch einen hervorragenden Stellvertreter, der durch diese Veränderung Zeit gewann, Aufgaben von mir zu übernehmen. Ich gewann den internationalen Geschäftsführer des Verlags als Coach in Business-Fragen und besuchte eine Sprachschule, um mein Business-Englisch zu schleifen. In der Grafik habe ich in vereinfachter Form die Veränderungen meines Job Craftings eingetragen. Der besseren Verständlichkeit halber habe ich viele Aufgaben weggelassen.

Die Logik des Job Craftings folgt Purpose und Leidenschaft und sollte meiner Meinung nach strikt berücksichtigen, dass wir uns nicht zu viel vornehmen und am Ende den Fokus verlieren. Job Crafting braucht Augenmaß. Und darüber hinaus einen Dialog mit dem Team und den Vorgesetzten. Es ist ja kein Solotrip. Im Gegenteil, es sollte alle Beteiligten bereichern und vor allem den Purpose des Unternehmens stärken.

In dem Verlag, in dem ich damals arbeitete, war dieser nicht deutlich herausgearbeitet. Heute weiß ich, dass ich als Führungskraft einen Purpose-Prozess hätte anstoßen müssen, damals fehlte mir diese Erkenntnis, und es sollte Jahre dauern, bis ich das mithilfe des Golden Circles versuchte und scheiterte – zumindest beim ersten Mal.

Verinnerlichen Sie Ihr neues Navigationssystem

Das Purpose-Logbuch bleibt in einer sinnhaften Welt Begleiter. Damit das Thema nicht wieder einschläft oder rechtzeitig upgedated werden kann. Im dritten Teil von »That's me!« finden Sie Beispiele, wie Purpose frisch bleibt. Sie könnten aber ebenso konkrete Ziele hinterlegen, die Sie in verschiedenen Zeithorizonten erreichen wollen (drei Monate, sechs Monate, ein Jahr, drei Jahre, fünf Jahre, zehn Jahre ...). Wichtig scheinen mir die kleinen Schritte zu Beginn sowie die langfristige Ausrichtung. Wenn Sie das tun, entwickeln Sie automatisch eine Definition von Erfolg. Wie sieht Erfolg in welcher Phase aus? Dazu mehr im nächsten Abschnitt, in dem ich eine Purpose Scorecard vorstelle.

Es gibt noch etwas, das mir bedeutsam erscheint: Lesen Sie die beiden Meditationen über »Lauschen und Empathie« und »Spüren und Achtsamkeit« und auch Abschnitt »Das wohlige Schnurren der Katze – Resonanz, Purpose, Spitzenleistungen«. Wenn Sie diese Ideen berücksichtigen, bleiben Sie mit sich und mit der Welt in Verbindung – und die Welt Ihres Warums wird nach und nach stärker spürbar. Sie verinnerlichen Ihr neues Navigationssystem.

Take-away

Wie blicken Sie auf Ihre Arbeit? Geht es um Job, Karriere oder Purpose? Ein persönliches Purpose-Logbuch hilft Ihnen dabei, sich zu orientieren, ein Gefühl für den Status quo zu bekommen und für die Richtung. Es gibt verschiedene Wege, sich im gleichen Job Richtung Purpose zu bewegen – ich zeige drei verschiedene auf. Einer davon ist Job Crafting, ein mächtiges und pragmatisches Instrument für Veränderung von innen nach außen.

Von Purpose zu Impact

Das Logbuch für Leader

Im Jahr 1983 versuchte Steve Jobs, der wenige Jahre zuvor Apple gegründet hatte, John Scully zu überzeugen, die Rolle des CEOs bei Apple zu übernehmen. Scully war ein erfolgreicher Manager bei Pepsi und so fragte ihn Jobs: »Willst du den Rest deines Lebens Zuckerwasser verkaufen oder willst du die Chance haben, die Welt zu verändern?« Scully entschied sich gegen Zuckerwasser und für Purpose, wechselte zu Apple, und die Sache ging gründlich schief. Warum? Scully hatte keine Ahnung, wie ein Unternehmen, das die Welt verändern wollte, zu führen war.

Die Führungsrolle bekommt in Unternehmen, die einem höheren Purpose folgen, eine neue Dimension. Sie verändert sich nicht nur ein wenig, sondern gravierend. Auch der Impact nimmt zu. Macht jedoch das Managementteam nicht mit, ist Purpose meiner Erfahrung nach zum Scheitern verurteilt. Unwichtig ist dafür, ob es sich um einen sehr hoch aufgehängten Purpose handelt wie bei Patagonia (den Planeten retten) oder einen Purpose, der nicht auf die Welt zielt, sondern auf die Unternehmenskultur und die Kunden wie bei Zappos (alle WOWen).

Auch wenn sich die Sehnsucht nach Purpose gar nicht im Leadership Team entwickeln sollte, sondern in den Teams, könnte das Management so eine Graswurzelbewegung mit Leichtigkeit blockieren. Doch genau das wollen wir ja vermeiden. Daher ein Blick auf Führung und Purpose.

Verfassen Sie Ihr Purpose Statement

Weniger als 20% der Führungskräfte haben sich mit dem Thema Purpose intensiv auseinandergesetzt, sagen Experten.[132] Manager misstrauen diesem Thema sogar, heißt es, weil Purpose nicht zu dem zu passen scheint, was sie in Business Schools gelernt haben. Auf der anderen Seite erkennen Führungskräfte, dass konventionelle Logik, die Angestellte als egoistische Wesen betrachtet, die mit Verhaltensregeln umstellt und mit Prämien motiviert werden wollen, auch nicht mehr so recht funktioniert. Mein Vorschlag: Halten Sie doch einfach mal einen Fuß ins Wasser und fühlen in das Thema hinein! Warum beginnen Sie nicht bei sich selbst?

Auch in diesem Fall ist ein Logbuch hilfreich, doch im Unterschied zum persönlichen Purpose-Logbuch würde ich hier direkt mit dem Purpose Statement anfangen. Ich würde dazu raten, mit dem Golden Circle zu beginnen, zunächst mit der einfachen Form, dann mit der erweiterten. Nutzen Sie vielleicht das Igelprinzip und »Dreaming & Visioning«, um ein Gefühl für Ihren Purpose zu bekommen. Sie sind eine alte Frau oder ein alter Mann am Ende des Lebens und blicken zurück. Was und wen sehen Sie?

Eine Warnung zum Schluss: Gerade Manager fühlen sich häufig von glänzenden, doch generischen Purpose-Formulierungen angezogen. Finger weg! Keine

132 Nick Craig und Scott A. Snook: From purpose to impact. In Emotional Intelligence. Purpose, meaning + passion. Boston: 2018, S. 54.

Plattitüden à la »Ich will die Welt retten«. Wenn Sie diese schon bei sich selbst durchgehen lassen, dann können Sie sich den Rest sparen. Es mag effizient erscheinen, Purpose abzuschreiben. Ein bisschen googeln und fertig. Bitte nicht. Der Purpose wird sich schon zeigen – und er kommt garantiert nicht von außen, sondern von innen. Wie beim Unternehmen!

Stellen Sie sich ein inspiriertes Unternehmen vor

Ein wichtiger Zwischenschritt ist die Annahme, dass Purpose nicht nur bei Ihnen möglich ist, sondern bei jedem – unabhängig von der Arbeit. Idealerweise beginnen Sie, mit Menschen zu sprechen und diese nach Ihren Beweggründen zu fragen – in dem Unternehmen, in dem Sie arbeiten, im Restaurant um die Ecke, im Freundeskreis. Sicher gibt es ein Team, das besondere Leistungen erbringt. Setzen Sie sich mit den Leuten zusammen und reden Sie mit ihnen. Und wenn Sie meinen, Purpose scheint weniger von den Bedingungen abhängig zu sein als von einer Weltsicht, wie der Psychologe Viktor Frankl sagt, dann gehen Sie den nächsten Schritt, und stellen Sie sich vor, was ein Unternehmen leisten könnte, bei dem Purpose ins Zentrum rückt. Reflektieren Sie auch Ihre eigene Rolle. Diese ändert sich in Purpose-getriebenen Umgebungen häufig. Ebenso wie in agilen Arbeitsumgebungen geht mehr Verantwortung ans Team. Der Manager dient seinem Team, darum geht es. Das ist ein eigenes Thema, das Sie bestimmt längst für sich entdeckt haben. Falls nicht, gibt es dazu wunderbare Bücher. Eins davon ist »Reinventing Organizations« von Frederic Laloux, dessen Idee von evolutionären Organisationen ich jedem Leader empfehlen kann. Hervorragend auch die Werke des amerikanischen Managementexperten Jim Collins.

Erzählen Sie Ihre Story

Ein weiteres grundlegendes Element Ihrer Purpose-Reise ist die Public Narrative – Ihre öffentliche Erzählung. Im Abschnitt »Von sozialen Bewegungen lernen« finden Sie dazu die Anleitung und ein großartiges Beispiel von Barack Obama. Die drei Geschichten, die zu erzählen sind, sind der Schlüssel, wenn Sie Menschen mitnehmen wollen, ohne etwas anzuordnen oder zu befehlen. Mit der Ausarbeitung Ihrer Public Narrative werden Sie sicherlich ein wenig Zeit verbringen. Das ist gut. Sie ist viel zu wichtig, als sie nur flüchtig zu notieren. Erzählen Sie diese Storys nicht nur dem Spiegel, sondern Kollegen und Freunden, um zu sehen, wie sie ankommen, und um zu lernen und diese kontinuierlich zu verbessern.

Den Kreis erweitern, loslegen

Jetzt geht es darum, den Kreis zu erweitern. Gewinnen Sie Ihre Peers und die Firmenleitung dafür, den Purpose zu bestimmen. Erzählen Sie ihnen Ihre Story of Self, Us and Now – und zwar in Bezug darauf, dass Ihr Unternehmen einen Purpose oder ein Purpose-Update benötigt. Nehmen Sie Ihre Zuhörer mit.

Dann beginnt das gleiche Spiel, auf das Sie sich bei Ihrem Purpose eingelassen haben, nur auf einer breiteren Basis. Wie breit, darüber gehen die Meinungen auseinander. Es hängt stark von der Unternehmenskultur ab. Versuchen Sie, ein möglichst diverses Feld an Teilnehmern für die Suche nach dem Purpose zu gewinnen.

Wählen Sie die Tools, die Ihnen sympathisch erscheinen, und legen Sie los! Die Tools, die zur Verfügung stehen, kennen Sie bereits. Eine Variante wäre, die Mitarbeiter zunächst dabei zu unterstützen, ihren Purpose zu entdecken – idealerweise, indem diese sich gegenseitig unterstützen. Das ist keine notwendige Voraussetzung, doch sicherlich hilfreich für den weiteren Prozess – und zudem wertvoll für jeden Einzelnen. Die Möglichkeit so eines Vorgehens hängt natürlich stark von der Größe des Unternehmens ab. Aber die Verbindung von individuellem Purpose mit dem Purpose einer Organisation stellt den kritischen Link dar, insofern wäre das ein – heute für viele Unternehmen vielleicht noch ungewöhnlicher – Schritt in Richtung Zukunft.

Unabhängig davon, ob ein Unternehmens-Purpose upzudaten oder neu zu schreiben ist, empfehle ich Ihnen diese elementaren Fragen: Was waren die Werte und Bestrebungen der Gründer? Welchem Purpose folgten sie? Was ist die Story der Firma bis zu diesem Punkt (die nicht geschönte Version davon)? Was sind die großen Themen, die sich für die Firma am Horizont abzeichnen? Wo und wofür wollen Sie als Firma stehen? Wie weit soll Ihr Purpose reichen – bis zum Kunden oder darüber hinaus: in die Gesellschaft, die Community?

Üben Sie radikales Zuhören

Um im Purpose-Prozess erfolgreich möglichst alle mitzunehmen, brauchen Sie einen langen Atem. Es geht darum, sehr gut zuzuhören und offen zu sein für all das, was die Menschen sagen. Dazu eine kleine Story, erzählt in einem Beitrag über Purpose, den ich bei der Unternehmensberatung McKinsey fand: *»Eine wirklich purposegetriebene Kultur zu verwirklichen, erfordert Zuhören und sehr viel Offenheit. Eine Führungskraft bei Nordea, einer großen skandinavischen Bank, die ihren Purpose überprüfte, sagte, es war unumgänglich, in sechs Monaten mehr als 7.000 Menschen zuzuhören – in Workshops, online in Befragungen und in mehr als 1.500 Gesprächen bei einem gemeinsamen Kaffee. Sie diskutierten, warum die Menschen bei dem Unternehmen arbeiteten, warum sie blieben und was sie als Impact einer Finanzsituation ansehen würden.«*[133]

Das passiert, wenn eine Organisation Purpose nicht als Buzzword verwendet, sondern sich in der Tiefe auf das Thema einlässt.

Verwandeln Sie Manager in Botschafter

Sind die Manager nicht in Purpose-Botschafter zu verwandeln, dann ist der Prozess zum Scheitern verurteilt. Was passiert, wenn sich Manager gegen Werte wenden, die neue Kultur oder den Daseinszweck ablehnen und »ihr Ding« machen? Dann sind diese im falschen Unternehmen. Je klarer diese Botschaft von oben mit Taten belegt wird, desto echter und glaubwürdiger wird auch die Kultur.

---

133 Anne Gast, Pablo Illanes, Nina Probst, Bill Schaninger, Bruce Simpson: Shifting from why to how. April 2020: *https://www.mckinsey.com/business-functions/organization/our-insights/purpose-shifting-from-why-to-how*

Kommunizieren Sie

Es ist nicht damit getan, den Purpose und die Werte auf einer Kundgebung vorzustellen. Wenn der Purpose authentisch und wichtig ist, dann steht er immer im Raum, in jedem Town Hall Meeting. Jemand erzählte mir die Anekdote von einem Geschäftsführer, der ein Jahr lang Reden zum Thema Purpose gehalten hatte und dann dachte, er hätte es geschafft. Tatsächlich war es so, dass alle anderen gerade erst begannen, die Botschaft zu hören.

Lassen Sie Worten Taten folgen

Warum und Wozu müssen ins Gewebe der Unternehmenskultur eingeschrieben werden, sonst handelt es sich nur um hübsche Behauptungen. Purpose zählt in jedem Meeting, bei jeder wichtigen Entscheidung, bei jeder Einstellung, bei Entlassungen ebenfalls, bei Produktenwicklungen, strategischen Fragen. Das klingt nach Utopie? Nur so geht es.

Machen Sie Purpose messbar

Die Realisierung des Purpose lässt sich an vielen Fakten messen. **Abbildung 34** zeigt einen Vorschlag für eine individuell konfigurierbare Scorecard einfacher Art, inspiriert vom Purpose-Experten Dan Pontefract[134]. Sie enthält verschiedene Segmente wie Kunden, Team, Community, Gesellschaft, Besitzer. In jedem Segment befinden sich verschiedene Werte, die gemessen werden. Zum Beispiel in der Community die Spenden, die Freiwilligenarbeit, die Investitionen. Oder im Bereich Gesellschaft Werte wie der CO_2-Fußabdruck, der Wasserverbrauch oder der Energieverbrauch. Auch nach innen können Sie messen: Anzahl der Bewerber oder die Betriebszugehörigkeit. Sie gibt ein Gefühl dafür, was sich ein Unternehmen vorgenommen hat und wo es steht.

---

134 Dan Pontefract: The purpose effect. Building meaning in yourself, your role, and your organisation. Vancouver: 2018.

Die Purpose Scorecard

KUNDE	GEWICHTUNG 20 %		RESULTAT	
	Ziel	Ergebnis	Gewichtung	gewichtetes Ergebnis
Zuverlässigkeit			30 %	
Beziehungen			40 %	
Verbundenheit			50 %	

TEAM	GEWICHTUNG 20 %		RESULTAT	
	Ziel	Ergebnis	Gewichtung	gewichtetes Ergebnis
Engagement			50 %	
Diversität			30 %	
Weiterbildung			50 %	

COMMUNITY	GEWICHTUNG 20 %		RESULTAT	
	Ziel	Ergebnis	Gewichtung	gewichtetes Ergebnis
Freiwilligenarbeit			50 %	
Investitionen			30 %	
Spenden			20 %	

UMWELT	GEWICHTUNG 20 %		RESULTAT	
	Ziel	Ergebnis	Gewichtung	gewichtetes Ergebnis
CO_2 Fußabdruck			50 %	
H_2O (Liter)			20 %	
Energie			30 %	

BESITZER	GEWICHTUNG 20 %		RESULTAT	
	Ziel	Ergebnis	Gewichtung	gewichtetes Ergebnis
Umsatz			30 %	
EBITDA (Euro)			70 %	

GESAMT	GEWICHTUNG	RESULTAT
Kunden	20 %	
Team	20 %	
Community	20 %	
Umwelt	20 %	
Besitzer	20 %	
	ZIEL DER ORGANISATION RESULTAT DER ORGANISATION	100,00 %

34 *Beispiel für eine Purpose Scorecard: So ließe sich der Erfolg von Purpose ganz konkret messen*

Die Purpose Scorecard lässt sich auf den privaten Purpose, die Rolle oder das Team übertragen, das Grundgerüst bleibt. Sie gibt ein gutes Gefühl für die Reise und lässt sich beliebig erweitern oder vertiefen. Es gibt vor allem im dritten Teil von »That's me!« viele Beispiele, wie Unternehmen Kunden und Teams glücklich machen, positiv in ihrer Community wirken, nachhaltiges Wirtschaften anstreben und bei alldem auch die Besitzer mit einem Gewinn erfreuen. Lassen Sie sich inspirieren!

Sorgen Sie dafür, dass jeder Purpose spürt

Ein Beispiel dafür ist das US-Unternehmen 3M, dessen Purpose-Mantra lautet: *»3M technology advancing every company, 3M products enhancing every home, and 3M innovation improving every life – 3M technology bringt jedes Unternehmen voran, 3M products bringt jedes Zuhause voran, 3M innovation verbessert jedes Leben.«* Dazu gehört bei 3M, dass jeder Mitarbeiter 15% seiner Zeit kreativen Projekten widmen kann. Deutlicher lässt sich der Unternehmens-Purpose kaum mit den Angestellten verbinden. Botschaft: Wir geben allen Raum zum Spielen und Experimentieren, weil wir glauben, dass so Innovationen entstehen, die anderen nützen – wie zum Beispiel unser Post-it.

Take-away

Was sind die zentralen Fragen von Management in einem Unternehmen, das Richtung Purpose dreht? Es beginnt bei uns selbst, mit einer Reflexion. Erst verfassen Sie das eigene Purpose Statement, und danach setzen Sie einen Prozess auf, der nach und nach Purpose ins Gewebe der Organisation bringt. Wo stehe ich? Wo stehen wir? Wie kommen wir in diese neue Welt?

Ich, Rolle, Team, Organisation

Das Purpose-Puzzle zusammenfügen

Kennen Sie den Purpose Ihrer Organisation auswendig, ohne auf der Website nachzusehen? Was ist mit Ihrem eigenen Purpose? Haben Sie sich schon einmal Gedanken über den Purpose Ihres Teams und Ihrer Rolle gemacht? Wenn sich diese Elemente zu einem Bild fügen wie in einem Puzzle, dann verändert sich etwas für die Beteiligten (siehe **Abbildung 35**). Sicher ist diese ideale Purpose-Konstellation keine Erfolgsgarantie, doch eine mächtige Voraussetzung, weil alle mit Leidenschaft einem gemeinsamen Zweck folgen.

In diesem Abschnitt geht es darum, das Team und die Rolle mit dem eigenen Purpose und dem des Unternehmens zu verbinden, damit schließlich alles zusammenpasst. Gehen wir davon aus, dass die individuelle Sinnfrage beantwortet ist und auch die für das Unternehmen. Angenommen, das Unternehmen und Sie schwimmen auf der gleichen Welle, fehlen noch die Antworten auf die Fragen: Was bedeutet das für mein Team und was für meine Rolle?

Der Purpose der einzelnen Teams

Brauchen Teams einen eigenen Purpose, einen eigenen Golden Circle oder sogar ein eigenes Manifest? Meiner Meinung nach ja. Wie weit auch immer ein Team in der Ausarbeitung gehen mag. Das Warum des Teams stelle ich mir vor als Ableitung aus dem Warum des Unternehmens. Ein einfaches Beispiel: Wenn Zappos sagt *»WOW zu leben und zu geben«*, dann ist das generell gesprochen – und zwar in zwei Richtungen: Es spricht jeden Einzelnen an und beschreibt ebenso das Unternehmen als Ganzes.

Nehmen wir ein Team im Callcenter, zuständig für Reklamationen. Was wäre dessen Purpose? Vielleicht in dieser Art: Verärgerte Kunden durch unseren Service und unsere Art dazu bewegen, WOW zu rufen. Das lässt sich beliebig detaillieren, doch mehr ist es nicht. Ein anderes Beispiel: Patagonia sagt, wir sind im Geschäft, um unseren Heimatplaneten zu retten. Ich stelle mir das Team vor, das für die Website der Outdoormarke verantwortlich ist.

Das Purpose-Puzzle

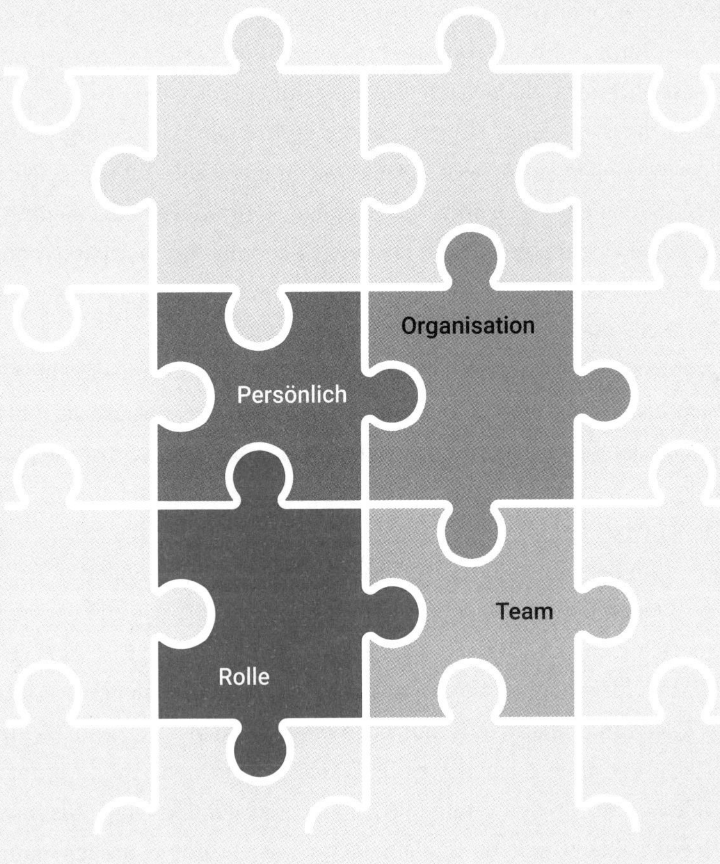

35 *Das Purpose-Puzzle: Am Ende geht es darum, den persönlichen Purpose mit dem der Rolle, des Teams und der Organisation zu verbinden.*

Wie würde dieses Team den Unternehmens-Purpose verwandeln? Vielleicht in dieser Art: Wir gestalten unsere Website so, dass möglichst viele Leute bei uns kaufen, damit wir möglichst viele Menschen dazu animieren, sich unserem Purpose anzuschließen und sich aufmachen, die Erde zu retten.

Gerade öffne ich die deutsche Website von Patagonia und finde ganz oben nicht den Shop, sondern eine Botschaft und ein Bild: *»We. The Power. Die Zukunft der Energieversorgung liegt in Bürgerhand.«* Es geht genau in diese Richtung.

Ich habe gute Erfahrungen damit gemacht, direkt mit dem Golden Circle zu beginnen. Jeder füllt diesen zunächst für sich aus oder in kleinen Gruppen mit zwei bis drei Personen, danach werden die Ergebnisse geteilt und es beginnt ein Dialog. Den Purpose für das Unternehmen behalten wir dabei immer im Blick, idealerweise auch als Golden Circle. Dann beginnt der Dialog.

Es macht durchaus Sinn, längere Pausen zu machen und die Ergebnisse einfach an der Wand hängen zu lassen, sodass sie immer wieder zum Betrachten und Diskutieren einladen. Dann folgt nach einiger Zeit wieder ein Meeting, ohne zwanghafte Entscheidungen. Die folgen erst, wenn der Purpose passt, dann spüren es alle. Und danach fällt es auch leicht, daraus wieder konkrete Ziele oder Maßnahmen abzuleiten.

Für größere Teams fand ich bei »Neue Narrative« eine spielerische Alternative.[135] Ich habe mir erlaubt, sie minimal zu modifizieren. So ist der Ablauf: Es gibt einen Moderator, die anderen notieren in einem ersten Schritt die Stakeholder, fragen, für wen sie Mehrwert schaffen. In einem zweiten Schritt fragen sie, welchen Mehrwert das Team produziert. Die Vorschläge werden gesammelt und geclustert, zum Beispiel mit Post-its. Pause. Vorbereitung beendet.

Nun füllt jeder in drei einfachen Sätzen einen Golden Circle aus – warum, wie, was? Danach bilden sich Zweiergruppen, die sich ihre Golden Circles gegenseitig erläutern, sich für einen der beiden entscheiden oder einen neuen schreiben. So hat jede Zweiergruppe am Ende nur noch einen Golden Circle. Ein Teilnehmer scheidet aus, der andere spielt weiter. Wieder folgen neue Zweiergruppen, an deren Ende nur ein Golden Circle übrig bleibt. Das geht so lange, bis insgesamt nur noch ein Golden Circle übrig bleibt. Das ist der Prototyp, an dem dann noch gemeinsam gefeilt werden kann.

---

135 Das Purpose-Turnier: Findet den Purpose von eurem Team: *https://www.neuenarrative.de/magazin/das-purpose-turnier-ein-tool-um-den-purpose-im-team-zu-finden/*

Am Schluss geht es darum, dafür zu sorgen, dass der Purpose elementarer Bestandteil der Teamroutinen wird und bei Entscheidungen immer im Raum steht. Das WOWen oder die Rettung unseres Heimatplaneten sollte nicht irgendwo in der Schublade Haben-wir-mal-für-unser-Team-abgeleitet verstauben, sondern im Gegenteil aktiv für die Arbeit genutzt werden.

Der Purpose der verschiedenen Rollen

Hier sehe ich eine Ableitung aus dem Team-Purpose. Das Vorgehen würde ich analog zur Entwicklung des Team-Purpose machen, denn jeder im Team sollte ja mit den Rollen im Team bis zu einem gewissen Grad vertraut sein. Doch es müssen meiner Einschätzung nach nicht alle an jeder Rolle arbeiten. Das Team ließe sich teilen und könnte parallel an verschiedenen Rollen arbeiten. Das Spannende hierbei wäre der Abgleich des individuellen Purpose mit dem Rollen-Purpose – lässt sich etwas abwandeln, anpassen oder sollen die Rollen objektiv und strikt sein, unabhängig von demjenigen, der sie ausfüllt? Wenn Raum für Gestaltungsfreiheit bestehen soll, dann wäre dies hier der geeignete Zeitpunkt für ein individuelles Matching, das nur mit Zustimmung des Teams Sinn macht.

Am Schluss geht es auch hier darum, dafür zu sorgen, dass der Purpose elementarer Bestandteil der Rollen wird. Wenn etwas nicht ganz konform damit scheint, sollte so eine Entscheidung nicht durchgewinkt, sondern vielmehr mit einem Fragezeichen versehen werden. Wir stellen uns das Unternehmen vor wie einen Organismus – und der Purpose durchdringt alle seine Zellen.

Take-away

Im Rahmen einer Transformation fließt Purpose in alle Bereiche einer Organisation. Wichtig scheint mir, den ganzen Weg zu gehen: Organisation, Management, Teams/Bereiche, Rollen. Nur so kommt das Warum wirklich in einer Organisation an.

That's me!

Ihr persönliches Purpose-Canvas

Das That's-me-Canvas soll Ihnen helfen, Ihren Purpose strukturiert Schritt für Schritt zu entdecken. Es verbindet Tools mit Prozessen und lenkt den Blick auf die entscheidenden Fragen. Das Canvas finden Sie im Anhang des Buches.

Beginnen wir mit dem Was. Bei Unternehmen ist das die Frage nach dem Produkt oder dem Service, den sie anbieten. Bei Einzelpersonen geht es um die Tätigkeit, die sie ausüben oder die Aufgabe, die sie erfüllen. Für wen erfüllen Sie diese Aufgabe, ist die nächste Frage. Sollten Sie ein Zukunftsbild von sich haben, das sich vom Status quo unterscheidet, würde ich empfehlen, zwei Canvases auszufüllen – eins für die Gegenwart, ein anderes für die Zukunft. Es folgen die Kernfragen nach dem Warum und dem Wozu, die Fragen, um deren Beantwortung sich das ganze Buch dreht.

Doch es geht um mehr. Ihre Werte spielen eine zentrale Rolle, keine lange Liste, vielleicht drei bis fünf zentrale Werte, auf denen Ihr Handeln beruht. Im Anhang von »That's me!« finden Sie eine lange Liste mit Werten, um sich zu orientieren. Dann folgt die Story, die mit Ihrem Purpose verbunden ist. Ohne Story ist ein Purpose hohl, wirkt kühl und wenig animierend. Nicht nur für andere, auch für uns selbst. Die Story malt das große Bild, zeigt den Zusammenhang – woher wir kommen, wohin wir gehen und was für eine Zukunft wir uns wünschen. Der Archetyp scheint mir ein zentraler Baustein, um ein Bild von Ihrer Identität zu gewinnen, das weniger am Jetzt klebt: Wer sind Sie in Bezug auf menschliche Urbilder, und was bedeutet das für Ihre Ausrichtung im Leben? Wählen Sie einen Archetyp aus, und wenn Sie sich nicht sicher sind, dann wählen Sie aus jedem Quadranten einen Archetyp und fragen sich, welcher ist dominant, welche Rolle spielen die anderen – heute und morgen?

Nun der Impact, die Veränderung, die Sie anstreben, die Spur, die Sie in der Welt hinterlassen wollen – in der Familie, in der Gemeinschaft, im Unternehmen, in der Natur, wie auch immer Sie sich ihre Wirkung vorstellen. Dazu gibt es ein Feld für Routinen, die Sie immer wieder an Ihren Purpose erinnern. Eine tägliche Meditation, ein wöchentliches Gespräch, was auch immer dafür sorgt, dass Sie Ihrer Linie treu bleiben. Schließlich habe ich das Feld Evolution hinzugefügt. Ein Purpose lebt und entwickelt sich. Und das liegt in Ihrer Verantwortung. Evolution ist die Erinnerung daran, dass Sie kein starres Gerüst bauen, sondern mit einer evolutionären Perspektive auf Ihr Leben blicken und das, was von außen kommt, nicht als Störung interpretieren, sondern als Impuls, sich weiterzuentwickeln.

Das That's-me-Canvas enthält all diese Fragen und soll Ihnen helfen, die richtigen Fragen zu stellen. Dazu gibt es ein von mir beispielhaft ausgefülltes Canvas für Elon Musk und sein SpaceX-Abenteuer.

That's us!
Das Purpose-Canvas für Organisationen

Das That's-us-Canvas ist für Organisationen gedacht. Hier geht es vor allem darum, sich Gedanken über den Prozess zu machen, mit dessen Hilfe Purpose entdeckt, verkündet und im Unternehmen aktiviert wird. Auch dieses Canvas finden Sie im Anhang des Buches. Das That's-us-Canvas baut auf dem That's-me-Canvas auf. Beide werden benötigt.

Wir beginnen mit den Menschen, mit der Frage, wer ist in den Prozess eingebunden? Die Antworten darauf fallen je nach Unternehmen und Unternehmenskultur ganz unterschiedlich aus, doch eins sollte sichergestellt sein: dass die Basis breit genug ist. Mit anderen Worten, es reicht niemals, wenn das Topmanagement sich in ein Seminarhotel verabschiedet und der dort erarbeitete Purpose danach mit dem Fallschirm ins Unternehmen abgeworfen wird. Das geht garantiert schief. Menschen aller wichtigen Bereiche sollten teilnehmen. Und wenn Sie noch einen Schritt weitergehen wollen, dann entzünden Sie zunächst eine Diskussion im gesamten Unternehmen. Regen Sie die Menschen dazu an, sich auszutauschen! Aus diesem Dialog heraus finden sich Teilnehmer für die Ausarbeitung.

Welche Tools sollen verwendet werden? Das That's-me-Canvas schlägt ein Vorgehen vor, dass sich 1 : 1 auf Organisationen übertragen lässt, doch Sie finden in diesem Buch noch weitere Tools. Der Prozess der Entdeckung sollte klar bestimmt werden: Zeitrahmen, Vorgehen, was ist vorzubereiten etc. Ein Tag ist meiner Erfahrung nach die Untergrenze, zwei bis drei Tage wären ideal.

Die Story ist fundamental wichtig. Purpose ist am Ende nicht nur die geschliffene Formulierung des Warums oder ein prägnanter Golden Circle, sondern auch die Geschichten dahinter, die erzählen, worum es geht. Für die Kommunikation können auch Symbole eine starke Rolle spielen, Farben oder Metaphern. Wenn Sie sich die Reise Ihres Unternehmens zum Beispiel als eine Wildwasserfahrt vorstellen, dann können Sie die gesamte Kommunikation um dieses Bild herum bauen. Generell gilt: Offene Kommunikation ist ebenso wichtig wie saubere Prozesse.

Wie aktivieren Sie Purpose im Unternehmen? Indem Sie diesen ins Gewebe des Unternehmens einarbeiten, zum Beispiel in die Gespräche mit Bewerbern. Purpose wird zentrales Thema und sollte ein Bewerber noch so genial sein, stimmt die Purpose-Passung nicht, sollte die Entscheidung gegen ihn fallen. Wenn wir uns ein Unternehmen als einen Raum von Entscheidungen vorstellen, dann steht der Purpose im Idealfall bei jeder richtungsweisenden Entscheidung im Raum. So wird dieser aktiviert.

Rituale spielen eine wichtige Rolle in der Aktivierungsphase, die Monate oder auch Jahre dauern kann. Town Hall Meetings mit dem CEO, zu denen alle eingeladen sind, sollten regelmäßig stattfinden. Darüber hinaus sind Ihrer Fantasie keine Grenzen gesetzt: Poster, bedruckte Tassen ...

Nun sind die Bereiche und Teams an der Reihe, zunächst das Managementteam. Ist dieses nicht vom Purpose überzeugt und handelt es nicht in dessen Sinne, wird es schwierig. Immer wieder sollten Sie auf die Bedeutung des Purpose für Entscheidungen hinweisen, es geht um Routine und Gewöhnung. Schließlich sollten Bereiche und Teams ihren Purpose bestimmen, der sich aus dem Unternehmens-Purpose ableitet.

Nun folgt der nächste Schritt: Der Purpose auf individueller Ebene wird über den Team-Purpose mit dem Unternehmen vernetzt. Idealerweise wird wirklich jeder Mitarbeiter eingebunden, was natürlich in kleinen oder mittelständischen Unternehmen realistischer erscheint als in Konzernen. Doch auch da lassen sich Verfahren anwenden. Dort würde sehr viel parallele Purpose-Arbeit stattfinden und es würde sicherlich länger dauern. Die Kräfte, die dieser Prozess freisetzt, sollten das wert sein.

Schließlich geht es noch um zwei Punkte, die ich bereits im individuellen Canvas erwähnt habe, weil sie so zentral sind: Impact und Evolution. Mit anderen Worten, es braucht eine sehr klare und in Kennziffern abbildbare Vorstellung vom Impact. Was wollen wir bis wann erreichen – in Bezug auf den Wasserverbrauch, den CO_2-Ausstoß, die Qualität der Lieferkette etc. Evolution soll darauf hinweisen, dass Unternehmen lebendige Organismen sind und es Räume und Stopps gibt, um Purpose und alles, was damit verbunden ist, zu überprüfen und gegebenenfalls zu modifizieren.

MEDITATION II

Spüren und Achtsamkeit

Spüren und Gefühle nutzen: Leben Sie Purpose, anstatt ihn lediglich an die Wand zu schreiben.

Vielleicht ist das Fühlen die neue Währung in Unternehmen. Vor einigen Jahren, ich war noch als Medienmanager tätig, bat mich ein erfolgreicher Business Coach, an einer kleinen Studie teilzunehmen. Das Thema war Management und Gefühle. Gern, sagte ich, und so führten wir das Interview. Ich kam mir damals fortschrittlich vor, weil ich die emotionale Komponente von Management ein wenig beherrschte, doch ich war allenfalls ein Einäugiger unter Blinden, würde ich heute sagen. Denn ob ein Manager Gefühle zulässt und für seinen Job nutzt, anstatt sie – etwa im Namen der Effizienz – zu unterdrücken, ist zwar eine gute Frage, doch eigentlich ist das Thema doch etwas größer: Es geht vielmehr darum, ob eine Organisation fähig ist, Gefühle zu nutzen, um erfolgreich zu sein. Es geht um jede Mitarbeiterin und jeden Mitarbeiter.

Was ich damals nicht verstand, war, wie stark gerade die Generationen Y und Z im Fühlen und Spüren sind. Sie kreieren fast organisch Umgebungen, in denen nicht alles an die Wand geschrieben werden muss, sondern durch die Art der Zusammenarbeit einfach gewusst wird. Es gibt Organisationen, die Purpose-getrieben sind und die den Purpose dennoch nicht aufschreiben. Darüber lesen Sie bei Frederic Laloux[136]. Purpose ist Teil der DNA aller Mitarbeiter. Es gibt niemanden, der nicht wüsste, worin der Daseinszweck besteht. Man spürt ihn. Man lebt ihn. So einfach ist das.

Wie kommen wir dahin? Über das Training von Empathie und über neue Organisationsformen, über einen Prozess, der Bilder in Ihnen und dem Unternehmen freilegt, über Achtsamkeit. Hier sind zwei Inspirationen, wie sich Spüren und Achtsamkeit trainieren lassen, dazu ein denkwürdiger medizinischer Fall.

136 Frederic Laloux: Reinventing Organisations. Brüssel: 2014, S. 202 ff.

Nachdem George Orwell seinen Job als Polizist in Burma aufgegeben hatte, um Schriftsteller zu werden, ging er nach London. Wir sind im Jahr 1927, Orwell war 24 Jahre alt. Er schrieb für Zeitschriften und wollte herausfinden, wie sich das Leben an den sozialen Rändern anfühlte. So kleidete er sich als Tramp und lebte erst in London, später in Paris mit Bettlern und Vagabunden. Im Unterschied zu diesen war er nicht wirklich gezwungen, auf der Straße zu leben, doch er bekam ein tiefes Gefühl für diese Welt, indem er zuhörte und hinsah, wo andere weghörten und wegsahen. Die Geschichten, die er erlebte, sammelte er in seinem halbfiktionalen Buch »Erledigt in Paris und London«.

Orwell schreibt, wie sich seine Weltsicht geändert hat: *»Ich werde niemals wieder denken, alle Tramps wären betrunkene Schurken, noch werde ich glauben, dass ein Bettler dankbar ist, wenn man ihm einen Penny gibt, noch überrascht sein, wenn Arbeitslosen Energie fehlt, noch die Heilsarmee mit Beiträgen unterstützen, noch meine Kleidung verpfänden, noch Flugblätter verweigern, noch Vergnügen haben an einem Essen in einem piekfeinen Restaurant. Das ist ein Anfang.«*[137]

Was Orwell dabei mit Sicherheit geholfen hat, sind Achtsamkeit und empathisches Zuhören. Es geht nicht darum, die eigenen Erfahrungen in andere zu projizieren und ihnen ganz ähnliche Gefühle, Gedanken, Werte, Wünsche, Ziele wie unsere eigenen zu unterstellen, sondern genau das Gegenteil, nämlich erst einmal das Gegenüber als etwas Fremdes wahrzunehmen und auf dieser Basis zu versuchen, zu verstehen. Es beginnt damit, dass wir den anderen nicht als Kopie von uns ansehen, die vielleicht abgerutscht ist in ein Leben auf der Straße.

Vier Dinge helfen bei dieser Art des Lauschens und Interpretierens:

1. nicht bewerten
2. keine Ratschläge geben
3. nicht interpretieren
4. nicht nachforschen

So entsteht kein dumpfes Gefühl von Fremdheit, sondern Nähe, vielleicht sogar Vertrauen. So entsteht ein Raum, in dem der andere er selbst sein darf. Wer sich

137 George Orwell: Erledigt in Paris und London. Zürich: 1978, S. 286.

wie Orwell auf das Leben der anderen einlässt, macht einen radikalen ersten Schritt, diese Fallen zu vermeiden.

Das eigene Leben nicht mehr spüren

Diese Geschichte eines medizinischen Falls erinnert daran, warum Gefühle fundamental für unser gelingendes Leben sind. Ich fand sie bei Antonio Damasio, dem amerikanischen Professor für Neurowissenschaften, Neurologie und Psychologie.[138] Elliot, ein Patient von Damasio, hatte eine beneidenswerte Stellung im Leben erworben. Er war ein guter Ehemann und Vater, hatte einen guten Job und war das Vorbild für jüngere Geschwister und Kollegen. Dann bekam Elliot Kopfschmerzen und Konzentrationsschwierigkeiten. Ein Gehirntumor war die Ursache. Der Tumor wurde entfernt. Doch danach war Elliot nicht mehr der Alte. Er konnte zwar noch klar denken, doch er verhielt sich seltsam.

Er musste gedrängt werden, aufzustehen. Am Arbeitsplatz war er unfähig, sich die Zeit einzuteilen, er verlor übergeordnete Prioritäten aus den Augen und drohte, in Details zu ertrinken. Er wurde entlassen, immer wieder. Dann kam die Scheidung. Und eine fragwürdige Heirat. Wieder eine Scheidung. Schließlich der Bankrott.

Niemand verstand, was mit Elliot passiert war. Er bestand alle Intelligenztests, ein kluger Mann und zugleich ein hoffnungsloser Fall. Elliot konnte keine Entscheidungen mehr treffen. Er konnte Dinge nicht gewichten, alles war gleich wichtig oder unwichtig. Es war ihm unmöglich, Schlussfolgerungen zu ziehen. Elliot konnte nicht mehr eigenständig leben.

Sein Patient brachte Antonio Damasio zu der fundamentalen Erkenntnis, die er in dem Satz »Ich fühle, also bin ich« zusammenfasst. Elliot konnte durch die Gehirnoperation nicht mehr fühlen. Das entdeckte Damasio bei einem Test, in dem er Elliot bewegende Bilder zeigte – Erdbeben, Brände, Verkehrsunfälle. Elliot empfand nichts. Diese Bilder ließ er wie sein gesamtes Leben in der gleichen neutralen Stimmung an sich vorüberziehen. Keine Trauer, keine Wut, nichts.

---

138 Antonio R. Damasio: Descartes' Irrtum: Fühlen, Denken und das menschliche Gehirn. Berlin: 2010.

Damasio folgerte: Die Fähigkeiten, Emotionen zu empfinden, und die Fähigkeit, Entscheidungen zu fällen, sind miteinander verknüpft: keine Emotionen, keine Entscheidungen. Wer entscheiden will, der muss fühlen. Rein rationale Entscheidungen sind ein Mythos.

Ein bemerkenswerter Fall aus dem Reich der Wissenschaft, werden Sie vielleicht sagen. Aber wir reden da ja wohl über die tiefe Vergangenheit. Tun wir das? Ich würde vielmehr behaupten, dass dieser Elliot in uns allen wohnt und die digitale Welt, so großartig sie sein mag, mit ihren Filterblasen diese Elliots hervorlockt, deren Herz an nichts gebunden ist, die keine Werte fühlen, keinen höheren Sinn, kein Mitgefühl, keine Sanftheit.

Den eigenen Weg erspüren

Mal angenommen, ich habe meinen Purpose gefunden und ich folge ihm in meinem Leben, dann wäre ich ja auf einem guten Weg. Wie sicher kann ich diesen gehen? Achtsamkeit hilft, Route und Richtung zu überprüfen. Darauf brachte mich ein guter Freund, mit dem ich häufig Spaziergänge entlang des Seeufers unternehme. Währenddessen sprechen wir über Themen, die uns bewegen. Er ist ein Achtsamkeits-Coach, ein Spezialist dafür, das Innenleben in Gedanken zu stoppen, sodass es zu einem Bild gefriert, das er von allen Seiten ansehen kann. Mehr als das: Er kann den Gefühlen nachspüren – fragen, was passiert da in mir?

Achtsamkeit ist in vielerlei Hinsicht wichtig für Individuen oder auch für Organisationen. Sie hilft, bei sich selbst zu bleiben und zu bemerken, wenn die Dinge in eine Richtung laufen, die mir oder uns nicht guttut, die gar nicht beabsichtigt war. Achtsamkeit bringt Ruhe in mein Leben, zum Beispiel im Kontext einer Meditation, und sie reduziert Stress. Achtsamkeit hilft dabei, dass wir uns selbst nicht verloren gehen.

Ist das denn noch möglich, wenn Daseinszweck und Werte klar sind und das Leben in eine Richtung läuft, die ich als meine empfinde? Ganz sicher. Interessanterweise ist es vor allem der Erfolg, der uns so sehr zu beflügeln vermag, dass wir unser Warum und Wozu darüber vergessen. Der Erfolg lässt uns zu Dingen ja sagen, die den Rahmen sprengen, er lässt mehr Stress zu, als wir vertragen, er verschiebt unsere Wahrnehmung von langfristigen Zielen auf kurzfristige. Um das zu vermeiden, helfen nach meiner Erfahrung die Meditation, das Schweigen, das Lauschen in mich hinein.

Oft reicht es schon, sich am Tag wenige Minuten zu nehmen, um nichts zu tun, sondern die Augen zu schließen und zunächst in die Welt zu lauschen, auf den Klang der Regentropfen, den Klang der Stimmen der Vögel, den Klang der Stille. Dann horche ich in mich hinein, folge meinem Atem, spüre, wie es mir geht. Wenn Zeit ist, bevorzuge ich einen Spaziergang in der Natur oder eine leichte Joggingrunde. Keine Musik, keine Podcasts, einfach nur der Klang der Natur und der eigene Atem. Die Dinge, die mein Leben beflügeln oder bremsen, die mich gut oder schlecht schlafen lassen, zeigen sich dann von ganz allein. Meine Ruhe in der Bewegung empfinden sie als Einladung.

Jeder entwickelt seine eigene Art, achtsam zu sein. Der eine sitzt still auf dem Kissen, eine andere malt ein Bild oder spielt Klavier, wieder ein anderer übt sich in Dankbarkeit. Ganz gleich, welcher Weg, mein Vorschlag wäre, in diesen Momenten zu verweilen, um zu erspüren, ob Route und Richtung Ihres Lebens noch stimmen. Gar nicht jeden Tag, aber vielleicht jede Woche, einfach nur, um das Gefühl für den Weg nicht zu verlieren.

TÜR

Rausgehen, folgen, lernen!
So mächtig ist Purpose in der praktischen Anwendung

Purpose macht erfolgreich. Das zeigt eine bunte Welt der Beispiele. Dieser Abschnitt öffnet die Tür zu Menschen und Organisationen, die wunderbare und inspirierende Dinge für die Gemeinschaft tun.

Wenn Sie durch die Tür gehen, dann stehen Sie mitten im Leben. In diesem Kapitel sehen Sie Purpose in Aktion, spazieren durch eine Galerie von Menschen und Organisationen, die erfolgreich sind, indem sie Purpose nutzen. Sie erleben Microsoft in einem der größten Change-Prozesse unserer Zeit. Sie werden verstehen, wie sich Purpose programmieren lässt, wie Purpose auf Philanthropie in den verschiedensten Formen hinauslaufen kann oder in Richtung Partisanentum – zumindest in der Netflix-Serie »Haus des Geldes«. Sie werden das Warum von Rihanna, Greta Thunberg und der Dichterin Amanda Gorman studieren.

Tür ist ein Kapitel, für das ich viele Gespräche mit faszinierenden Menschen geführt habe, die ihren Umgang mit diesem Thema schildern. Ich betrachte diesen Teil von »That's me!« als Inspiration – durch Unternehmer, die ihre Aufgabe größer denken als Profit zu machen, Arbeitsplätze zu schaffen und Steuern zu zahlen, Unternehmen wie auticon, die Diversität neu interpretieren, indem sie die erste IT-Consultingfirma gegründet haben, deren Consultants Autisten sind, oder die Outdoormarke Vaude, die sich im Rahmen eines Generationswechsels an der Unternehmensspitze dem Gemeinwohl verschrieben hat. Sie zu studieren bietet die Chance, Ihren eigenen inneren Kompass zu überprüfen und gegebenenfalls neu zu justieren.

Wir sind im Business, um unseren Heimatplaneten zu retten
Purpose und Aktivismus bei Patagonia

In seinem Buch »Let my people go surfing« beschreibt Patagonia-Gründer Yvon Chouinard, wie das Unternehmen 18 Jahre nach seiner Gründung mit dem Rücken an der Wand steht. Es ist das Jahr 1991, eine Rezession beginnt. Patagonia war bis dahin mit 30 bis 50% pro Jahr gewachsen. Jetzt bleiben die Kunden weg, die Banken kürzen ihre Kreditlinien und zum ersten Mal in der Geschichte des Unternehmens werden Mitarbeiter entlassen. Was für ein Schnitt! Patagonia ist eine große Familie, das kalifornische Unternehmen hat Freunde eingestellt, Brüder, Schwestern, Mütter, Väter – Hauptsache Menschen, die die Naturverbundenheit und den Abenteuergeist des Gründers teilten, die Sport lieben und in der Mittagspause surfen gehen. Doch Ende Juli 1991 wird 20% der Belegschaft gekündigt, 120 Menschen.

Chouinard will verstehen, was passiert und was zu tun ist. Er reist mit einem Dutzend seiner Topmanager nach Patagonien, wandert, spricht mit ihnen über Purpose und Werte im Kontext der Entwicklung der Welt. Sie formulieren ihr Bild, und Chouinard macht etwas, das viele Manager heute und sicherlich auch damals als kontraintuitiv betrachten würden: Er mietet Busse und campt mit Gruppen von Mitarbeitern im Yosemite Park oder den Marin Headlands oberhalb von San Francisco. Sein Ziel: Jedem im Unternehmen persönlich das Geschäft, die Werte und die Ethik von Patagonia zu erklären. Es dauert Wochen. Als das Geld so knapp wird, dass sie sich keine Busse mehr leisten können, campen sie um die Ecke, im Los Padres National Forrest. Doch sie machen weiter mit den Patagonia-Philosophieklassen: *»Ich verstehe jetzt, dass ich versuchte, Lektionen, die ich als Mensch, Bergsteiger, Surfer, Kayakfahrer und Fliegenfischer gelernt hatte, mit der Firma zu teilen [...] Du musst ehrlich zu dir sein, deine Stärken und Grenzen kennen und innerhalb deiner Möglichkeiten leben. Das gilt auch für das Business. Je eher eine Firma versucht, etwas zu sein, was sie nicht ist, je eher sie versucht, alles zu haben, je eher wird sie sterben. Es war Zeit, ein wenig Zen-Philosophie in unser Business zu bringen.«*[139]

139 Yvon Chouinard: Let my people go surfing. New York: 2016, S. 66.

Ein ungewöhnlicher Weg für einen Turnaround. Doch er funktionierte. Patagonia wandelt sich schnell auf Basis der neuen Philosophie, bewältigt die Krise und tritt in eine Phase organischen Wachstums ein. Chouinard schreibt: *»Ich wusste jetzt, warum ich im Business war. Ich wollte Geld für Umweltschutzzwecke spenden. Mehr noch, ich wollte mit Patagonia ein Modell schaffen, an dem sich andere auf ihrer Suche nach umweltbewusstem Handeln und Nachhaltigkeit orientieren konnten.«*[140]

Erfolg definiert sich nicht mehr über Wachstum um jeden Preis, sondern über evolutionäres, gesundes Wachstum.

Patagonia ist ein Unternehmen, das radikal einem Purpose folgt, den es heute so formuliert: *»Patagonia is in business to save our home planet – Patagonia ist im Business, um unseren Heimatplaneten zu retten.«* Es wurde viel über das kalifornische Outdoorunternehmen geschrieben, doch die eindrucksvollsten Worte stammen meiner Meinung nach vom Gründer selbst, der zwei Bücher über Patagonia verfasst hat, »Let my people go surfing« und »The responsible company«. Beide Bücher sind Fundgruben für alle, die sich mit Purpose beschäftigen, weil Chouinard immer das Persönliche mit dem Unternehmerischen verknüpft und in philosophische Betrachtungen einbettet. In diesem Kapitel will ich einer Linie folgen, die Chouinard als Framework bezeichnet, als ein Set von Regeln oder Maximen, die uns in einer guten Spur halten – als Menschen und Unternehmer, denen nicht nur das eigene Wohlergehen, sondern auch die Gemeinschaft und die Umwelt am Herzen liegen.

Führe ein Leben, das du immer wieder überprüfst

Die Idee ist, sich seinem Leben und seinen Taten immer wieder kritisch-fragend zu nähern. Bei Patagonia ist das übergeordnete Thema die Rettung des Planeten. So begann das Unternehmen in den 1990er Jahren, Fragen zu stellen – Fragen zu Lieferanten, zu Herstellungsprozessen, zu Materialien etc. Und weil die Antworten düstere Einsichten brachten, führten sie zu neuen Technologien, Partnerschaften, Materialien. Im Kern geht es dem Unternehmen darum, immer wieder

140 Ebd.

nach dem Warum zu fragen, so wie es Toyota macht, und auf diese Art die Dinge, die sie tun, immer wieder im Namen ihres Purpose neu zu überprüfen. Das ist die Basis für Verantwortung.

Bringe dein eigenes Leben in Ordnung

Eine einfache Regel, die jeder sofort versteht: Wir fangen immer bei uns selbst an, bevor wir andere bitten, in den Spiegel zu schauen und sich zu verändern. Diese Betrachtung, erzählt Chouinard, habe ihn zu der Erkenntnis geführt, dass Recycling zwar wertvoll sei, doch der letzte Punkt in einer Kette von Entscheidungen, die wir alle längst kennen, doch die ruhig wiederholt werden darf: reduce, repair, reuse, recycle. So ist Patagonia das erste Unternehmen, das ein Plakat mit einer Jacke zeigt und schreibt: Kaufe diese Jacke nicht (siehe **Abbildung 36**). Konsequent sind auch die Werkstätten, die Patagonia betreibt, um gebrauchte Produkte zu reparieren. Es geht nicht um kurzfristige finanzielle Erfolge, sondern um langfristige Ziele – und natürlich um Kundenbindung.

Tue Buße

Ganz gleich, wie sorgfältig Patagonia versucht, der Umwelt weniger Schaden zuzufügen, die Bilanz bleibt doch bis auf Weiteres negativ. Daher hat sich das Unternehmen in den 1990er Jahren freiwillig zu einer »Earth Tax« verpflichtet, um die Folgen seiner Geschäftstätigkeit für die Umwelt abzumildern. Diese Steuer erhebt das Unternehmen in Höhe von 1% entweder auf seinen Bruttoumsatz oder auf 10% des Gewinns, je nachdem, welcher Wert höher ist, und zwar auch in wirtschaftlich schlechten Zeiten. Der gesamte Erlös aus der Earth Tax wird für lokale Gemeinde- und Umweltaktivitäten verwendet. Die Idee ist, eine Vielfalt von Aktivisten zu unterstützen – mit Geldzuwendungen sowie mit Weiterbildung in erfolgreichem Aktivismus.

36 *Paradoxe Werbung. Patagonia demonstriert seine Werte an einem Black Friday.*
© Patagonia

Unterstütze bürgerliche Demokratie

Hier geht es im Kern um Aktivismus. Chouinard glaubt, dass alle Bewegungen, die in der Gesellschaft etwas verändert haben, von mutigen Aktivisten geboren wurden, die für ihre Ideen einstanden. Antikriegsdemonstrationen stoppten den Vietnamkrieg. Die Civil Rights Movement erkämpfte Rechte für People of Color. Er betont, dass das Wort »Aktivist« für viele eine abschreckende Bedeutung haben mag, doch es geht ihm dabei nicht um gewalttätige Proteste oder Sabotageakte, sondern um Menschen, die ein Anliegen haben, zum Beispiel einen Fluss retten wollen oder eine Tierart schützen. Genau mit diesen Menschen, davon ist Chouinard überzeugt, beginnt Veränderung.

Tue Gutes

Wiederholen wir uns nicht mit dieser Frage? Kommen wir nicht wieder an den Punkt 3? Chouinard meint es anders, radikaler. Es geht darum, so tief zu fragen und zu suchen, um das Spiel umzukehren. Was bislang der Umwelt Schaden zufügte, könnte ihr ja auch nützen. Für Patagonia würde es bedeuten, dass mit jedem produzierten Kleidungsstück ein positiver Beitrag zum Zustand des Planeten geleistet würde. Weit gedacht, sicher. Aber es geht darum, diese Idee nicht systematisch auszuschließen, nur weil das aktuell noch nicht möglich ist. Chouinards positives Beispiel kommt aus einem anderen Bereich: dem Carbon Farming. Dabei geht es um eine Form der regenerativen Landwirtschaft, die eindrucksvoll in dem Film »Kiss the Ground« beschrieben wird. Es handelt sich um eine Lösung, die aktiv dem Klimawandel entgegenwirkt.

Beeinflusse andere Firmen

Können wir ein modellhaftes Leben führen oder ein modellhaftes Unternehmen bauen? Das ist der letzte Punkt in der Reihe der Maximen von Yvon Chouinard. Er sagt: Genau das wäre sein Anspruch gewesen, ein Beispiel zu geben, vom dem sich lernen lässt, und zwar in Richtung aller 6 Key Stakeholder, die Patagonia im Blick hat: Eigentümer, Angestellte, Partner und Lieferanten, Kunden, die Gemeinschaft und die Natur (siehe **Abbildung 37**). Wichtig dabei sei vor allem langfristiges Denken und kein Greenwashing, also pure Schönfärberei, die sowieso früher oder später durchschaut würde. Sein Beispiel dafür ist die Umstellung von synthetischer auf organische Baumwolle bei Patagonia, ein Kraftakt, doch schließlich richtungsweisend für die gesamte Industrie. Und, obgleich viel aufwendiger, langfristig betrachtet gut für das Geschäft. Gerade in Krisenzeiten, sagt Chouinard, entschieden sich die Kunden für Produkte von Wert und solche, die mit einem Anspruch verbunden seien, der weit darüber hinaus gehe, einfach ein Hemd zu sein, eine Hose oder eine Jacke.

Aus der Praxis: Komplexität reduzieren, einfaches Matching ermöglichen

Patagonia macht es jedem, der sich fragt, ob er vielleicht dort arbeiten sollte, außerordentlich leicht. Wir sind im Business, um den Planeten zu retten – klarer kann man es kaum sagen. Ich brauche in diesem Satz nur das Wir gegen ein Ich zu tauschen und zu prüfen, wie sich das anhört: Ich bin im Business, um den Planeten zu retten. Gibt es Resonanz? Bin ich das? Wenn ja: worauf noch warten? Wer zweifelt, liest die Werte oder die Bücher des Gründers, um ein Gefühl für Patagonia zu bekommen. Gerade die Bücher geben ein starkes Gefühl für die emotionale Seite des Unternehmens. All das ist kein großer Aufwand. Danach weiß ich ganz sicher, das ist ein Unternehmen für mich. Oder eben nicht. Auch darin liegt eine große Stärke der Art, wie Patagonia seinen Purpose kommuniziert – er verringert radikal Komplexität. Für die Kunden und für potenzielle Mitarbeiter. Diese direkte und grundehrliche Art gehört zum Wesen sowohl vieler Organisationen, die einen klaren Purpose haben, als auch von Menschen, die sich mit ihrem Purpose auseinandergesetzt haben. Und wer sich fragt, wie sich diese Art transportieren lässt, der kann bei Patagonia alles lernen.

Take-away

Patagonia ist ein Vorreiter unter den Purpose-getriebenen Unternehmen. Von den Kaliforniern und ihrer Philosophie kann jeder lernen – für sein Unternehmen, für sein Leben. Das Spannende an Patagonia ist auf der einen Seite seine Story, die eine eindrucksvolle Lernkurve dokumentiert. Auf der anderen Seite ist es der radikale Purpose, der eine einzigartige Organisation geschaffen hat.

Die sechs Key Stakeholder

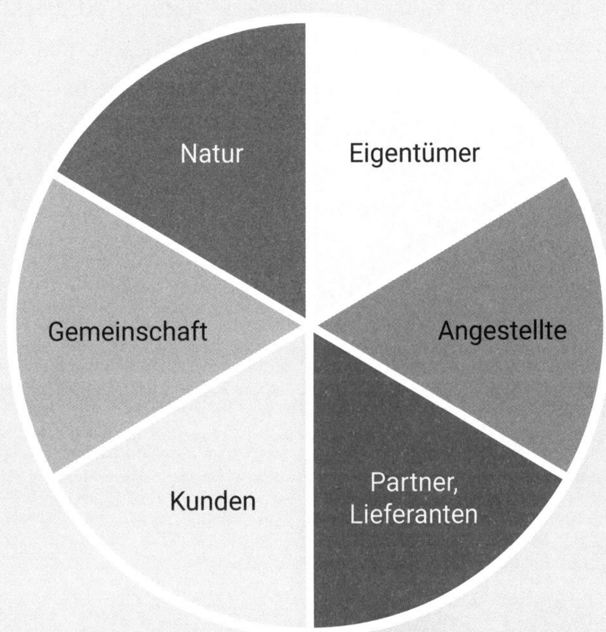

37 *Die sechs Key Stakeholder: Bei Patagonia bekommt die Natur eine Stimme.*

Powerfrauen der jungen Generation

Purpose und Story bei Amanda Gorman, Greta Thunberg und Mai Thi Nguyen-Kim

Amanda Gorman (siehe **Abbildung 38**) wurde im März 1998 in Los Angeles geboren, dort, wo schwarze Eleganz auf weiße Gentrifizierung und lateinamerikanische Kultur trifft, wie sie in einem Interview mit der New York Times erklärte.[141] Sie hat eine Zwillingsschwester, ihre Mutter ist Lehrerin und alleinerziehend. Amanda Gorman beschreibt sich als seltsames Kind, ein schwarzes Mädchen, besessen vom Schreiben. Sie studiert Soziologie in Harvard, wird Schriftstellerin, Lyrikerin und Aktivistin. Am 20. Januar 2021 wird Amanda Gorman weltberühmt, als sie bei der Amtseinführung des US-Präsidenten Joe Biden ihr Gedicht »The hill we climb« (Den Hügel, den wir erklimmen) liest.

38 *Amanda Gorman: Der Hügel, den wir erklimmen.*
© Shawn Miller, Commons Wikimedia

141 Adeel Hassan: a young poet's inspiration. New York Times: Februar 2018: *https://www.nytimes.com/2018/02/28/us/a-young-poets-inspiration.html*

Greta Thunberg (siehe **Abbildung 39**) wurde im Januar 2003 in Stockholm geboren. Ihre Mutter ist Opernsängerin, ihr Vater Schauspieler, sie ist die ältere von zwei Töchtern, mag Pferde und Hunde. Im Alter von elf Jahren sieht Greta Thunberg in der Schule ein Video zum Thema Klimawandel und dessen Auswirkungen: hungernde Eisbären, Dürre, Überflutungen. Sie ist geschockt, verfällt in eine Depression. Monatelang spricht sie nicht, isst kaum. Im August 2018 setzt sich die zierliche Schülerin vor das schwedische Parlament und beginnt mit Schulstreiks für das Klima. Bald folgen Millionen dem Beispiel des autistischen Mädchens. Wir alle kennen die Geschichte.

39 *Greta Thunberg: Das Haus steht in Flammen.*
© Anders Hellberg, Commons Wikimedia

Mai Thi Nguyen-Kim (siehe **Abbildung 40**) wurde im August 1987 in der hessischen Kreisstadt Heppenheim geboren. Ihre Eltern stammen aus Vietnam, der Vater ist Chemiker, die Mutter Hausfrau. Sie hat einen älteren Bruder, und wie er studiert sie Chemie. Sie startet auf YouTube das Wissenschaftsformat »schönschlau«, ändert den Namen 2018 in »maiLab«. Am 1. April 2020 veröffentlicht Mai Thi Nguyen-Kim dort ein Video, in dem sie Corona verständlich und realistisch in Bezug auf die Dauer der Pandemie erklärt. Auftritte in Tagesthemen und Talkshows folgen. Von einem Augenblick zum anderen ist sie *die* deutsche Wissenschaftsjournalistin der Stunde.

40 *Mai Thi Nguyen-Kim: Wissenschaftlichen Spirit wie eine Seuche verbreiten. © Viet Nguyen-Kim*

Drei junge Frauen, drei Lebensgeschichten. Während Amanda Gorman und Greta Thunberg die Generation Z repräsentieren, ist Mai Thi Nguyen-Kim Vertreterin der Millennials oder auch der Generation Y. Beides sind Generationen, die in allen Studien vor allem dadurch auffallen, dass sie sich erlauben, die Warum- und Wozu-Fragen zu stellen. Ihre Haltung zielt weniger darauf ab, in Spuren zu gehen und das, was ist, als das, was ist, zu akzeptieren, sondern, ganz im Gegenteil, Dinge mit dem Blick auf das große Bild infrage zu stellen.

Was die drei Frauen gemeinsam haben, ist ein klarer Purpose und auch ein übergreifendes Wie: Sie setzen ihr Warum mithilfe der Sprache und der Kommunikation um – als politische Dichterin, als Klimaaktivistin, als Wissenschaftsjournalistin. Ein deutlicher Unterschied findet sich in der Dimension des Purpose und auch darin, wie sie ihre Storys erzählen. Im zweiten Teil von »That's me!« habe ich beschrieben, wie Purpose, Story und Aktion zusammenhängen; in diesem Abschnitt zeige ich, wie das Muster der Public Narrative von den drei Frauen genutzt wird. Wie sie ihre Storys durch Worte und Taten in die Welt bringen, um dafür zu sorgen, dass ihr Purpose, ihre Mission Realität wird.

Mai Thi Nguyen-Kim: Wissenschaftlichen Spirit wie eine Seuche verbreiten

Im Vorwort zu ihrem neuen Buch »Die kleinste gemeinsame Wirklichkeit« schreibt Nguyen-Kim, dass sie Anfang 2017 ein attraktives Jobangebot als Laborleiterin bei BASF ablehnte, weil sie *»eine Karriere in der Wissenschaftskommunikation versuchen musste.«* Was sie dazu motivierte: *»Die zunehmend verschwimmenden Grenzen zwischen Fakten und Meinungen, die Informations- und Desinformationsüberflutung in sozialen Medien und die scheinbar unerschütterliche Realitätsfeindlichkeit mancher Menschen, die die Erde für flach oder Viren für nicht existent erklärten, waren für mich tatenlos kaum auszuhalten. Ich musste etwas tun, mitmischen, mitreden – ich brauchte wenigstens das Gefühl, aktiv etwas für die Wissenschaftlichkeit und Wahrhaftigkeit zu tun, und sei es auch nur ein kleines bisschen.«*[142]

Sie erklärt ihre Rolle von beiden Seiten: zum einen als Calling, ganz ähnlich wie die Tierpfleger, über die ich im ersten Teil von »That's me!« schreibe – sie musste diesen Weg gehen, weil sie nicht tatenlos zusehen konnte, wie Realität, Wahrheit und Wissenschaft verdreht werden – und zum anderen als Mission, die sie an anderer Stelle pointiert formuliert: *»wissenschaftlichen Spirit wie eine Seuche zu verbreiten«.*[143] Damit hat nicht nur ihre Tätigkeit ein starkes Fundament, alles, was sie tut, lässt sich ausgehend von diesen beiden Bezugspunkten verstehen. Was Nguyen-Kim schließlich bekannt macht, ist genau dieser Spirit, den sie selbst auf die Erklärung der Pandemie anwendet. In ihrem YouTube-Video zu

142 Mai Thi Nguyen-Kim: Die kleinste gemeinsame Wirklichkeit. München: 2021, S. 11.

143 Mai Thi Nguyen-Kim im Interview mit dem Handelsblatt im August 2020: Meine Mission ist es, wissenschaftlichen Spirit wie eine Seuche zu verbreiten.

Corona ist sie zugleich leidenschaftlich, sachlich und lässig. Sie wirkt ungleich klarer als die Politik und viele Wissenschaftler – und sie ist einfach mal ehrlich, indem sie eingesteht, dass wir ihrer Einschätzung als Chemikerin nach noch lange mit der Pandemie zu tun haben werden.

»Ich nehme dieses Video auf am 1. April 2020. In Deutschland werden 73.217 Corona-Fälle gezählt, 802 Tote. Kitas, Schulen, Geschäfte sind geschlossen, soziale Kontakte auf ein Minimum beschränkt, viele sind gerade arbeits- oder auftragslos, andere arbeiten sich gerade kaputt, um das Land am Laufen zu halten. Wie lange müssen wir diesen Ausnahmezustand aushalten und wie können wir schnellstmöglich zur Normalität zurückkommen? So viel vorweg: Es wird länger dauern, als die meisten denken.«[144]

Nguyen-Kim nennt die Dinge beim Namen, anstatt die Fakten weich zu spülen. Sie erklärt komplexe Dinge für ein größeres Publikum in verständlicher Form, darüber hinaus ohne Panikmache oder Beschwichtigung. Sie reflektiert die Unsicherheit der Daten, sie macht ihre Heuristiken plausibel, ihre Modelle, ihre Logik. Inmitten der Flut von Information und Desinformation ruht dieser Beitrag und gibt im besten journalistischen Sinne mit einem hohen Maß an Glaubwürdigkeit ein Gefühl für die Lage. Auszeichnungen und Ehrungen folgen: Journalistin des Jahres, Bundesverdienstkreuz, Goldene Kamera.

Wie sehen die drei Storys als Bestandteile der öffentlichen Erzählung (Public Narrative) von Nguyen-Kim aus?

- *Story of Self*

  Ich konnte nicht tatenlos zusehen, wie Wahrheit und wissenschaftliche Erkenntnisse verdreht werden, und musste journalistisch arbeiten, um wissenschaftlichen Spirit zu verbreiten.
- *Story of Us*

  Wir brauchen ein Verständnis für die wissenschaftlichen Erkenntnisse, damit wir die richtigen Entscheidungen fällen – in unserem Privatleben, in der Politik, in Unternehmen.
- *Story of Now*

  Die Pandemie zeigt, wie dringlich im Hier und Jetzt eine seriöse und klare Wissenschaftsberichterstattung benötigt wird.

---

144 Mai Thi Nguyen-Kim: Corona geht gerade erst los: *https://www.youtube.com/watch?v=3z0gnXgK8Do&t=298s*

Greta Thunberg: Die Klimakrise abwenden

Auch Greta Thunberg setzt auf die Wissenschaft. Ihr Credo: *»Vereinigt euch hinter der Wissenschaft.«*[145]

Doch ihr Purpose ist ein anderer. Während Nguyen-Kim ihren Weg bescheiden formuliert und den Zusatz nutzt, sie brauchte das Gefühl, etwas zu tun, wenn auch nur ein kleines bisschen, wählt Thunberg den maximalen Rahmen: den Planeten retten. Alles oder nichts – bei ihr geht es ums Ganze. Als Umweltaktivistin ist ihr Purpose ganz klar: die Klimakrise abzuwenden. Ihr Vorgehen? Sie beginnt in einem für ihre Verhältnisse relativ bescheidenen Rahmen. Ihr Schulstreik soll die Regierung Schwedens ermahnen, die im Pariser Abkommen fixierten Klimaziele zu erreichen. Wir alle haben das Bild im Kopf, wie Thunberg in blauem Hoody mit selbst gemaltem Schild allein vor dem Parlament sitzt. Und wir alle haben erlebt, wie immer mehr Menschen hinzukamen und daraus eine globale Bewegung wurde. Es gibt sogar eine chinesische Greta. Doch während die Schwedin Millionen auf die Straße zieht, kämpft Howey Ou im bevölkerungsreichsten Land der Erde allein.

Greta Thunberg ist das herausragende Beispiel unserer Zeit für diese spezielle Form von Leadership im Kontext sozialer Bewegungen. Marshall Ganz schreibt, dass häufig junge Menschen diese Rolle übernehmen[146], doch kaum eine war wohl jünger als Thunberg, die im Alter von 16 Jahren zu streiken begann. Ihr Calling beschreibt die Schwedin im Kontext ihrer Asperger-Diagnose. Endlich verstehe sie, was sie nicht verstanden habe. Ihre Lähmung, nachdem sie die hungernden Eisbären im Film gesehen habe, sei ihrer Asperger-Art, auf das Leben zu schauen, zuzuschreiben. So kommt sie zu einer Neubewertung ihrer vorher als Schwäche eingeordneten Depression und der damit verbundenen Unfähigkeit, etwas gegen den Klimawandel tun zu können. Später wird Asperger zu ihrer Superkraft. Nun kann sie ihren Ruf annehmen und weiß, was zu tun ist.

Thunberg wählt den symbolischen Weg des Streiks, doch schon bald sind ihre Reden ihre schärfste Waffe im Kampf gegen diejenigen, die in ihrer Perspektive

---

145 *https://www.facebook.com/gretathunbergsweden/posts/unite-behind-the-science-the-actions-required-are-beyond-any-manifesto-or-any-pa/781389928895496/*

146 Marshall Ganz: Leading change. Leadership, organizations, and social movements. Boston: 2010, S. 4 f.

die Welt an den Abgrund manövriert haben. Sie sagt: *»Wir können einfach nicht fortfahren so zu leben als gäbe es kein Morgen, denn da ist ein Morgen. Das ist alles, was wir sagen.«*[147]

Sie argumentiert wissenschaftlich mit den dramatischen Folgen des Temperaturanstiegs. Sie hält sich an die Fakten. Zugleich ist sie radikal emotional in ihrer Sprache und ihrer Anrede. Wo andere Worte der Hoffnung wählen, wird sie zur wütenden Anklägerin und wiederholt immer wieder: Wir sind in einer Krise, ich will, dass ihr euch entsprechend verhaltet, ich will, dass ihr in Panik geratet. Das Haus steht in Flammen, wie könnt ihr so ruhig sein? Ich will, dass ihr die Angst fühlt, die ich jeden Tag fühle, ihr, die ihr unsere Kindheit und Zukunft gestohlen habt. Ausrufezeichen!

Alles geht sehr schnell. Schon ein Jahr, nachdem sie zu streiken begann, ist Thunberg zur Stimme von Millionen geworden, ein globales Symbol der Hoffnung. Sie ist es bis heute, nur hat Corona das Bild verändert. Thunberg ist aus den Schlagzeilen verschwunden, sie geht wieder zur Schule, ist sich nicht sicher, ob und was sie studieren soll. Im Interview mit Jochen Wegner, Chefredakteur von »Zeit Online« wiederholt sie immer wieder die gleichen Sätze, die wir schon so oft von ihr gehört haben.[148] Auf den Vorwurf der Negativität antwortet sie, dass sie im Gegenteil optimistisch sei, weil sie glaube, dass sich die Dinge ändern lassen. Allein Tonfall und Ausdruck enthalten wenig positiven Spirit. Es scheint mehr ein logischer Optimismus. Wirklich konstruktiv wirkt sie auf mich nicht.

Thunberg sagt, sie sehe die Welt schwarz oder weiß – Graustufen seien nicht ihre Stärke. Das sei eine Folge des Asperger-Syndroms. Sie operiere in einem anderen emotionalen Register. Sie neigt zur Spaltung: wir und ihr. Greta Thunbergs Purpose ist getragen von einer Wut und scheint fast übergroß, um wirkliches Handeln über den Protest hinaus zu ermöglichen. Es gibt keine Road Map für den Wandel. Wenn wir, insbesondere die Mächtigen, doch nur endlich begreifen würden, dass wir uns in einer Krise befinden, dann würden wir die richtigen Dinge tun, erklärt sie im Gespräch mit »Zeit Online«. Wie sehen die drei Storys als Bestandteile der öffentlichen Erzählung (Public Narrative) von Greta Thunberg aus?

---

147 Greta Thunberg, person of the year 2019. The power of youth. Time Magazine im Dezember 2019: *https://time.com/person-of-the-year-2019-greta-thunberg/*

148 Wie können wir das Klima retten, Greta Thunberg? Ein Interview mit Greta Thunberg und Luisa Neubauer im Februar 2021: *https://www.zeit.de/video/2021-02/6228378225001/greta-thunberg-und-luisa-neubauer-wie-koennen-wir-das-klima-retten-greta-thunberg?utm_referrer=https%3A%2F%2Fwww.google.com*

- *Story of Self*
  Mit elf Jahren habe ich verstanden, dass sich die Welt in einer Klimakrise befindet. Ich ging durch eine gravierende persönliche Krise. Die Diagnose meiner Asperger-Krankheit gab mir Kraft, mit 16 wurde ich Klimaaktivistin.
- *Story of Us*
  Wir (Fokus auf meine Generation) bestehen auf einer positiven Zukunft.
- *Story of Now*
  Wir befinden uns in einer Krise, die alle bisherigen Krisen in den Schatten stellt. Wir müssen sofort handeln.

Amanda Gorman: Eine Gemeinschaft für alle Kulturen und Farben schmieden

Kein Interview mit Amanda Gorman, in dem sie nicht auf ihre Sprachbeeinträchtigung hinweist. Sie erzählt von ihrer Unfähigkeit, den Buchstaben R auszusprechen, und ihrer Angst, dass bei öffentlichen Vorträgen die Worte nicht so klingen, wie sie klingen sollten. Statt Poetry sagte sie lange Zeit Poetwee, statt Dollar sagte sie Dolla. Bis 2018 konnte sie selbst ihren eigenen Nachnamen nicht sprechen. Die junge Dichterin erzählt davon, wie sie das als Schwäche gesehen habe und wie die Angst vor Fehlern sie fast stumm gemacht hätte. Und sie erzählt von der Überwindung dieser Angst, indem sie nicht aufgab, sich dieser Herausforderung zu stellen. Ihre Sprachbeeinträchtigung sieht sie mittlerweile als Stärke an, weil sie mit ihr und durch sie erst zur Schriftstellerin und Performerin ihrer eigenen Texte geworden sei. Wenn sie heute eine Bühne betritt, dann besitzt sie ein tiefes Verständnis für die Komplexität von Sound, von Aussprache und Betonung. Mehr als das, sie zeigt, dass man trotz aller Schwierigkeiten sein Ziel erreichen kann – sie verkörpert den amerikanischen Traum.[149] Wir spüren, von dieser Frau dürfen wir noch Großes erwarten. Sie fängt gerade erst an.

Amanda Gorman erzählt ihre Texte mit Worten, Gesten und ihrem ganzen Körper. Als sie ihr Gedicht »The hill we climb« bei der Inauguration von Präsident Joe

149 Eine detaillierte Schilderung der Entwicklung der jungen Dichterin findet sich in dem Beitrag: Unity with purpose. Amanda Gorman and Michelle Obama discuss art, identity, and optimism. Time: Februar 2021: *https://time.com/5933596/amanda-gorman-michelle-obama-interview/*

Biden vortrug, war sie die jüngste Dichterin in der Geschichte der USA, die bei so einem Event rezitierte. Sie erschien als ein Gesamtkunstwerk – ein gelber Prada-Mantel, ein leuchtend roter Haarreif, goldene Kreolen und ein symbolischer Ring mit einem Vogel im Käfig. Aufrechte Haltung, feste Stimme, Hände, die die Worte malen. Jill Biden, die neue First Lady, hat Amanda Gorman entdeckt und eingeladen. Es war der erste große, öffentliche Auftritt von Gorman und es war einer, bei dem nicht nur Amerika ein Schauer über den Rücken lief.

Lyrik? Ist das nicht dieses schwer zugängliche Genre, in dem nur Kenner den Sinn erspüren und alle anderen gähnen? Nicht bei dieser jungen Frau. »The hill we climb« hat 110 Strophen, Struktur, Rhythmus und Metrik sind frei. Es handelt von der Nation, die nicht zerstört, sondern vielmehr unvollendet ist, von der Gefahr, die der Demokratie droht, die aber stark genug sei, alle Angriffe abzuwehren, Angriffe wie den Sturm auf das Kapitol im Januar 2021, unter dessen Eindruck die Verse entstanden. Sie beschreibt einen Weg Amerikas von der Dunkelheit ins Licht in Richtung einer vielfältigen, vielfarbigen, vielstimmigen Kultur.

Diese Kultur ist Gormans Traum – als Dichterin und Aktivistin, die sich mit Themen wie Rassismus, Feminismus oder Unterdrückung auseinandersetzt. Amanda Gorman hat ein Mantra, das sie vor jedem Auftritt mit geschlossenen Augen rezitiert. Sie sagt: *»Ich bin die Tochter schwarzer Schriftsteller, die von Freiheitskämpfern abstammen, die ihre Ketten gesprengt haben und die Welt veränderten. Sie rufen mich.«*[150]

Das ist ihre Herkunft und ihr Calling, ihr Warum. Sie rufen mich. Ich stehe auf ihren Schultern. Ich bin nicht allein. *»Die Geschichte sieht uns zu«*, heißt es in ihrem Gedicht, und weiter: *»Wir, Nachfahren eines Landes und einer Zeit, in der ein dünnes, schwarzes Mädchen, das von Sklaven abstammt und von einer alleinerziehenden Mutter großgezogen wurde, davon träumen kann, Präsidentin zu werden, nur um sich selbst in einer Situation zu finden, in der sie für einen vorträgt.«*[151]

Für Amanda Gorman ist Purpose nichts Äußeres, ihr Wirken ist davon durchdrungen. Alles in ihr scheint darauf zu drängen, eine Mission, eine Bestimmung zu erfüllen. Ihr Dichten ist vor allem eins: politisch, keine Kunst um der Kunst

150 Ebd.

151 The hill we climb, deutsche Übersetzung und Original: *https://www.rnd.de/kultur/amanda-gorman-gedicht-auf-deutsch-lesen-sie-hier-die-ubersetzung-und-das-original-the-hill-we-climb-QOXSZUHXRREFJNXHXKM2S4VEUY.html*

willen. Wie sehen die drei Storys als Bestandteile der öffentlichen Erzählung (Public Narrative) von Amanda Gorman aus?

- *Story of Self*
  Meine Vorfahren rufen mich, um an ihrem Werk weiterzuarbeiten – einer Gemeinschaft für alle Farben und Kulturen. Ich habe meine Sprachbeeinträchtigung überwunden, um politische Dichterin und Aktivistin zu werden.
- *Story of Us*
  Wir (Amerika) brauchen eine gemeinsame Zukunft in einer friedlichen, vielfarbigen und vielfältigen Kultur, frei von Spaltungen.
- *Story of Now*
  Nach den Jahren der Spaltung, deren trauriger Höhepunkt der Sturm aufs Kapitol war, brauchen wir jetzt mehr denn je eine funktionierende Demokratie.

Der Erfolg hängt für alle drei Powerfrauen an der Vergrößerung ihrer Reichweite. Je mehr Menschen sie über ihre Arbeit berühren, desto größer ist die Wahrscheinlichkeit, dass sich etwas dreht. In Zeiten von Corona zeigt sich deutlich, dass Amanda Gorman und Mai Thi Nguyen-Kim im Vorteil sind. Ihre Reichweite ist nicht an ihre Präsenz auf der Straße gebunden, sondern über Medien vermittelt. Die Wissenschaftsjournalistin wurde im April exklusiv für zahlreiche TV-Formate beim ZDF verpflichtet. Die Dichterin steigt mit ihrem Langgedicht »The hill we climb« in der Bestsellerliste der New York Times gleich auf Platz eins ein. Nur Greta Thunberg ist aus der Öffentlichkeit nahezu verschwunden und wirkt hinter den Kulissen.

Take-away

Greta Thunberg, Mai Thi Nguyen-Kim und Amanda Gorman – drei Frauen einer jungen Generation, die eins gemeinsam haben: einen klaren Purpose, eine Bestimmung. Was sie ebenfalls verbindet, ist ein klares Wie. Alle drei nutzen herausragende Kommunikation, um zu wirken – als politische Dichterin, als Klimaaktivistin, als Wissenschaftsjournalistin. Darüber hinaus erzählt jede von ihnen die drei Storys der öffentlichen Rede: Die Frauen sprechen von ihrem Purpose und ihrem Calling, sie sprechen von der Gemeinschaft und von dem, was jetzt zu tun ist, um ihre Mission Realität werden zu lassen.

Purpose programmieren

Holokratie als neues Betriebssystem für Unternehmen

In seinem TED Talk[152] erzählt Brian J. Robertson, Gründer von HolacracyOne, von seinem ersten Langstreckenalleinflug. Alles schien in Ordnung, bis kurz nach dem Start eine Lampe im Armaturenbrett zu leuchten begann. »Niedrige Spannung«, stand da. Er tippte mit dem Finger auf die Leuchte, hoffte, dass sie wieder ausginge. Sie leuchtete weiter. Er prüfte alle anderen Instrumente und die angezeigten Daten – nichts Außergewöhnliches. Er beschloss, die Leuchte zu ignorieren. Bald fand er sich ohne Licht und Funk in einem Sturm, der Tank war fast leer und er verletzte die Rechte von Linienflugzeugen in der Nähe eines internationalen Flughafens. Endlich gelang ihm eine Notlandung. In den Wochen darauf stellte Robertson sich immer wieder die Frage, wie er die rote Leuchte habe ignorieren können, denn sie erzählte nicht die gleiche Geschichte wie die anderen Instrumente, sondern eine ganz andere. Sie warnte ihn vor all dem, was dann passieren sollte.

Was macht diese Story bedeutsam? Robertson sagt, im Unternehmen habe er sich ebenso verhalten. Wenn die Menschen die Sensoren sind, vergleichbar mit der Lampe im Armaturenbrett, dann würden manche Stimmen einfach überhört – auch wenn sie kritische Informationen repräsentierten. Da gebe es etwas in der Struktur unserer Unternehmen, das dieses Verhalten begünstige, das Menschliches-Allzumenschliches zulasse und den Blick auf die falschen Dinge lenke (siehe **Abbildung 41**) – laut Robertson ein grober Fehler. So entstand sein Unternehmen HolacracyOne, das ein neues Business-Betriebssystem vertreibt – und selbst nutzt, ein System, das keine roten Leuchten ignoriert.

Erinnern Sie sich an den Abschnitt über petrolfarbene Unternehmen im ersten Teil von »That's me!«? Genau um dieses Thema geht es: Unternehmen zu bauen, die einem evolutionären Purpose folgen, Unternehmen, die Kinder unserer Zeit sind und sich nicht mehr an traditionellen Paradigmen orientieren. Holokratie, wie HolacracyOne es versteht, ist kein ganz einfaches Thema, weitaus zu komplex jedenfalls, um es in einem Abschnitt angemessen zu erläutern. Doch ich will skizzieren, wie dieses neue Betriebssystem für Unternehmen funktioniert und welche Rolle der Purpose dabei spielt.

---

152 Brian J. Robertson: Holacracy: A Radical New Approach to Management. TEDx Grand Rapids, Juli 2015.

Von Hierarchie zu Holokratie

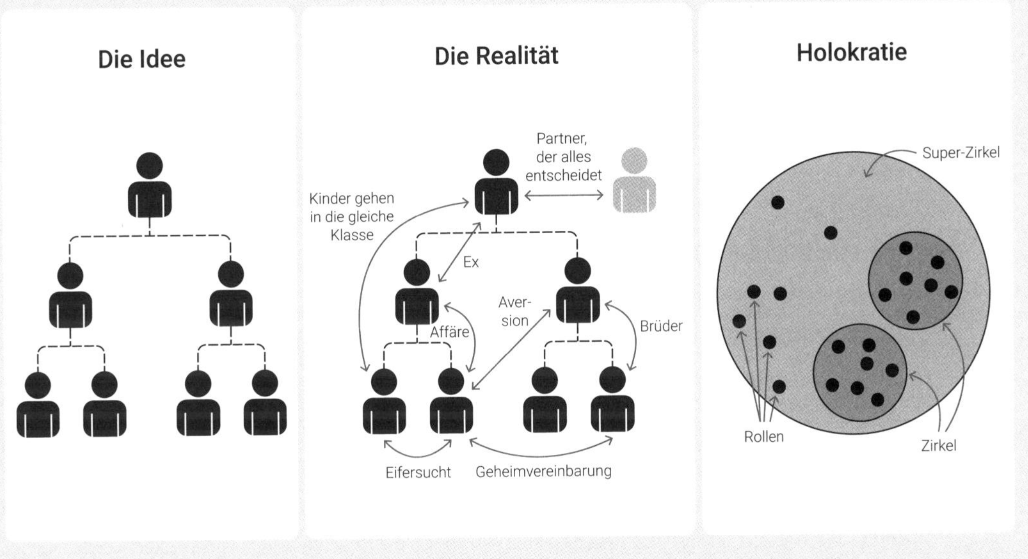

41 *Von Hierarchie zur Holokratie: Ein System von Zirkeln ersetzt bei HolacracyOne die Machtpyramide, deren Realität das Unternehmen skeptisch sieht.*

Brian war so freundlich, mir im April 2021 ein Zoom-Interview zu geben und meine Fragen zu beantworten. Ich hatte mich über den TED Talk und sein Buch seinem Thema angenähert und war auf die verwegene Idee gekommen, die holokratische »Verfassung« zu lesen. 1.700 Zeilen. Danach fand ich mich in einem Zustand der Konfusion. Als ich Brian davon erzählte, lachte er nur und sagte: *»Wenn du nichts über Fußball weißt und du näherst dich dem Thema über die Lektüre der offiziellen Fußballregeln, dann wirst du vermutlich den Eindruck gewinnen, Fußball sei ein sehr bürokratischer Sport.«*[153]

Guter Punkt. Was bedeutet das eigentlich, Holokratie (im Englischen mit Lautangleichung Holacracy)? Es ist abgeleitet aus dem Begriff »Holon«, den der Autor Arthur Koestler in seinem 1967 erschienenen Buch »The Ghost in the Machine« beschreibt. Ein Holon ist zugleich ein Ganzes sowie Teil eines größeren Ganzen und »Holarchy« meint die Verbindung zwischen den Holons. Es lässt sich zum Beispiel mit den Zellen des menschlichen Körpers erklären. Jede existiert für sich und ist doch eingebunden in eine größere Struktur, unseren Körper. Das Wort »Holokratie« meint die Steuerung dieses Systems. Konkret geht es um einen zeitgemäßen Gegenentwurf zu traditionell-hierarchischen Systemen der Unternehmenssteuerung.

»Die Management-Hierarchie ist eine soziale Technologie«, erklärt Brian in unserem Interview. *»Sie wurde für eine andere Welt geschaffen – für statische Umgebungen mit niedriger Komplexität, in denen Konformität zählte und nicht Kreativität. Heute aber verändert sich unsere Umgebung schneller als je zuvor und der Nutzen von Kreativität und Innovation sind ungleich höher. Wenn sie fehlen, stirbt das Unternehmen. Also brauchen wir ein neues Framework, das Purpose ins Zentrum rückt und diesen für alle Bereiche der Organisation übersetzt. Die klassische Hierarchie ist zwar simpler, doch führt sie zu komplexeren Systemen, Holacracy mag komplexer sein, doch führt sie zu einfacheren Systemen, vor allem deshalb, weil sie sich flexibel an jedes Unternehmen anpasst.«*

Holacracy enthält folgenden Elemente:

- Eine Konstitution, die die Spielregeln bestimmt und die Autorität umverteilt

153 Holacracy-Verfassung: *https://github.com/holacracyone/Holacracy-Constitution-4.1-GERMAN/blob/master/Holacracy-Verfassung-(in-construction).md.* Wer sich für die offiziellen FIFA-Spielregeln interessiert, es sind 140 Seiten: *https://img.fifa.com/image/upload/aopbnhwz4xqtknlqlasr.pdf*

- Einen neuen Weg, eine Organisation zu strukturieren, die Rollen der Menschen zu definieren sowie die Sphären der Autorität
- Einen einzigartigen Entscheidungsprozess, um diese Rollen und Sphären der Autorität upzudaten
- Einen Meeting-Prozess, um Teams zu synchronisieren und dafür zu sorgen, dass die Arbeit getan wird[154]

Wie lässt sich diese Theorie konkretisieren? Es wird zwischen Rollen und Personen getrennt, weil gerade diese Vermischung häufig zu Problemen führt, wie **Abbildung 42** verdeutlichen soll. Eine Person kann mehrere Rollen haben. Brian zum Beispiel hat 20 Rollen in fünf verschiedenen Teams, die wiederum in einem System von Kreisen organisiert sind. In jeder dieser Rollen weiß er genau, welche Freiheiten er hat, welche Entscheidungen er treffen muss und wo seine Grenzen sind. Er sagt: *»Jeder ist so etwas wie der CEO seiner Rolle und kennt sehr genau die Verpflichtungen, die mit dieser verknüpft sind.«*

Ein Beispiel: Brian ist im General Company Circle (Purpose: Die Beziehung der Menschheit zur Macht zu entwickeln) in verschiedenen Rollen. Eine davon ist Business Alchemist (Purpose: Beschleunigen neuer Geschäftszweige und anderer neuer Quellen von Wert). Brians Themen: Entscheidungen zur Annahme illiquider Anlagen (zum Beispiel Aktien) sowie zu Ausschüttungen an Investoren. Er ist verantwortlich für die Bestimmung der Summe, die jedes Jahr an die Anleger auszuzahlen ist, etc.

Purpose ist das zentrale Element, das alles verbindet, ihm folgt die gesamte Organisation. Es geht nicht darum, diesen zu erfinden, sondern ihn zu finden, eine Detektivarbeit. Den Prozess beschreibe ich im Kasten über True Purpose. Am Ende dieses Prozesses hat das Unternehmen einen Purpose mit vier Dimensionen, aber auch jede Rolle und jeder Kreis besitzen einen aus dem übergeordneten Zweck abgeleiteten individuellen Purpose. Das klingt kompliziert, ist aber ganz einfach. Ein Beispiel: Das Marketing von HolacracyOne hat den Purpose, viel Buzz über die Firma und ihre Angebote zu verbreiten.

---

154 Brian J. Robertson: Holacracy. The revolutionary management system that abolishes hierarchy. London: 2015, S. 12.

»Für mich ist Purpose das Zentrum von allem«, sagt Brian in unserem Gespräch. *»Ohne Klarheit über diesen, kommen wir vielleicht auf die Idee, der Sinn des Lebens oder auch eines Unternehmens läge darin, Geld zu verdienen. Das ist eine komplette Fehleinschätzung. Das wäre so, als wenn ich sagen würde, der Sinn des organischen Lebens bestünde darin, Blut zu produzieren. Du brauchst es, um zu existieren, doch es ist nicht der Sinn. Wenn du glaubst, es gehe im Leben darum, Geld zu verdienen, dann wirst du nicht nur ein trauriges Leben leben, sondern ironischerweise auch Gelegenheiten versäumen, viel mehr Geld zu verdienen, indem du dir darüber klar bist, wie du der Welt am besten dienst und das einfach tust.«*

Wie dieses neue soziale Betriebssystem im Detail funktioniert, wie es hilft, den Purpose eines Unternehmens zu realisieren, wie jeder einzelne auf das Ganze einwirken kann, wie der Umstieg von einem traditionell gemanagten Unternehmen funktioniert, in welchen Verhältnis es zu anderen agilen Methoden wie Scrum steht, dazu finden sich Erklärungen und Beispiele in Brians Buch sowie auf der Website von HolacracyOne[155], die sehr offen alles über die Organisation und das holokratische Verfahren teilt: die Konstitution, die Rollenbildung, den Governance-Prozess, die alles organisierende Software GlassFrog, Best Practises etc.

Es gibt Jubel und Klagen über das System; es ist nicht unumstritten. Wie könnte es auch anders sein, dafür ist die Methode viel zu radikal, verfolgt sie doch eine Ganz-oder-gar-nicht-Herangehensweise. Eine Organisation lässt sich nicht ein bisschen umstellen oder nur in Teilen. Allenfalls zu Beginn, wenn das neue soziale Betriebssystem eingeführt wird. Brian sagt, wer sich dafür interessiert, sollte einen Holacracy-Coach einladen und zwei Tage mit diesem arbeiten, um ein Gefühl für die Art des Arbeitens zu bekommen, und zwar an ganz konkreten Beispielen des jeweiligen Unternehmens. Sicherlich der beste Einstieg. Ebenso findet sich bestimmt eine Handvoll Mitarbeiter, die sich auf den Purpose-Prozess einlässt, um ein Gefühl für die Energie zu bekommen, die dieser freisetzt. So kann man sich mit relativ wenig Aufwand ein Bild machen.

155 *https://www.holacracy.org*

Die vier Dimensionen des Purpose

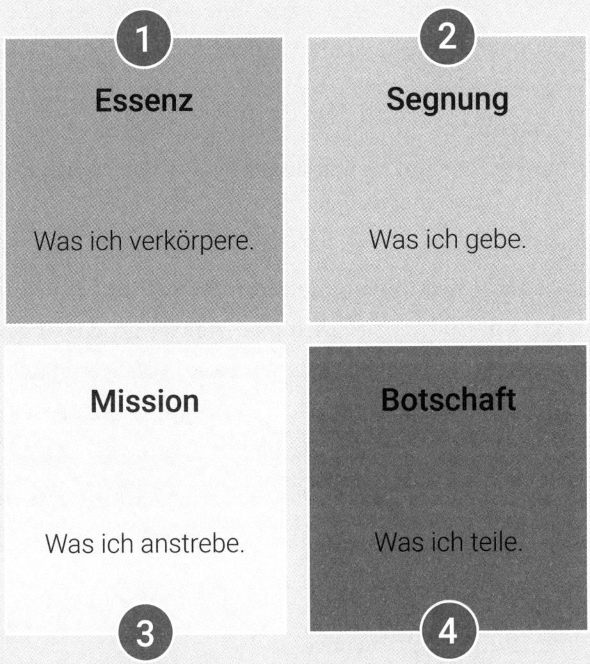

42 *Die vier Dimensionen des Purpose laut True Purpose Institute*

Die True-Purpose-Methode für Organisationen und Individuen nutzen

Das Verfahren, das HolacracyOne nutzt, um den Purpose freizulegen, ist die True-Purpose-Methode.[156] Sie wurde von Tim Kelley entwickelt, einem Mathematiker, der am renommierten MIT (Massachusetts Institute of Technology) Mathematik studierte und im Leadership Team von Oracle sowie bei der Navy arbeitete, bevor er das True Purpose Institute gründete. Das Institut hilft Menschen, Organisationen und Regierungen, ihren Purpose zu finden.

Kelley sagt, jeder hat einen Purpose, ein Why, einen Grund zu leben, doch viele Menschen haben diesen vergessen. Die Folge: ein Leben, das zwischen Versuch und Irrtum mäandert, oder ein Unternehmen, das glaubt, sein Daseinszweck bestünde allein darin, Geld zu verdienen. Kelleys Arbeit besteht darin, Menschen und Organisationen zu helfen, dieses Wissen wieder hervorzuholen. Die fundamentalen Fragen sind: Warum bin ich hier? Wer soll ich sein? Was soll ich tun?

Zwei Dinge zeichnen die Arbeit des True Purpose Institutes aus: Neben Verstand und Gefühl sucht Kelley einen direkten Zugang zum Purpose über Meditation, Visioning oder Voice Dialogue. Die Idee ist, das Unbewusste anzuzapfen. Darüber hinaus erscheint der Purpose in der Arbeit mit Kelley und seinem Team in vier Dimensionen (siehe **Abbildung 42**). Es ist keine einfache, klare Formulierung, sondern die Beschreibung von Essenz (Essence), Segnung (Blessing), Mission (Mission) und Botschaft (Message). Was verbirgt sich dahinter?

Die vier Dimensionen des Purpose

- *Essenz*

  der Seins-Aspekt von Purpose. Welche Qualitäten gehen von Ihnen aus, auch wenn Sie gar nichts tun? Feedback von anderen hilft Ihnen, diese

156 *https://www.truepurposeinstitute.com*

Essenz wahrzunehmen. Beispiel: Ihre Essenz ist Klarheit, Freude oder Wahrheit.

- *Segnung*
  der Aspekt meines Purpose, der andere verändert. Beispiel: Ihre Segnung kehrt Furcht in Freude oder hebt die Stimmung verzweifelter Menschen.
- *Mission*
  die zentrale Aufgabe, die mit dem Purpose verbunden ist, und zwar auf der größtmöglichen Skala gedacht. Beispiel: Die Segnung, »Menschen ihren Weg zu zeigen«, wird zur Mission: »Der Gesellschaft ihren Weg zeigen«.
- *Botschaft*
  die Weisheit, die von Ihrem Purpose ausgeht und die Sie mit der Welt teilen. Beispiel: »Es ist notwendig, dass wir die Welt des Business von einer Ego-getriebenen Welt in eine Purpose-zentrierte Welt transformieren.«

Hier das Beispiel von HolacracyOne. Der ursprüngliche Purpose des Unternehmens war »Exquisite Organisation«, so formuliert es Brian Robertson in seinem Buch. In unserem Interview erzählt er mir von der Begegnung mit Tim Kelley und der Arbeit mit diesem am Purpose – zunächst an seinem individuellen, dann in einer Gruppe von knapp 20 Mitarbeitern am Unternehmens-Purpose. Davon erzählt Brian auch im Vorwort der neuesten Ausgabe von Tim Kelleys Buch »True Purpose: 12 strategies for discovering the difference you are meant to make«, das zu dem Zeitpunkt, als ich »That's me!« schreibe, noch nicht erschienen ist. Brian schreibt in dem Vorwort, das er mir vorab zur Verfügung gestellt hat, dass dieser Purpose sehr stark nach innen wirke und auf den außenstehenden Leser nicht die gleiche positive Wirkung haben mag. Doch diejenigen, die mit Holacracy gearbeitet haben, mögen die Wahrheit dieser Worte fühlen, was auch immer sie darüber denken. Mir fällt vor allem der Kontrast zwischen der eher technisch-kühl orientierten Holokratie und ihrem fast religiös formulierten Purpose mit ausgeprägtem Sendebewusstsein auf.

Damit Sie sich selbst ein Bild machen können, hier der Purpose von HolacracyOne:

- *Unsere Mission*
  Die Beziehung der Menschheit zur Macht zu entwickeln

- *Unsere Essenz*
  HolacracyOne ist ein Märtyrer; derjenige, der leidet, damit andere es nicht müssen, verletzt und blutend, damit andere es nicht müssen, und der den Weg bahnt, damit andere folgen können.
- *Unser Segen*
  Menschen zu einem richtigen Verhältnis zur Macht verführen
- *Unsere Botschaft*
  Lass mich die Fackel sein, die deinen Weg erhellt; folge mir in die Dunkelheit, und gemeinsam werden wir auf der anderen Seite auftauchen und neue Wege finden, menschlichere Wege, ganzheitlichere Wege der Zusammenarbeit – Wege, die natürlicher, kraftvoller sind. Du kannst das tun – gib dich einfach hin und tritt ins Unbekannte. Die Dunkelheit ist nicht das, was du denkst. Es ist der Ort der Geburt. Erlaube das Chaos, und Ordnung wird entstehen. Eine schöne Ordnung; eine schmerzhafte Ordnung; eine exquisite Ordnung. Es gibt Ordnung auf der anderen Seite der Hingabe, und sie ist besser.

In unserem Gespräch fügt Brian hinzu, dass diese Art, den Purpose aus der Tiefe zu holen, sicherlich mehr Aufwand bedeute, Aufwand, der sich seiner Meinung nach massiv rentiere. Ganz besonders für Individuen oder Organisationen, die in die Kategorie »Die Welt verändern« gehörten.

Mir fällt die enorme Spannung auf zwischen einem Unternehmen, das die »Beziehung der Menschheit der Macht entwickeln will« und doch nicht ohne Macht auskommt. Die Macht der Verführung. Die Macht des Besserwissens. Die Gefahr solcher Spannungen ist generell groß, wenn Purpose diese Dimensionen annimmt. Geht es nicht ein wenig kleiner, bescheidener, erdverbundener?

Aus der Praxis: Individuellen Purpose an Rollen anpassen

Ganz gleich, ob der eher technische Zugang von HolacracyOne einen anspricht oder nicht, der Umgang mit dem Purpose ist in diesem System vorbildlich konsequent. Es gibt den übergeordneten Purpose der Organisation und daraus abgeleitet wird der Purpose der verschiedenen Zirkel. Genau das lässt sich auf das eigene Leben übertragen. Da wäre der übergeordnete Purpose und dessen Ableitungen für Zirkel, in denen ich mich bewege, zum Beispiel Freundeskreise, ein Sportverein, ein Lesezirkel. Die Idee ist, in all diese Kreise meinen Daseinszweck zu transportieren und mich nirgendwo zurückzuhalten oder eine Maske aufzusetzen, sondern einfach in jeder Gruppe ich selbst zu sein.

Angenommen, mein Purpose wäre, Menschen zu inspirieren, damit diese ein besseres Leben leben, würde es bedeuten, diesen Zweck in sämtliche Zirkel zu übersetzen und regelmäßig anzupassen. Beginnen würde ich mit maximal drei Zirkeln, idealerweise aber nur mit einem. Dort würde ich ausprobieren, wie ich diese Inspiration am besten in den Zirkel trage, etwa in den Lesezirkel. Die Ableitung des Purpose könnte ganz einfach lauten: die Mitglieder des Lesezirkels inspirieren, damit diese ein besseres Leben leben. Die Umsetzung würde genau diesem Zweck folgen: Inspiration zu neuen Büchern, zu Autoren, zu Aufsätzen über Bücher. Im Gespräch, aber vielleicht auch weitergedacht, auf Pinterest oder Instagram, in einem Blog oder mit einem Podcast. All das von mir allein entwickelt oder von der Gruppe. So mache ich inspirierende Angebote an Menschen und folge bezogen auf diesen Zirkel direkt meinem Purpose.

Ich halte das für wichtig, weil mir auffällt, dass ein Purpose häufig nur selektiv wirkt und nicht das ganze Leben durchzieht, doch gerade darin liegt dessen Faszination. Dabei ist die Ableitung einfach und ganz oft unmittelbar plausibel. Man muss gar nicht nachdenken, wenn der übergeordnete Purpose selbst klar ist.

Take-away

Holokratie oder Holacracy ist ein neues soziales Betriebssystem für Unternehmen, in dessen Zentrum sich der Purpose findet. Ausgehend von der Frage nach dem Unternehmenszweck organisieren sich holokratische Unternehmen entlang von Rollen und Kreisen, die einem abgeleiteten Purpose folgen. Die Idee dahinter: Die Kreativität und Innovationsfähigkeit von allen zu nutzen, damit das Unternehmen seinem Zweck gemäß der Welt dient und nachhaltig erfolgreich ist.

Lernen, mutig die Welt zu verändern

Der Spirit der Evangelischen Schule Berlin Zentrum

»Ich war in der achten Klasse in Frankreich wandern«, erzählt Mayla. *»Wir sind mit dem Zug nach Paris gefahren, was schon mal richtig teuer war. Wir hatten eigentlich gar kein Geld mehr für Essen. Und dann hatten wir auch noch diese 20 Kilo schweren Rucksäcke und wir waren so kleine Mädchen, alle total dünn, und wir konnten eigentlich gar nichts tragen, aber wir mussten dann auch noch wandern bei dieser Hitze. Ich war in einer Gruppe mit vier anderen Mädchen und wir haben meistens bei Leuten gefragt, ob wir in deren Garten für eine Nacht schlafen können. Wir konnten kein Französisch. Englisch geht ja auch nicht immer, weil die Franzosen kein Englisch lernen wollen [...] Ja, das war wirklich eine große Herausforderung und unsere Eltern haben uns am Anfang den Vogel gezeigt und gesagt, ihr wollt nach Frankreich, drei Wochen wandern mit 150 Euro, das schafft ihr niemals. Und am Ende haben sie dann gesagt: Kann doch nicht sein, dass ihr das jetzt geschafft habt. Und sie waren sehr stolz auf uns.«*[157]

Mayla ist eine Schülerin der ESBZ, der Evangelischen Schule Berlin Zentrum. Gemeinsam mit Ivi, einer anderen Schülerin, und Margret Rasfeld, der Schulleiterin, hält sie 2014 einen Vortrag über die Philosophie der Evangelischen Schule Berlin Zentrum, kurz ESBZ, und deren praktischer Umsetzung. Dazu hat die Schule neue Lernformate entwickelt, zu denen auch »Herausforderung« zählt. Die Idee: Die Schülerinnen und Schüler lassen sich in kleinen Gruppen außerhalb Berlins für drei Wochen auf ein Abenteuer ein, das sie selbstständig vor- und nachbereiten und bei dem sie an ihre Grenzen gehen – und auch mal darüber hinaus.

»Man scheitert eigentlich die ganze Zeit«, erzählen die Mädchen, *»von Anfang an geht alles nur schief«*.

Positiv bleiben, ist eine Lektion. Und die Einsicht, wie hilfsbereit fremde Menschen sind, wenn man sich überwindet, sie um etwas zu bitten, zum Beispiel um

---

157 Margret Rasfeld: Schule im Aufbruch. BildungsTV: März 2014: *https://www.youtube.com/watch?v=LKFv1A0ncgs*

Essen oder einen Schlafplatz. Und weil sie nur so wenig Geld zur Verfügung haben, müssen sie das ständig tun.

»Der Bildungsbegriff ändert sich«, sagt Margret Rasfeld, *»bei uns lernen die Kinder auch, mit Ungewissheit umzugehen und wie sie das Beste aus einer Situation machen. Verantwortung lernen wir am besten, indem wir Verantwortung übernehmen.«*

Die ESBZ ist anders als andere Schulen. 2007 wurde die inklusive Gemeinschaftsschule von einer Elterninitiative gegründet, die bereits im Jahr 2000 die ESBM (Evangelische Schule Berlin Mitte) gegründet hatte. Die engagierten Eltern wollten zunächst eine gute, zukunftsweisende Grundschule für ihre Kinder, später eine weiterführende Schule, die demselben Spirit folgt. Weil die Grundschule in Berlin sechs Jahre dauert, beginnt die ESBZ mit der siebten Klasse. Ihr Purpose ist, die Schüler *»zu mündigen, zukunftsfähigen und verantwortlichen Welt-Bürger*innen im Sinne der Bildung für nachhaltige Entwicklung zu befähigen. Diese starke Vision greift unser Schulprogramm durch das von der UNESCO geforderte 4-Säulen-Modell auf – Lernen Wissen zu erwerben, Lernen verantwortungsvoll zu handeln, Lernen zusammenzuleben, Lernen zu sein (*siehe **Abbildung 43**) *– und spiegelt sich in unseren Lernformaten wider.«* Ihre Werte hat die ESBZ in ihrem Claim fixiert: *»mutig – protestantisch – weltoffen«*. Dazu gibt es ein Leitbild, das beschreibt, wofür die Schule steht.[158]

In einem Interview sagt Bildungsexpertin Rasfeld: *»Der neue Sinn von Schule ist es, zu lernen, die Welt zu verändern.«*[159]

Dafür braucht es auch neue Methoden. Es beginnt mit Musterbrüchen. So legt die Ganztagsschule drei Klassen zusammen, 7, 8 und 9. Damit unterstützt sie Peer Learning, bei dem sich die Schüler in »Lernbüros« gegenseitig helfen. Die Jüngeren fragen die Älteren um Rat, doch auch andersherum, wenn die Älteren ein Thema schon wieder vergessen haben, das die Jüngeren gerade behandeln. Lehrer sind anwesend und werden bei Bedarf hinzugezogen.

---

158 Leitbild ESBZ: *https://www.ev-schule-zentrum.de/paedagogik/leitbild*

159 SWR 1 Leute: Bildungsexpertin Margret Rasfeld. August 2020: *https://www.youtube.com/watch?v=p2J_6dhFe2k*

Die vier Lernfelder

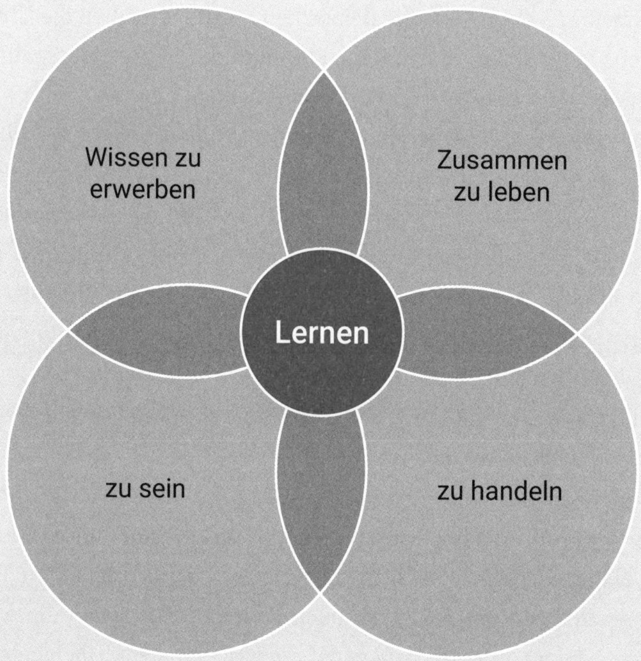

43 *Die vier bedeutendsten Lernfelder der Evangelischen Schule Berlin Zentrum nach Maßgabe der UNESCO*

Die Schüler lernen in ihrem eigenen Tempo, entscheiden auch, wann sie ihre Klausuren schreiben. Die Rolle der Lehrer wandelt sich in Richtung Coach/Tutor/Mentor, zu dem die Schüler Vertrauen haben. Mit ihnen besprechen die Schüler alle für sie relevanten Themen, rekapitulieren Wochenpläne, die sie in einem Logbuch festhalten, in dem sie ihre Leistungen und Erfolge auch selbst bewerten. Es fehlt also komplett der Gleichschritt klassischer Schulen und auch der Frontalunterricht. Bis zur 10. Klasse gibt es keine Noten, sondern differenziertes Feedback, das den Schülern hilft, sich zu entwickeln.

Es gibt Projekte, in denen die Schüler Themen in Gruppen eigenständig vertiefen, immer mit Blick darauf, wie sie mit ihren Erkenntnissen oder ihrem Wissen der Gemeinschaft helfen können – was wiederum auch Teil des Projekts ist. Es gibt das Lernformat »Projekt Verantwortung«. Zwei Schulstunden pro Woche engagieren sich alle sozial, politisch oder ökologisch im Gemeinwesen, zum Beispiel im Krankenhaus oder im Kindergarten. Dann gibt es das Lernformat »Herausforderung«, das ich eingangs beschrieben habe. Schließlich gibt es noch das Lernformat, auf das die Herausforderungen die Schüler vorbereitet haben: »Alle ins Ausland.« Im Jahrgang 11 gehen alle Schüler für drei Monate in ein Land ihrer Wahl, um bei einem selbst gewählten sozialen, ökologischen oder nachhaltigen Projekt zu helfen. Die Erfahrungen der Projekte werden im Anschluss reflektiert und der Schulgemeinde präsentiert.

Die ESBZ schreibt in ihrem offiziellen Text: *»Die neuen Lernformate sind eine Antwort auf die Anforderungen der Welt von morgen. Sie ermöglichen Lernen an realen Orten, ganzheitliches Lernen und Lernen in Sinnzusammenhängen.«*[160]

Rasfeld, die seit 2016 im Ruhestand ist und nun die Initiative »Schule im Aufbruch« vertritt, um möglichst vielen Schulen den Geist der ESBZ einzuhauchen, fragt: *»Was ist der geheime Lehrplan? Da geht es um Wertschätzung, Beziehungen. Kinder müssen das Gefühl haben, ich kann etwas bewirken.«*[161]

Und sie fügt hinzu, dass wir 95% des offiziellen Schulwissens sowieso wieder vergessen. Die beiden Mädchen, Mayla und Ivi, sind sich sicher, an ihre Herausforderungen und die dort gemachten Erfahrungen werden sie sich erinnern, bis sie 90 Jahre alt sind.

---

160 Ebd.
161 Ebd.

Purpose spürbar machen

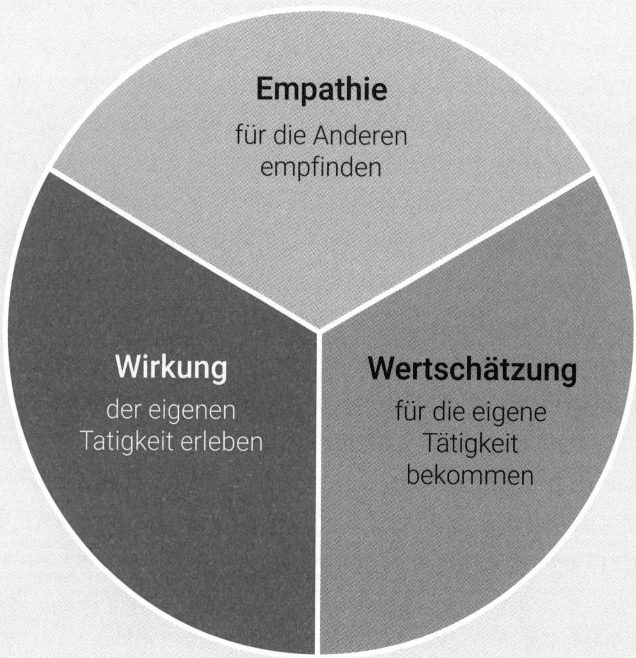

44 *Purpose spürbar machen – durch Empathie, Wirkung der eigenen Tätigkeit und Wertschätzung*

Die ESBZ ist ein großartiges Beispiel dafür, was es bedeutet, auf Kinder, Lehrer, Erziehung und die Rolle der Eltern mit einem Anfängergeist zu blicken. Sich zu fragen: Was wäre, wenn …? Und zu träumen. Einen Purpose zu bestimmen und spürbar zu machen (siehe **Abbildung 44**), dazu Werte. Ein geistiges Fundament zu gießen. Zu sagen: So, das sind wir. In diesem Geist wollen wir unsere Kinder bilden. Durchzuatmen, sich nicht von der Größe der Aufgabe abschrecken zu lassen. Und zu erkennen, dass es nicht um Dogmen geht, wie im alten Schulsystem, sondern um evolutionäres Lernen, darum, die Gestaltungskraft an die Schüler zu übergeben und ihnen zu helfen, ihren Weg zu gehen, ihre Identität auszubilden und währenddessen das System, in dem sie lernen, organisch weiterzuentwickeln. All das angebunden an einen höheren Purpose, der zwar lokal wirkt, aber globaler Natur ist, weil er abgeleitet ist aus den 17 Nachhaltigkeitszielen der UN (siehe **Abbildung 45**). Dort heißt es, die Aufgabe der Bildung sei, junge Menschen zu befähigen, friedliche, gerechte, ökologische Gesellschaften aufzubauen.

Das Engagement der Eltern spielt eine zentrale Rolle für das Gelingen. Als öffentliche Schule in freier Trägerschaft bekommt die ESBZ von den Ländern Berlin und Brandenburg einen Zuschuss zu den Personalkosten. Die restlichen Personalkosten und alle anderen Aufwendungen muss sie alleine tragen. So erhebt sie von denen, die es sich leisten können, Schulgeld. Darüber hinaus sind im Jahresdurchschnitt drei ehrenamtliche Stunden pro Monat pro Familie zu leisten, bei denen Eltern ihre Kreativität und ihre Energie nutzen, um die Schule mitzugestalten, wo auch immer ihre Hilfe benötigt wird. Auch die Lehrer stehen vor ganz neuen Herausforderungen. Coaching wird eine zentrale Qualifikation. Die Schüler finden sich ebenfalls in einer neuen Welt, in der sie pendeln zwischen Lernen und Lehren und Sozialarbeit, zwischen drinnen und draußen, Big Picture und Details. Wie Mayla und Ivi repräsentieren sie zum Beispiel die Schule bei Veranstaltungen oder Workshops, in denen sie interessierten Lehrern anderer Schulen das Modell der ESBZ vermitteln.

In den letzten 20 Jahren ist eine hohe Anzahl freier Schulen entstanden. Und dennoch mag man an dieser Stelle glauben, die ESBZ sei eine Insel, ein Experiment, in dem eine Utopie erscheint, die unter besonders günstigen Bedingungen entstanden ist. Ja und nein. Natürlich hat sich die Schule auf eine fast magische Weise entwickelt und dazu gehört auch ein Glücksfaktor – wie bei jedem Leben oder bei jedem Unternehmen. Aber die ESBZ macht es sich nicht betont leicht, im Gegenteil. Sie ist erstens mit rund 660 Schülerinnen und Schülern alles andere als eine kleine Schule.

Die UN-Ziele für eine nachhaltige Entwicklung

45 *Ziele für eine nachhaltige Entwicklung (SDG: Sustainable Development Goals), festgelegt von der UN in der Agenda 2030. © UN*

Und zweitens ist sie offen; in Bezug auf die Auswahl der Schülerinnen und Schüler sagt die Satzung: *»Wir berücksichtigen bei der Aufnahme, dass Schülerinnen und Schüler aller Leistungsstärken, aller soziokulturellen Hintergründe sowie die verschiedenen Geschlechter angemessen vertreten sind. Wir nehmen in der Mittelstufe Kinder und Jugendliche mit diagnostiziertem sonderpädagogischen Förderbedarf sowie Kinder mit unterschiedlichen Begabungen und Teilleistungsstörungen auf. Unsere Auswahl richtet sich nach der Zahl der freien Plätze, diese variiert von Jahr zu Jahr. Darüber hinaus nehmen wir seit zwei Jahren Jugendliche mit Fluchterfahrungen an unserer Schule auf, ca. 11% unserer Jugendlichen sind ›Neu-Berliner‹.«*[162]

Vielleicht ist das gerade ein Teil des Erfolgs, diese Idee von Elite hinter sich zu lassen und auf die Kraft der Kinder und Jugendlichen zu vertrauen. Die Abiturnoten jedenfalls würden das bestätigen. Hier ist der Abiturdurchschnitt der ESBZ im Vergleich zum Abiturdurchschnitt in Berlin der letzten drei Jahre:

Jahr	Berlin	ESBZ
2020	2,3	1,95
2019	2,4	2,07
2018	2,4	1,89

2 *Abiturdurchschnitt Berlin im Vergleich mit der ESBZ*
Quelle: https://www.ev-schule-zentrum.de/schulstufen/oberstufe/abiergebnisse

Alle, die dieses Modell inspirierend finden, möchte ich noch auf ein Element hinweisen, das mir besonders wichtig für das Gelingen so eines Unternehmens erscheint: Es ist die Kultur, Dinge zu sehen, zu loben, danke zu sagen. Dem gibt die ESBZ Raum – zum Beispiel auf Schulversammlungen. Jeder kann dort die Gelegenheit nutzen, anderen im großen Rahmen zu danken oder ihre Leistungen zu würdigen. Diese Lob- und Dankeskultur lässt sich in jedes Unternehmen, in jedes Team, in jede Familie einschreiben. Vielleicht tun Sie sich zu Beginn etwas schwer damit, weil es ungewohnt ist und ein Perspektivwechsel. Das geht vorüber. Bald wird sich der Spirit ändern. Rasfeld sagt voller Stolz: *»Unsere Kinder fallen überall auf. Solche Kinder wollen wir auch haben, sagen die Leute.«*[163]

162 *https://www.ev-schule-zentrum.de/files/Aufnahmeverfahren_2021-2022.pdf*
163 Margret Rasfeld: Mut zur Neugestaltung. BildungsTV: Mai 2019: *https://www.youtube.com/watch?v=heMLdgxxkaA*

Take-away

Wie sieht die Schule der Zukunft aus? Die Evangelische Schule Berlin Zentrum (ESBZ) ist ein radikaler Gegenentwurf zu gängigen Schulen. Es geht nicht mehr um Dogmen, um Gleichschritt, um Frontalunterricht, sondern um einen evolutionären Prozess des Lernens, den die Schüler selbst gestalten. All das angebunden an einen höheren Purpose, abgeleitet aus den großen Entwicklungszielen der Vereinten Nationen. Dort heißt es, die Aufgabe der Bildung sei, junge Menschen zu befähigen, friedliche, gerechte, ökologische Gesellschaften aufzubauen.

Im Reich des Super Purpose

SpaceX, Virgin Galactic und Blue Origin

In seiner Autobiografie schreibt Virgin-Gründer Richard Branson, wie sehr ihn das Apollo-Programm unter der Ägide von US-Präsident John F. Kennedy inspiriert habe. Entgegen aller Kritik am Nutzen der Weltraumabenteuer habe seiner Meinung nach *»die Mondlandung der Menschheit fast mehr gebracht als alles andere«*.[164] Ein erstaunlicher Satz, wenn man auf die Realität blickt. Wo genau sehen wir die Erfolge und Wirkungen der Mondlandung? Branson betont vor allem das Staunen der Kinder, die die Mondlandung im Juli 1969 im Fernsehen verfolgt hätten, Kinder wie er selbst. Die Mondlandung war das zentrale Ereignis seiner Zeit, die Inspiration schlechthin. Nicht nur für Kinder und Jugendliche, sondern auch für die damals Erwachsenen. 1964 begann die US-Fluglinie Pan American Airways touristische Weltraumflüge bis zum Jahr 2000 anzubieten. Die Warteliste wuchs auf 90.000 Interessenten. 1991 ging Pan Am pleite.

Im neuen Jahrtausend nehmen drei Milliardäre das Thema wieder auf. Das alte Wettrennen zwischen Russland und Amerika um die Vorherrschaft im Weltraum wird von Richard Branson, Elon Musk und Jeff Bezos fortgesetzt. Sie lassen es

164 Richard Branson. Finding my Virginity. München: 2018, S. 399.

nicht wie ein Wettrennen erscheinen, ihre Ziele klingen unterschiedlich – und doch geht es wieder darum, die Nummer eins zu sein. Denn der erste macht das große Geschäft – auch wenn darüber nicht laut geredet wird. Worüber man hingegen spricht: Hier geht es nicht nur um den Dienst an der Gesellschaft oder an der Natur, hier geht es um etwas noch Größeres: den Dienst an der Menschheit, die im Begriff ist, den nächsten großen Schritt zu gehen. Es geht also um einen Super Purpose.

35 Jahre nach Apollos Mondlandung startete Bransons Virgin Galactic mit dem Ziel, eine Weltraumfluglinie zu etablieren. Zwei Jahre zuvor, im Mai 2002, gründete Elon Musk sein Raumfahrt- und Telekommunikationsunternehmen SpaceX. Sein Ziel: die Kolonialisierung des Mars. Amazon-Gründer Jeff Bezos ist ebenfalls auf dem Weg in den Orbit. Sein Unternehmen Blue Origin gründete er bereits im Jahr 2000 mit der Absicht, eine Straße ins Weltall zu bauen.

Was treibt die drei an? Ich habe die Frage Freunden und Bekannten gestellt und die Meinungen waren geteilt. Viele sagten einfach: Die treibt ihr Ego. Warum fragst du überhaupt? Ja, warum frage ich überhaupt? Andere Antworten gingen in die Richtung, Apollo und Co. seien schon unsinnige Unterfangen gewesen, die den Steuerzahler viel Geld gekostet hätten, ohne dass sich ein konkreter Nutzen abzeichnen würde. Spinner, flüsterte man und wunderte sich nur, wie ausgerechnet dieses Knabenthema wieder solche Popularität gewinnen konnte. Als ob es da nichts Dringlicheres gäbe, etwa das Wohl unseres Planeten und seiner Bürger, die Klimakrise, die soziale Ungleichheit, solche Themen. Kurzum: Im Wesentlichen gehe es um diese drei Dinge: Ego, Abenteuerlust und Weltflucht, eine Art Reality-»Game of Thrones«.

Andere nannten die Milliardäre weitsichtig, hielten ihren Weg für logisch und unvermeidlich und bewunderten mindestens einen von ihnen. Sie konnten sich mit dem Archetyp des Entdeckers identifizieren, den alle drei repräsentieren. Es waren häufig diejenigen, die auch gern einmal in den Weltraum fliegen würden und die Erde von außen sehen. Als potenzieller Siedler auf dem Mond oder dem Mars sah sich allerdings niemand. Vielleicht ist mein Freundeskreis dafür zu konservativ.

Eins steht fest: Wer sich mit Purpose beschäftigt, kommt an Musk, Bezos und Branson nicht vorbei, denn als Pioniere befinden sie sich in einer radikal von Purpose getriebenen Welt. Ein Vergleich von Virgin Galactic, Blue Origin, SpaceX und ihrer Gründer offenbart, wie sich Purpose für das gleiche Thema ganz unterschiedlich akzentuieren und formulieren lässt.

Richard Branson: Eine größere Herausforderung kann es nicht geben

Im zweiten Teil seiner Autobiografie »Finding my Virginity« widmet Richard Branson (geboren 1950) fünf Kapitel dem Thema Raumfahrt. Damit ist es das prominenteste Thema des Buches. Er erzählt, wie ein Pilot der Virgin-Fluggesellschaft aus Versehen den falschen Hangar betrat und dort ein Raumschiff entdeckte. Der Pilot rief Branson an, erzählte ihm von seiner Entdeckung. Branson jubelte. Zwölf Jahre habe er verzweifelt jemanden gesucht, mit dem er seine Weltraumpläne umsetzen könne. Er erzählt von einer Begegnung in der Mojave-Wüste, bei der der Erbauer des Raumschiffs seine Pläne vorstellt, die er allesamt auf nummerierten Servietten festgehalten hat. Er schildert seine eigene Vision, Virgin Galactic zu gründen und zum Dienstleister für Fahrten in den Weltraum zu machen, zur ersten kommerziellen Spaceline für Wissenschaftler und Techniker und Neugierige. Branson erzählt vom Wunder des Weltraumes, vom Overview-Effekt, dem Blick von außen auf die Erde, der uns realisieren lässt, wie kostbar diese Welt in Wirklichkeit ist. Viele von uns sind sich der Kostbarkeit der Erde bewusst, doch Astronauten berichten, dass der Blick von außen dieses Gefühl immens verstärke. Branson erzählt von Hunderten von Arbeitsplätzen und Millionen von Träumen, von der Vision einer privaten Multimilliarden-Dollar-Raumfahrtindustrie, von Enthusiasmus und einem lächelnden Scheich, von zerplatzten Hoffnungen, von Fehlern, Risiken, dunklen Vorahnungen, Tod und Wiedergeburt, Millionen und Abermillionen US-Dollar, die ihm unter den Händen zerrannen, dem Wunsch des Vorstandes, die Firma einzustellen und seinem ganz persönlichen Kampf gegen diese Entscheidung. Schließlich schreibt Branson voller Optimismus: *»Ja, ich glaube, dass die kommerzielle Raumfahrt ein profitables Geschäft sein kann – aber darum geht es gar nicht. Hätte ich bloß mehr Geld verdienen wollen, dann hätte ich in den Branchen investieren können, die sehr viel sicherer und zuverlässiger sind. Ich bin überzeugt davon, dass unser Glaube an die Raumfahrt einem höheren Zweck dient. Wir könnten unser Verständnis des Universums erweitern, das große Unbekannte erforschen und unzählige Leben auf der Erde verbessern. In den kommenden Jahrzehnten könnten wir zum Vorreiter für die weitere Erforschung des Weltraums werden, was zur Kolonisierung anderer Planeten und letztendlich zum Fortbestand der Menschheit führen könnte. Eine größere Herausforderung kann es wohl kaum geben.«*[165]

---

165 Richard Branson. Finding my Virginity. München: 2018, S. 401.

So weit der Gründer. Es klingt schon nach Ego, aber ebenso nach Higher Purpose im wahrsten Sinne des Wortes, allerdings opernhaft formuliert.[166] Branson, berühmt für seinen Humor und sein erfrischendes Anderssein, wird beim Thema Weltall pathetisch. Es ist einfach eine andere Kategorie als eine Fluglinie, eine Eisenbahnlinie oder ein Plattenladen, mit dem alles angefangen hat. Und doch gibt es bereits einen Markt: Wie damals Pan Am hat Virgin Galactic eine Warteliste für Weltraumflüge, und sie ist lang.

Richard Branson, Virgin Galactic:

- *Why*: Schlüsselerlebnis Apollo (subjektiv), Fortbestand der Menschheit sichern (objektiv)
- *How*: kommerzielle Weltraum-Airline etablieren
- *What*: Raumfahrt
- *Archetyp*: Branson erscheint mir Entdecker, gepaart mit dem Narr, dem Spaßvogel. Im Kontext von Virgin Galactic sehe ich die Gefahr, dass diese Kombination zu einem Kitschbild mit eingeschränkter Glaubwürdigkeit werden könnte.

Jeff Bezos: Wir sollten das Wort »unmöglich« mit größter Vorsicht verwenden

In einem Interview, das Jeff Bezos mit Matthias Döpfner, dem CEO von Axel Springer, führte, sagt er: *»Blue Origin ist das Wichtigste, das ich mache.«*[167]

Pause. Döpfner fragt ungläubig nach. Doch, bestätigt Bezos und erklärt, dass er sich einen langen Zeitrahmen vorstelle, ein paar hundert Jahre, und in diesem Zeitrahmen würde die Bedeutung seines Raumfahrtunternehmens erkennbar werden. Mit Richard Branson teilt Jeff Bezos (geboren 1964), diese Faszination für das Weltall, seit er im Alter von fünf Jahren die Mondlandung gesehen hat. Er sagt:

---

166 Auf der Website von Virgin Galactic findet sich in der Rubrik Purpose folgender Text, der beim Zeichnen des großen Bildes noch hemmungsloser überzeichnet als der Gründer in seiner Autobiografie: *https://www.virgingalactic.com/purpose/*

167 Jeff Bezos: Amazon, Blue Origin, family, and wealth. Mai 2018: *https://www.youtube.com/watch?v=SCpgKvZB_VQ*

»Ich habe einfach diese Leidenschaft für den Weltraum, für Raketen und Reisen ins All. Ich glaube, wir alle haben Leidenschaften, du musst sie nicht wählen, sie wählen dich. Du musst wachsam für sie sein, nach ihnen Ausschau halten.«[168]

Außerdem, erklärt er in einem Video auf der Website, habe er damals verstanden, dass das Wort »unmöglich« nur noch mit größter Vorsicht zu verwenden sei.[169]

Es ist ein langes Interview, doch über Blue Origin (siehe **Abbildung 46**) sprechen die beiden Männer nur kurze Zeit. Man ahnt, dass Döpfner das Thema eher wie das Hobby des reichsten Mannes der Welt ansieht – ein Substitut für das Golfspiel oder die Oldtimer-Sammlung. Doch Bezos tickt ganz anders. Er erläutert sein Woher (Leidenschaft) und dann sein Wozu. Dabei argumentiert er mit dem Energieverbrauch, doch nicht in einem technischen, sondern eher in einem (bio)logischen Sinne. Bezos erklärt, dass wir Menschen ungefähr 100 Watt verbrauchen, wenn wir keine besondere Leistung erbringen, so viel wie eine 100-Watt-Glühlampe. Doch in den USA oder Europa würde jeder von uns im Durchschnitt 11.000 Watt verbrauchen. Und diese Zahl würde steigen. Darin sieht er die wahre Energiekrise, die auf uns zukommt.

»Was können wir tun?«, fragt Bezos. Und seine Antwort lautet, wir könnten entweder zu einer Zivilisation im Stillstand werden, das Bevölkerungswachstum deckeln und den Energieverbrauch pro Kopf oder wir könnten ins Weltall gehen. Und für ihn sei Stillstand keine Option, weil er Dynamik und Entwicklung liebe. Ergo widme er sich der Raumfahrt, die allerdings aktuell außerordentlich teuer sei, sodass er seine Rolle darin sehe, herauszufinden, wie wir die Kosten verringern könnten, sodass viele Start-ups wunderbare Dinge im Weltraum tun könnten. Langfristig wird in Bezos' Vision die Erde zu einer Art Wohngebiet, während sich die Industrie im Weltall befindet.

Das Vorgehen: Schritt für Schritt. Die Rolle von Blue Origin sieht Bezos darin, wiederverwertbare Raumschiffe zu bauen, sodass die nächste Generation auf dieser Basis die Straße ins Weltall weiterbauen könne. *»Slow is smooth, and smooth is fast«*, heißt es auf der Unternehmens-Website. Langsam ist geschmeidig und geschmeidig ist schnell.

»Was bedeutet Geld für Sie?«, fragt Döpfner. Bezos erklärt, dass Blue Origin pro Jahr 1 Milliarde US-Dollar koste – er transformiere die Amazon-Gewinne. Geld ist für ihn also nur Mittel zu einem höheren Zweck.

---

168 Ebd.

169 Blue's mission: building a road: *https://www.blueorigin.com/our-mission*

46 *Raumfahrtunternehmen Blue Origin: Es ist das Wichtigste, das ich mache, sagt Unternehmensgründer Jeff Bezos.*

»Ich bin sehr glücklich, weil ich mit Blue Origin einen missionsgetriebenen Purpose habe, der unglaublich wichtig für die langfristige Existenz der Zivilisation ist.«[170]

Wie bedeutsam dieser missionsgetriebene Purpose von Blue Origin wirklich ist, kann heute niemand entscheiden. Bezos operiert mit einer Annahme – der Großteil meiner Freunde und Bekannten würde sagen: Er hat seine eigenen Interessen auf die gesamte Zivilisation projiziert –, doch diese Annahme, wie groß oder klein sie auch sein mag, liegt im Wesen des Purpose. Wir gehen davon aus, dass wir unserem Warum folgend die Welt besser machen – auf welcher Skala auch immer.

Jeff Bezos, Blue Origin:

- *Why*: Schlüsselerlebnis Apollo (subjektiv), eine dynamische Menschheit bewahren (objektiv)
- *How*: wiederverwertbare Raumschiffe bauen als ersten Schritt einer Straße ins Weltall
- *What*: Raumfahrt
- *Archetyp*: Jeff Bezos erscheint mir als Entdecker, gepaart mit dem Herrscher. Er gibt sich bei Blue Origin bescheiden, doch mir fällt schwer zu glauben, dass er nicht auch hier die Nummer eins sein will.

---

170 Ebd.

Elon Musk: Es gibt nichts Aufregenderes, als da draußen zwischen den Sternen zu sein

»Vielleicht«, sagt Elon Musk (geboren 1971), *»habe ich als Kind zu viele Comics gelesen. In den Comics scheint es immer darum zu gehen, die Welt zu retten. Es sah so aus, als sollte man versuchen, die Welt zu einem besseren Ort zu machen, weil das Gegenteil keinen Sinn macht.«*[171]

Das klingt logisch und zugleich sympathisch. So ist Musk, er will die Welt retten. Damit wäre der subjektive Teil des Purpose schon einmal geklärt. Nun der objektive. Er ist zugleich ähnlich und doch ganz anders als derjenige der beiden anderen Marktteilnehmer. Elon Musk blickt ungleich technischer auf die Welt. Die Webauftritte der Space-Unternehmen zeigen, dass Virgin Galactic ein Faible für Marketing besitzt, Blue Horizon ein Faible für Sachlichkeit, gepaart mit emotionalen Bildern, doch SpaceX hat ein Faible für Technik. Im Zentrum stehen die Raketen, die Falcon 9, die Falcon Heavy, die Dragon, das Starship.

Wozu die Raketen? Es geht darum, die Erde aus dem Orbit zu erleben, Menschen und Lasten zu Weltraumstationen zu transportieren, zum Mond zu fliegen und schließlich zum Mars und darüber hinaus, um – und das ist der objektive Purpose – die Menschheit »multiplanetar« zu machen. Wer sich technisch detaillierter mit diesem Anliegen von Musk beschäftigen will, dem empfehle ich dessen Vortrag »Making humans an interplanetary species«.[172] Er dauert etwas über 1 Stunde. Für ein Laien in Raketenfragen wie mich wirkt der Vortrag recht technisch, doch für Musk scheint er das nicht zu sein. Er sagt, technische Details könne man ja im Panel nach dem Vortrag klären. Anders als Bezos und Branson ist er tief in sein Vorhaben eingebunden. Er ist nicht nur CEO von SpaceX, sondern auch »Raketen-Chefdesigner«. In der US-TV-Dokumentationsreihe »60 Minutes« fragt der Moderator, ob Musk irgendeine Ausbildung im Raketenbauen habe. Nein, er habe viele Bücher gelesen, mit vielen Leute gesprochen und ein großartiges Team,

---

171 Ashlee Vance: Elon Musk. How the billionaire CEO of SpaceX and Tesla is shaping our future. London: 2015, S. 24.

172 Elon Musk: Making humans an interplanetary species. International Astronautical Congress in Guadalajara, Mexiko: September 2016: *https://www.iafastro.org/events/iac/iac-2016/*

sagt Musk schmunzelnd.[173] Und dann kommt die Szene, die zeigt, wie verletzlich Elon Musk bei diesem Unterfangen ist. Es sind nicht die gescheiterten Testflüge, die verlorenen Milliarden. Es ist etwas anderes: die Ablehnung seiner Arbeit durch die Apollo-Astronauten Neil Armstrong und Eugene Cernan.

»Ich war sehr traurig, das zu hören«, sagt Musk. *»Sie sind meine Helden [...] Ich wünschte, sie würden uns besuchen und unsere Arbeit sehen – das würde ihre Meinung ändern.«* Tränen.

Die Welt von Elon Musk ist anders. Hier ist nicht ein Mann mit Träumen und Geld, sondern ein Mann mit Träumen und Geld und dem Willen, das, was er sich vorgenommen hat, selbst zu gestalten. Das Machen spielt in seinem Leben eine wesentlich handfestere Rolle. Weil er es kann. Weil er gern lernt. Weil es sein Leben ist. In einem Interview sagt Musk:

»Es ist sehr wichtig, Gründe zu haben, warum du im Leben begeistert bist. Wenn du morgens aufwachst, dann kann es doch nicht nur um Probleme gehen. Da muss es mehr geben. Wir wollen eine Zukunft haben, die uns inspiriert.«[174]

Die Idee einer multiplanetaren Menschheit, die eine Basis auf dem Mond hat und eine Stadt auf dem Mars, hält er für sehr aufregend: *»Du willst am Morgen aufwachen und denken, die Zukunft wird großartig sein – und darum geht es bei einer raumfahrenden Zivilisation, daran zu glauben, dass die Zukunft besser sein wird als die Vergangenheit. Und ich kann mir nichts Aufregenderes vorstellen, als dort hinauszugehen und unter den Sternen zu sein.«*[175]

Elon Musk, SpaceX:

- *Why*: die Welt verändern (subjektiv), eine multiplanetare Menschheit erschaffen (objektiv)
- *How*: wiederverwertbare Raketen bauen, die zu Raumstationen, zum Mond, zum Mars fliegen
- *What*:Raumfahrt
- *Archetyp*: Elon Musk erscheint mir als Entdecker, gepaart mit dem Helden. Er ist maximal authentisch, indem er das lebt, was er sagt, und weil er seine Emotionen nicht verbirgt.

---

173 Diese 15-minütige Sendung ist meiner Meinung nach eine großartige Zusammenfassung von Elon Musks Weltraumambitionen. SpaceX: Elon Musk's race to space. 60 minutes: März 2012: *https://www.youtube.com/watch?v=23GzpbNUyI4*

174 Elon Musk awarded Axel Springer Award 2020: *https://www.youtube.com/watch?v=AF2HXId2Xhg*

175 Ebd.

Take-away

Mit der kommerziellen Raumfahrt betreten wir das Reich des Super Purpose. Ausgelöst durch die Apollo-Mondlandung, streben die drei Milliardäre Richard Branson, Jeff Bezos und Elon Musk danach, der Menschheit den Weg ins Weltall zu bauen und damit eine neue Ära in der Geschichte einzuläuten.

Gesellschaftliche Probleme marktorientiert und skalierbar lösen

Wann hat ein Start-up Impact?

Als ein guter Freund von mir im Frühjahr 2020 das Exposé zu »That's me!« las, reagierte er an einer Stelle empört: Wie ich wohl Larry Fink, den Erzkapitalisten, in diesem Kontext zitieren könne? Ich erklärte ihm, dass BlackRock, der größte Vermögensverwalter der Erde, dessen Chef Larry Fink ist, das nun einmal gesagt habe, es komme heute und mehr noch in Zukunft auf den Purpose eines Unternehmens an und darauf, was es für die Gesellschaft leisten würde. Wir diskutierten hitzig und stellten am Ende fest, dass uns beiden einfach das Know-how fehlte. Wir sind nun mal keine Investmentbanker, sondern nur ein Anwalt und ein Autor.

März 2021, ein Zoom-Call mit Aline Vedder, Investmentmanagerin bei Ananda Impact Ventures mit Sitz in München und London. Das Unternehmen investiert in europäische Impact-Start-ups. Ein Impact-Unternehmen besitzt einen tieferen Purpose, es will einen Sinn stiften, indem es ein soziales oder ökologisches Problem löst und diese Lösung mit einem skalierbaren Geschäftsmodell verbindet. Wenn das gelingt, dann hat es Impact – Wirkung. Aline Vedder sagt: *»Die typische Frage am Anfang ist: Was ist euch wichtiger, der Impact oder das Geldmachen? Wir sagen dann: Das eine schließt das andere nicht aus, sondern es bedingt das andere vielmehr. Das eine geht gar nicht ohne das andere.«*

Ein Beispiel: Je erfolgreicher im ökonomischen Sinne etwa das Start-up Open Bionics ist, das günstig medizinisch zertifizierte Armprothesen im 3D-Druck herstellt, desto mehr Menschen in Not hilft es. Ein anderes Beispiel wäre das Unternehmen Toms Schuhe, das für jeden verkauften Schuh einen Schuh spendet. Ein großartiges Konzept, doch da gibt es nicht diese Zwangsläufigkeit und im Zweifelsfall sind Abstriche zu machen.

»Deswegen haben wir gesagt, wir investieren nur in Unternehmen, bei denen der Impact wirklich Kern ist. Denn da gilt die einfache Logik: Je mehr Impact das Start-up hat, desto mehr skaliert auch das Geschäftsmodell.«

Ananda Impact Ventures gibt es seit zehn Jahren – für dieses Thema sei das eine lange Zeit, erklärt Aline Vedder. Damals sei die Situation anders gewesen, das Geld in den Fonds sei hauptsächlich von vermögenden Familien gekommen, die eine sinnvolle Alternative zum Spenden gesucht hätten. Heute dagegen gebe es viele institutionelle Investoren wie den European Investment Fonds, die LfA Förderbank Bayern oder die BMW-Stiftung. Sie wollten damit ihre Rendite machen, genau wie mit anderen Fonds.

»Und BlackRock?«, frage ich. *»Sie behaupten, Purpose sei der Motor nachhaltiger Profitabilität.«*

Die Impact-Investorin erläutert, dass das alles andere als Marketing sei, sondern vielmehr eine Form von Risiko- und Chancenmanagement: *»Was passiert zum Beispiel, wenn ich mich im Hinblick auf meine Supply Chain nicht transparent und nachhaltig aufstelle? Liegt da ein Risiko? Natürlich. Weil mehr Transparenz eingefordert wird. Und umso früher du weißt, mein Investment ist sauber aufgestellt, umso eher kannst du dein Risiko-Management für die Zukunft machen. Gerade wenn du langfristig investieren willst, dann musst du wissen, wie ein Unternehmen aufgestellt ist.«*

Der Unterschied zwischen BlackRock und Ananda Impact Ventures ist offensichtlich. Beide gehen zwar in eine ähnliche Richtung, beide schätzen Purpose und den Nutzen, den ein Unternehmen für die Gemeinschaft stiftet, doch mit einem Unterschied: Geht es bei BlackRock vor allem darum, das Schlechte zum Beispiel in Bezug auf Klimawandel und Globalisierung zu vermeiden, fördert Ananda Impact Ventures aktiv Start-ups, die mehr wollen als das, nämlich ein gesellschaftliches Problem positiv lösen, sodass möglichst viele Menschen etwas davon haben.

Die spannende Frage ist für mich, wie so ein Start-up gefunden wird, denn viele behaupten ja, dass sie einen positiven Impact hinterlassen. Ananda Impact Ventures analysiert Purpose und Impact in drei Schritten:

1. *Was ist die Theorie der Veränderung?*
   Was ändert sich durch dieses Start-up? Ändert sich durch ein Unternehmen wie Klim dank Carbon Farming die Landwirtschaft nachhaltig? Oder ändert sich die Versorgung von Krebspatienten durch eine digitale Lösung wie bei Mika? Oder ändert sich die Situation für pflegende Angehörige dank Careship?
2. *Wie sieht die Impact Map aus?*
   Risiken und Chancen werden in einer Impact Map eingetragen. Ein Risiko wäre zum Beispiel bei E-Mobility der Batteriemüll. Die Chancen von E-Mobility liegen auf der Hand.
3. *Was sind die KPIs?*
   In einem letzten Schritt werden die Messgrößen für Erfolg festgelegt (KPI = Key Performance Indicators). Schließlich muss sich der Impact auch messen lassen, zum Beispiel im Gesundheitsbereich: Wie viele Patienten sollen von einer Lösung profitieren?

Ergänzend gibt es übergreifende Rahmenkonzepte wie die 17 Ziele der United Nations (SDG – Sustainable Development Goals) als Kern der Agenda für nachhaltige Entwicklung[176] sowie weitere Klauseln, wie zum Beispiel für Diversität. All das, betont Aline Vedder, sei kein Schwarzweißdenken. Purpose und Impact haben eine flüssige Komponente. Vor zehn Jahren noch hätten sie Unternehmen wie Tesla keinen positiven Impact zugeschrieben wegen des heiklen Batteriethemas, doch mittlerweile habe sich der Blick auf Elektromobilität geändert. *»Du musst die Themen immer wieder neu evaluieren.«*

Die Frage, ob das Investment in Impact-Start-ups ein Randthema sei, verneint die Investorin. Es rücke immer mehr ins Zentrum der Aufmerksamkeit. Auch klassische Investoren nähmen Impact-Unternehmen in ihre Fonds auf, weil sie beides verbinden: einem Purpose folgend Aspekte gesellschaftlicher Probleme lösen und dabei gute Renditen abwerfen.

---

176 United Nations: The 17 goals: *https://sdgs.un.org/goals*

Anna Alex und der Sprung in die Impact-Welt

Die Idee kam ihr noch während ihrer Zeit in der Welt des Shoppings, da hatte sie sich den Leaders for Climate Action angeschlossen. Anna Alex wollte den Fußabdruck des von ihr gegründeten Unternehmens Outfittery – eines Personal Shopping Service für Männer – herausfinden. Und dann sah sie Berater in den Fluren, die Excel-Listen erstellten und fragte sich: *»Wenn der CO_2-Fußabdruck die wichtigste Kennzahl der Menschheit des Jahrhunderts ist, dann müssen wir doch bessere Systeme haben, um den zu tracken.«*[177]

Sie stieg aus und wagte den Sprung in die Welt der Impact-Unternehmen, indem sie mit Benedict Franke das Start-up Planetly gründete, um Nachhaltigkeit skalierbar zu machen. Die Mission:

»Was uns antreibt

Wir sind ein Team aus erfahrenen Unternehmern, Entwicklern, Data Scientists und Marketeers. Und wir sind bereit, unser höchstes Gut – unsere Zeit – zu investieren. Für einen Zweck, den wir keinen Tag länger ignorieren können: für den Kampf gegen den Klimawandel.

Wir glauben an die Macht von Technologie und Unternehmertum. Wir glauben, dass große Erfolge nur erreicht werden können, wenn ›Purpose und Scale‹ sich gegenseitig vorantreiben dürfen. Wir nennen das ›for purpose, for profit‹.

Und wir sind der Ansicht, dass Transparenz immer am Anfang stehen muss. Daher ist es unser erklärtes Ziel, die einfachste und benutzerfreundlichste Software für unsere Kunden zu entwickeln. Einerseits, um sie als Unternehmen zu befähigen, ihre CO_2-Emissionen intelligent zu managen. Und andererseits, damit wir gemeinsam einen nachhaltigen Beitrag zum Klimaschutz leisten können.«[178]

Warum kein Nonprofit-Unternehmen? Weil sie unabhängig von Spenden sein wollte. For Purpose, for Profit, ist die Logik: Je mehr Unternehmen mit Planetly ihren CO_2-Fußabdruck verstehen und ausgleichen, desto besser ist das für das Klima, also für uns alle, und desto besser ist das natürlich auch für den wirtschaftlichen Erfolg von Planetly.

177 T3N Podcast: Interview mit Anna Alex. Dezember 2020: *https://t3n.de/news/welchen-beitrag-startups-kampf-1339872/*

178 *https://www.planetly.org/ueber-uns/*

Take-away

Start-ups, die von einem Purpose getrieben eine Wirkung hinterlassen, rücken ins Zentrum der Aufmerksamkeit von Investoren, nicht als Quasispende, sondern als gute Investments, die Sinn mit positiver Veränderung und guter Rendite verbinden. Impact wird nicht nur behauptet, sondern genau gemessen und die Theorie der Veränderung, die ein Unternehmen antreibt, wird mit einem Excel-Chart der Veränderung hinterlegt.

Ein mächtiger Gedanke, aber …
Die Lücke zwischen Purpose und Praxis bei der Bill & Melinda Gates Foundation

Im Jahr 2017 begannen die Verantwortlichen der Bill & Melinda Gates Foundation sich zu fragen, was für ein Unternehmen die Stiftung im Jahr 2025 sein würde.[179] Sie begannen mit einer Befragung der Mitarbeiter, um ein Gefühl für den Status quo zu bekommen. Einer der erhobenen Werte war der Purpose Score. Er enthielt drei Aspekte: Klarheit des Purpose, Leidenschaft für den Purpose und Nützlichkeit des Purpose. Das Ergebnis war ernüchternd. Die Stiftung hatte einen klaren und starken Purpose – *All lives have equal value*, jedes Leben hat den gleichen Wert –, doch dessen Nützlichkeit erschien den Mitarbeitern schwach ausgeprägt. Sie zogen ihn kaum heran, um Entscheidungen für individuelle Handlungen zu fällen. Auch die Werte für Leidenschaft waren schwach ausgeprägt. Doch die Umfrage gab auch deutliche Hinweise auf das, was fehlen könnte.

Die Bill & Melinda Gates Foundation ist mit einem Kapital von 46 Milliarden US-Dollar die größte private Stiftung der Erde. Sie ist ein gigantisches Räderwerk,

---

179 Ein kleine Fallstudie dazu finden Sie in folgendem Beitrag von Casey Hanewall und Sean Hewens, erschienen im April 2019 auf medium.com/ideo: Putting purpose into pratice – *https://medium.com/ideo-stories/putting-purpose-into-practice-4ba92f6ac98a*

ein Non-Profit-Unternehmen mit ca. 1.500 Mitarbeitern, das gegen Armut, Krankheit und Ungleichheit kämpft. Der Microsoft-Gründer und seine Ex-Frau sagen: »*Wir teilen zwei Werte, die zu einem großen Teil der Grund dafür sind, dass wir die Stiftung ins Leben gerufen haben: Wir beide wurden im Geiste des Zurückgebens erzogen und wir sind optimistisch in Bezug auf die Zukunft.*«[180]

Von Kindheit an erlebten sie, wie ihre Eltern in den Gemeinden halfen und verstanden, dass Dinge außerhalb der eigenen Kontrolle es Menschen schwermachen können, ihre Potenziale zu verwirklichen. Dinge wie: Wann bist du geboren? Und wo? Wer sind deine Eltern? Bist du ein Junge oder ein Mädchen? Welche Farbe hat deine Haut?

Die Idee der Stiftung ist es, den von Microsoft erwirtschafteten Reichtum so zu nutzen, diese Ungleichheiten zu balancieren und idealerweise jedem Menschen ein gesundes und produktives Leben zu ermöglichen. Die Stiftung kümmert sich um drei Bereiche: Entwicklungshilfe im Bereich Landwirtschaft, vor allem in Afrika. Gesundheit, dazu zählt auch die Erforschung und Entwicklung von Medikamenten und Impfstoffen sowie deren Verbreitung. Für den Kampf gegen das Coronavirus spendete Gates 255 Millionen US-Dollar. Das Geld soll vor allem für die Beschaffung und Verteilung von Impfstoff in ärmere Länder Afrikas und Südasien genutzt werden. Darüber hinaus fördert die Stiftung Bildungsprogramme für Jugendliche in den USA, etwa in Form von Stipendien.

Die Lücke zwischen Purpose und Praxis existiert bei vielen Unternehmen und Teams, ja, bei jedem von uns, der sich vornimmt, seinem Warum zu folgen und sein Leben an einem Sinn auszurichten, der über die eigene Existenz hinausgeht. Gerade bei Non-Profit-Organisationen und philanthropischen Stiftungen hilft ein starker Purpose, die besten Leute zu bekommen, obgleich die Bezahlung vielleicht nicht die beste ist. Die Frage nach dem Warum wird für uns alle zunehmend wichtiger. Doch zu oft machen Organisationen den Fehler, zu glauben, der verführerisch formulierte Daseinszweck würde sich automatisch in alle Menschen und Bereiche einschreiben. Oder sie glauben, seine Wirkung lasse nicht nach. Doch die 1999 gegründete Bill & Melinda Gates Foundation zeigt, man davon lieber nicht ausgehen sollte. Die praktische Magie des Purpose mag sich mit den Jahren verflüchtigen.

---

180 *https://www.gatesfoundation.org/about/our-story*

Die Stiftung erkannte auf Basis der Umfrage im Jahr 2017 drei Dinge:

1. *Interner Wettbewerb*
   Die Stiftung hat viele programmatische Bereiche mit ganz unterschiedlichen Zielen. Es entsteht Konkurrenz. So können die Teams dem Purpose aus einer Vogelperspektive zustimmen, doch finden sie ihn im Alltag nicht wieder.
2. *Arbeiten aus der Distanz*
   Die meisten Mitarbeiter der Stiftung arbeiten in der Zentrale in Seattle. Sie sehen Daten anstelle von konkreten Menschen und positiven Wirkungen, die ihre Arbeit hervorbringt.
3. *Keine Zeit für Stolz*
   Die Stiftung fokussiert auf Lernen und ständige Verbesserung. Die Teams finden zu wenig Zeit, anzuhalten, stolz zu sein auf das Geleistete, es zu feiern und erst dann die nächsten Schritte zu gehen.

Es gab einen Ausreißer bei der Umfrage: die chinesische Niederlassung mit 25 Mitarbeitern. Sie erklärten den Purpose als nützlich für ihre alltägliche Arbeit. Doch wie sich herausstellte, arbeiteten die Chinesen auch anders, sie waren viel näher an die Realität angebunden, super fokussiert in ihrer Aktivität und sie empfanden auch keinen Konkurrenzkampf. Sie sahen vielmehr ein großes Puzzle, in dem sie einen Teil repräsentierten. Sie interagierten auch ständig mit Ministern, Organisationen und den Menschen, deren Leben die Arbeit der Stiftung verbesserte. Sie konnten zusehen, wie die Armut in China schwand, und hatten das Gefühl, dazu beizutragen.

Was sich aus den Erkenntnissen des Purpose Score der Gates-Stiftung für die Praxis lernen lässt, sind meiner Meinung nach ganz einfache Lektionen. Im Kern geht es um Aufmerksamkeit und Empathie: Erfolge zu feiern, Nähe zu den Menschen herzustellen, die von der Arbeit der Stiftung profitieren, Team für Team, Mitarbeiter für Mitarbeiter und schließlich ein anderes Bild für die eigene Arbeit zu verwenden als das Tauziehen um Ressourcen, zum Beispiel das Bild des Puzzles, an dem alle gemeinsam arbeiten.

Take-away

Was tun, wenn zwischen Purpose und Praxis eine Lücke klafft? Die Bill & Melinda Gates Foundation zeigt, wie ein Purpose Score auf Basis einer Mitarbeiterbefragung den Weg weist. Im Kern geht es um drei Dinge: die Mitarbeiter mit den Menschen zu verknüpfen, denen ihre Arbeit nützt, Konkurrenzdenken aufzulösen und innezuhalten, um Erfolge zu feiern.

Besessen von Kundenzufriedenheit
Purpose mit Differenz bei Amazon und Zappos

Im Juli 2009 drehte Amazon-Gründer Jeff Bezos ein Video über Amazon und Zappos[181], ein damals noch wenig bekanntes E-Commerce-Unternehmen für Schuhe und Kleidung, das Amazon kurz zuvor gekauft hatte. Das achtminütige Video ist in vielerlei Hinsicht bemerkenswert. Der erste Eindruck irritiert: Wir sehen einen Garten, im Hintergrund ein Holzhaus, im Vordergrund ein Flipchart und einen Typ im auberginefarbenen Hemd, kaum zu erkennen, weil das Bild so verschwommen ist. *»Hallo«*, sagt er, *»mein Name ist Jeff Bezos. Vor 15 Jahren habe ich Amazon gestartet. Ich startete die Firma in meinem Haus.«* Das Video wirkt improvisiert; kaum zu glauben, dass der Chef dieses E-Commerce-Riesen in so einem Set-up spricht, statt in seinem Büro, gefilmt von einer hochauflösenden Kamera. Bezos erzählt in einfachster Form von Amazons Philosophie. Erst danach leitet er über zum Zappos-Deal. Denn dieser folgt, laut dem Video, vor allem einer Purpose-Logik. Sie sind wie wir, erklärt Bezos, auch für Zappos komme der Kunde immer an erster Stelle. *»Obsess over customers«* – sei besessen von deinen Kunden und ihren positiven Erfahrungen und schaffe das kundenfreundlichste Unternehmen der Erde, diesem Purpose folgen beide Firmen. Beide betreiben E-Commerce – und doch sind sie ganz anders.

Spannend scheint mir vor allem die Frage: Wie gehen die Unternehmen vor und hauchen ihrem Daseinszweck Leben ein? Reiner Fokus auf die Kundenerfahrung bei Amazon, doch bei Zappos geht es darum, zwei Aspekte des Purpose zu

---

181 Video from Jeff Bezos about Amazon and Zappos, Juli 2009: *https://www.youtube.com/watch?v=-hxX_Q5CnaA*

verbinden: die Kundenerfahrung und die Firmenkultur. Gründer Tony Hsieh sagt: *»Wir glauben, mit der richtigen Firmenkultur ergeben sich auf natürliche Art ein exzeptioneller Kundenservice und eine großartige Marke.«*[182]

Was ist für ihn eine richtige Firmenkultur? Hsieh sieht im Gegensatz zu Bezos eine offene Kultur, in der die Mitarbeiter glücklich seien, in der sie gern arbeiteten, in der sie ihre persönlichen Stärken einbringen könnten, eine Kultur, geprägt von Respekt und Wohlwollen und dem Bestreben, die anderen glücklich zu machen – seien es die Kunden oder die Kollegen. Alles, sagt er, ließe sich kopieren, nur unsere Leute, unsere Kultur und demzufolge unser Service nicht.

Zappos startete 1999 mit dem Verkauf von Schuhen über das Internet. Als das Start-up zu wachsen begann, fragte sich Hsieh: Worum geht es uns eigentlich? Sind wir ein Unternehmen, das online Schuhe verkauft oder etwas Größeres und Bedeutenderes? Die Antwort war einfach: *»Wir entschieden uns, die Zappos-Marke zu gestalten, eine Marke, die für den besten Kundenservice und die beste Kundenerfahrung steht.«*[183] Das Ziel ist hochgesteckt, Zappos will die Nummer 1 im E-Commerce werden: *»Wir werden Amazon darin schlagen, die kundenzentrierteste Online Company zu sein«*[184], schreibt Hsieh lange vor dem Kauf durch Amazon in einer E-Mail an die Mitarbeiter. Es ist eine ambitionierte Kultur, und es ist eine Kultur, die das Modell des klassisch-hierarchisch strukturierten Unternehmens schon bald infrage stellen wird. Seit 2014 folgt Zappos einem holokratischen Modell. Im Kern geht es um Selbstmanagement und Selbstorganisation der Mitarbeiter. Das Ziel: dem Purpose folgend innovativ zu sein und die Kundenerfahrung permanent zu verbessern.

Hsieh erklärt in Vorträgen und in seinem Buch »Delivering Happiness«, dass das in den ersten Jahren nach Gründung des Unternehmens normal war, doch mit der Größe kam das Management und eine gewisse Trägheit bei Entscheidungen. Holokratie bedeute für Zappos eine Start-up-Umgebung, skaliert auf 1.500 Mitarbeiter. Damit jeder Mitarbeiter seine Freiheit in der Ausgestaltung seiner Arbeit effizient nutzen kann, hat Zappos eine Umgebung geschaffen, in der Purpose und

---

182 Tony Hsieh, founder zappos.com: Interview mit retire@21, 2008: *https://retireat21.com/interview/interview-with-tony-hsieh-ceo-of-zappos*

183 The Zappos story: Is holocracy a proven structure for improving customer experience?, mycustomer.com, Februar 2017: *https://www.mycustomer.com/service/management/the-zappos-story-is-holacracy-a-proven-structure-for-improving-customer*

184 Tony Hsieh: Delivering Happiness. A path to profit, passion, and purpose. New York: 2010, S. 147.

Werte als Leitsterne des Handelns dienen. Diese werden auf verschiedenen Ebenen kommuniziert:

»Unser Purpose ist einfach, WOW zu leben und zu geben.

Vor 20 Jahren begannen wir als kleiner Online-Händler, der Schuhe verkaufte. Heute verkaufen wir immer noch Schuhe – ebenso wie Kleidung, Handtaschen, Accessoires und mehr. Dieses »Mehr« bedeutet: den besten Kundenservice, die beste Kundenerfahrung und Firmenkultur. Wir streben danach, die Welt zu inspirieren, indem wir zeigen, dass es möglich ist, Kunden, Mitarbeiter, Händler, Anteilseigner und die Community langfristig und nachhaltig glücklich zu machen.

Wir hoffen, dass Menschen in der Zukunft gar nicht bemerken, dass wir damit begonnen haben, Schuhe online zu verkaufen. Stattdessen werden sie Zappos kennen als ein Service-Unternehmen, dass zufällig ________ verkauft.«[185]

Zappos verbindet in dieser Beschreibung zwei grundlegende Strukturen: den Golden Circle mit seinen drei Fragen Why, How, What sowie eine Zeitachse, die ähnlich wie der Zirkel einem Dreisprung folgt: Vor 20 Jahren ... heute ... in der Zukunft. Oder kürzer: gestern, heute, morgen.

Durch diese Verbindung der beiden Strukturen wird das, was Zappos ist und wofür es steht, in einfacher Form erzähl- und erinnerbar. Vor allem auch deshalb, weil Zappos eine Metapher ins Zentrum seiner Beschreibung rückt, die alles zusammenfasst. In der kürzesten Form ließe sich Zappos durch diese Metapher beschreiben. Es geht ums »WOW«. Mit dieser Formulierung springt Zappos in eine Dimension, die nur wenige Unternehmen bei der Beschreibung ihres Kerns erreichen. Der Purpose wird durch das WOW fühlbar. Bleiben wir einen Moment bei dieser Formulierung, bevor wir uns die Architektur der Vermittlung des WOW ansehen.

Jeff Bezos spricht in seinem kleinen Video von Obsession – *obsess over customers*. Das ist auch emotional. Ist es positiv? Ich weiß nicht. Viel wichtiger ist die zweite Frage: An wen richtet sich diese Obsession? An die Mitarbeiter, klar. Dagegen das WOW von Zappos. Es ist eindeutig positiv emotional. Wer WOW sagt, ist begeistert. Die Klugheit der Wahl dieses einfachen Wortes im Zentrum der Zappos-Welt liegt nicht nur in der positiven Emotion, die jeder kennt, sie liegt auch darin, die Brücke zu schlagen zwischen drinnen und draußen, zwischen Mitarbei-

185 Zappos: About us: *https://www.zappos.com/about/*

tern und Kunden, zwischen Händlern, Shareholdern und der Community. Das WOW schließt alle ein, es verbindet.

Das Glück ist ausdrücklich nicht mehr nur das Glück des Kunden. Diese Differenz sorgt dafür, dass Zappos und Amazon quasi per Konstitution, die sich aus dem Purpose ergibt, in anderen Sphären agieren. Amazon wird im Namen der Kundenzufriedenheit zur größten E-Commerce-Plattform der Erde, Zappos zur Love Brand. Doch dazu gleich mehr.

Zappos ergänzt seine klare Guideline um zehn Kernwerte, die unabhängig von Strategie und Prozessen gelten:

1. Liefere WOW durch Service.
2. Umarme und treibe den Change.
3. Sorge für Freude und ein wenig Seltsamkeit.
4. Sei abenteuerlustig, kreativ und offen.
5. Strebe nach Wachstum und danach zu lernen.
6. Schaffe offene und ehrliche Beziehungen durch Kommunikation.
7. Sorge für einen positiven und familiären Team Spirit.
8. Schaffe mehr mit weniger.
9. Sei leidenschaftlich und bestimmt.
10. Sei bescheiden.[186]

Jeden dieser Werte erklärt Zappos für die Mitarbeiter praxisnah und auf den Punkt. Hier ein Beispiel, die Erläuterung des ersten Wertes, Deliver WOW through service: *»Bei Zappos sollte alles, was wert ist, getan zu werden, mit WOW getan werden. WOW ist ein so kurzes, einfaches Wort, aber es umfasst wirklich eine Menge Dinge. Um WOW zu sein, musst du dich von der Masse abheben, also etwas Unkonventionelles und Innovatives tun. Du musst bei jeder Interaktion mit Mitarbeitern, Verkäufern, Kunden, der Community, Investoren – mit jedem – WOW sein (über das Erwartete hinausgehen). Und was immer du tust, muss eine emotionale Wirkung auf den Empfänger haben. Wir sind kein durchschnittliches Unternehmen, unser Service ist nicht durchschnittlich und wir wollen nicht, dass unsere Mitarbeiter durchschnittlich sind. Wir erwarten von jedem Mitarbeiter, dass er WOW liefert. Ob intern oder extern, WOW zu liefern, führt zu Mundpropaganda. Unsere Philosophie bei Zap-*

---

186 Zappos 10 core values: *https://www.zapposinsights.com/about/core-values?utm_campaign=newsroom&utm_medium=about-us&utm_source=what-we-live-by&utm_content=our-core-values*

pos ist es, WOW mit Service und Erfahrung zu liefern, nicht mit irgendetwas, das direkt mit einer monetären Vergütung zusammenhängt (zum Beispiel bieten wir unseren Kunden keine pauschalen Rabatte an). Wir wollen unsere Kunden, unsere Mitarbeiter, unsere Lieferanten, unsere Partner und auf lange Sicht auch unsere Investoren mit WOW überzeugen.

Frag dich selbst: Was sind Dinge, die du bei deiner Arbeit oder an deiner Einstellung verbessern kannst, um mehr Menschen zu WOWen? Hast du heute mindestens eine Person dazu gebracht, WOW zu sagen?

Beispielhafte Verhaltensweisen für diesen Wert: Helfe, auch wenn es nicht deine Aufgabe ist, beeindrucke jeden, überall, das lässt mich tatsächlich WOW sagen.«[187]

Lippenbekenntnisse klingen anders. Das WOW ist Kompass, Aufforderung, Anspruch, Lebensmittelpunkt aller Zappos-Mitarbeiter. Damit verbunden ist die Idee, die auch eine Künstlerkultur beschreiben könnte: Nur wenn du deine Individualität nutzt, wirst du kreativ im Sinne des WOW. Es ist die Wertschätzung der Differenz, des Andersseins, einer Kultur des Individualismus im Rahmen der Zappos-Werte und des Zappos-Purpose. Zugleich spürt man den hohen Anspruch der Kultur von Zappos. Was auf den Videos, die Zappos ins Netz stellt, wie Party aussehen mag, ist durchaus anspruchsvoll und garantiert nicht für jedermann.

Zur weiteren Orientierung helfen den Mitarbeitern jede Menge Storys, die Zappos auf seiner Website veröffentlicht, ein Culture Book, diverse Veranstaltungen oder eine Liste mit empfohlenen Büchern, die vor allem auf den Wert Nummer fünf einzahlen, Wachstum und Lernen anzustreben. Dazu gibt es eine Bibliothek mit Lehrvideos, die Themen wie Leadership, Engagement, Kundenservice oder Einstellen und Entlassen erläutern. Hier erleben die Mitarbeiter Werte und Purpose in Aktion, in der Anwendung auf ganz konkrete Situationen, zum Beispiel: Wie finde ich heraus, ob eine Person, die ich einstellen will, den richtigen Cultural Fit hat? Mit welchen Techniken und Fragen schaffen wir Kundenloyalität in einem Telefongespräch? Wie übersetze ich den Satz *»der Kunde hat immer recht«* in konkrete Handlungen?

Zurück zu Jeff Bezos und seinem kleinen Video über Amazon und Zappos, zurück ins Jahr 2009! Bezos spricht die letzten zwei Minuten über Zappos und dessen unglaubliche Kultur als Voraussetzung für herausragende Kundenfreundlich-

187 Ebd.

keit. Doch zuvor erklärt er in größter Bescheidenheit, alles, was er bisher gelernt hat (all I know) oder anders gesagt: die Grundpfeiler von Amazon. In seinem Video spricht Bezos über drei Dinge, die Amazon ausmachen. Er fügt am Schluss noch einen vierten Punkt hinzu, der zu einem seiner berühmtesten Zitate geworden ist. Er sagt:

- Sei besessen von deinen Kunden!
- Erfinde!
- Denke langfristig!
- Es ist immer Tag 1!

Mehr ist das nicht? Nein. Jeff Bezos ist ein Meister der klaren, einfachen Formulierungen. In wenigen Minuten ist Amazon vom Purpose aus erklärt, ohne dass Bezos auch nur ein Wort über Zahlen und Erfolge verliert. Es geht vielmehr darum, woran er glaubt, wovon er überzeugt ist. Und der Kauf von Zappos basiert einzig und allein darauf, dass auch für Zappos die Besessenheit von Kunden Anfang und Ende ist. Es folgt sein prophetisches Schlusswort: *»Ich bin davon überzeugt, dass wir bis jetzt noch gar nichts gesehen haben, so viel Zappos bisher auch erreicht hat [...] weiß ich, das ist nur der Anfang. Und das bringt mich zu der letzten Sache, die ich bisher gelernt habe: Es ist immer Tag 1 (It's always day 1).«*[188]

Wie hat Amazon seinen Purpose realisiert? Anders. Zunächst einmal in anderen Dimensionen. Amazon ist eins der größten und wertvollsten Unternehmen der Welt mit mehr als 1,3 Millionen Mitarbeitern. Anders in Bezug auf die Kultur. Anders auch in Bezug auf die Arbeitsbedingungen. Amazon wirkt aggressiver, wenn es zum Beispiel um die Konditionen für Lieferanten in Deutschland geht oder um das Thema Steuern. Das Unternehmen setzt sich für seine Mitarbeiter ein, fördert und unterstützt sie, wie Jeff Bezos nicht müde wird zu betonen[189], doch irgendwo scheint Amazon einen Strich zu ziehen. In Deutschland jedenfalls fällt es schwer, seiner Behauptung zuzustimmen.

---

188 Video from Jeff Bezos about Amazon and Zappos, Juli 2009: *https://www.youtube.com/watch?v=-hxX_Q5CnaA*

189 Statement by Jeff Bezos to the U.S. House Committee on the Judiciary, 28. Juli 2020: *https://www.aboutamazon.com/news/policy-news-views/statement-by-jeff-bezos-to-the-u-s-house-committee-on-the-judiciary*

Woran orientieren sich die Mitarbeiter? An den Führungskräften. Und woran orientieren sich diese? An den Führungsprinzipien. Davon gibt es 14, sie umfassen Purpose und Werte und beginnen exakt wie bei Zappos mit dem Kunden.[190]

1. Customer obsession – 100% kundenorientiert
2. Ownership – Verantwortung übernehmen
3. Invent and simplify – Erfinden und vereinfachen
4. Are right, a lot – die richtige Entscheidung treffen
5. Learn and be curious – neugierig bleiben und nie aufhören zu lernen
6. Hire and develop the best – die besten Mitarbeiter einstellen und weiterentwickeln
7. Insist on the highest standards – immer höchste Maßstäbe anlegen
8. Think big – in großen Dimensionen denken
9. Bias for action – aktiv handeln
10. Frugality – gezielter Einsatz von Ressourcen
11. Earn trust – Vertrauen aufbauen und Vertrauen verdienen
12. Dive deep – Dingen auf den Grund gehen
13. Have backbone, disagree and commit – Rückgrat zeigen, eigene Meinungen vertreten und getroffene Entscheidungen mittragen
14. Deliver results – Ergebnisse liefern

Jeder dieser Imperative wird knapp erläutert. Das liest sich beispielhaft so:

»Customer Obsession – 100% kundenorientiert

Leader fangen beim Kunden an und arbeiten von dort aus rückwärts. Sie arbeiten stetig daran, das Vertrauen unserer Kunden zu gewinnen und zu bewahren. Leader behalten Mitbewerber im Blick, aber der Kunde bleibt immer im Fokus.«

Man sieht, Amazon ist deutlich kühler und knapper in seinen Beschreibungen. Diese richten sich schließlich an Führungskräfte. Doch das allein ist es nicht. Wir betreten eine andere Kultur. Hier wirken unterschiedliche Wertesysteme. Beide, Amazon und Zappos, sind großartige Schulen, um radikale Fokussierung auf den Kunden zu trainieren. Entsprechend des individuellen Purpose wird Nachahmern die Wahl des Vorbildes nicht schwerfallen. Ebenso wie potenziellen Kunden oder Mitarbeitern. Ist es wirklich allein der Kunde, der an erster Stelle kommt? Sind es Kunde und Mitarbeiter? Viele Unternehmen, die ich in diesem Buch vorstelle, laden dazu ein, über diese Frage nachzudenken.

---

190 Amazons Leadership Principles: *https://www.amazon.jobs/de/principles*

Take-away

Amazon und Zappos verfolgen beide einen strikten Fokus auf den Kunden im E-Commerce. Sie tun alles, um loyale Kunden zu gewinnen und zu halten, das ist ihr oberster Daseinszweck. Doch beide gestalten um diesen Purpose andere Kulturen mit unterschiedlichen Wertesystemen. So können wir lernen und uns fragen, wie weit ein Kundenfokus gehen sollte.

Wenn du einen Dollar in der Tasche hast ... oder auch 60 Milliarden

Spenden und Purpose bei Rihanna, Toms Schuhe und MacKenzie Scott

Mit fünf oder sechs Jahren, sagt sie, habe sie immer die Spendenaufrufe im Fernsehen gesehen. Andere Kinder litten am anderen Ende der Welt, und die Commercials sagten, wenn du nur einen Vierteldollar gibst, kannst du das Leben eines Kindes retten. Und sie überlegte, wie viele Vierteldollars sie wohl sparen könnte, um alle Kinder in Afrika zu retten. Und sagte sich, wenn ich groß bin, werde ich reich und rette alle Kinder der Welt. Mit 17 begann sie ihre Karriere als Künstlerin. Mit 18 startete sie ihre erste wohltätige Organisation. Mit 24 gründete sie zu Ehren ihrer verstorbenen Großmutter die Clara Lionel Foundation, um Bildungsinitiativen zu unterstützen und bei Notfällen durch Naturkatastrophen zu helfen – in Afrika, der Karibik und den USA. Mit 29 nahm sie in Harvard einen Preis als »Humanitarian of the Year« entgegen und erzählte ihre Geschichte.[191]

Die Rede ist von Robyn Rihanna Fenty, Sängerin, Modedesignerin, Unternehmerin, Schauspielerin und Philanthropin (siehe **Abbildung 47**). Wir sind beim Thema Spenden, das sehr häufig im Kontext von Purpose auftaucht. Ganz einfach

191 Rihanna named Harvard University's Humanitarian of the Year: Februar 2017: *https://www.youtube.com/watch?v=CF7a76CnzHE&t=328s*

deshalb, weil nicht jeder sein Leben so ausrichten kann oder mag, dass es direkt gesellschaftlichen Nutzen stiftet. Spenden ist eine alternative Route, der Welt etwas zu geben, das von Herzen kommt und diese ein Stück besser macht – im Tierschutz, in der Erziehung, in der Medizin, in der Versorgung Bedürftiger. Mit Spenden meine ich nicht notwendig Geld, sondern auch Zeit, die wir wohltätigen Zwecken widmen, oder andere Mittel, die wir geben.

47 *Rihanna: Sängerin, Unternehmerin und engagierte Philanthropin*
© Rihanna Commons Wikimedia

Für dieses Kapitel habe ich mir zwei Superspender herausgesucht, die ganz eigene Wege gehen und doch auf ihre Art inspirierend für jeden von uns sein können, um unseren eigenen Weg im Spenden zu finden. Das sind Rihanna und MacKenzie Scott, die seit der Scheidung von Jeff Bezos im Jahr 2019 eine der reichsten Frauen der Welt ist. Ihr Vermögen wird auf rund 60 Milliarden US-Dollar geschätzt. Warum Superspender und nicht Menschen wie du und ich? Weil sie etwas bewegen und Spender-Archetypen repräsentieren, die wir sofort wiedererkennen. Weil beide sich nicht mit ihren Spenden schmücken, im Gegenteil, sie scheuen als Philanthropen vielmehr das Licht der Öffentlichkeit. Und weil sie so entgegengesetzte Motive haben – die natürliche Freude am Geben bei Rihanna und der, etwas zugespitzt würde ich sagen, Ekel vor dem Reichtum bei MacKenzie Scott.

Darüber hinaus will ich noch ein Unternehmen nennen, das automatisch Spenden generiert und damit Vorbild für viele Unternehmen dieser Art ist: Toms Schuhe. Warum Toms? Weil sie meiner Meinung nach nicht genügend Nachahmer finden können.

Rihanna ist ein Sweetheart. Sie verzaubert das altehrwürdige Harvard bei ihrer bescheidenen Dankesrede; sie ist witzig und wirkt zugleich beschämt, für etwas einen Preis zu bekommen, das für sie selbstverständlich ist. Rihanna wurde auf Barbados geboren, ihre Mutter ist Buchhalterin, der Vater Lagerarbeiter. Mit 15 wurde sie als Sängerin entdeckt, mit 19 nahm sie ihr Album »Good girl gone bad« auf, ein Millionenseller. Von da an ging sie unbeirrt ihren Weg. Sie hat dieses Tattoo, das rückwärts geschrieben ist, sodass sie es im Spiegel lesen kann, darauf steht: *»Niemals ein Scheitern. Immer eine Lektion.«* Sie sagt, sie hätte nie gedacht, jemals so erfolgreich zu werden und so viel Geld zu verdienen. Doch das soll sie nicht von der Arbeit abhalten. Im Gegenteil. *»Geld treibt mich nicht an [...] es ergibt sich auf dem Weg, während ich das mache, was ich liebe.«*[192]

Ihre Wohltätigkeit trägt die Philanthropin nicht vor sich her. Sie scheint wie etwas, das so ganz selbstverständlich nebenherläuft – wie eine Reihe von Tweets als Botschafterin der GPE (Global Partnership for Education). Da schreibt Rihanna an die politischen Köpfe in Großbritannien, Frankreich, Australien und Norwegen Tweets wie: *»bonjour @EmmanuelMacron, will France commit to #FundEducation?«* Ergebnis: Rihanna hilft, Spenden in Höhe von über 2 Milliarden US-Dollar einzunehmen.

In Harvard sagt Rihanna am Ende ihres Vortrags, es sei gar nicht wichtig, wie viel du hast, allein die Haltung zähle: *»Es beginnt mit deinem Nachbarn, der Person direkt neben dir, der Person, in deiner Klasse, dem Kind in deiner Nachbarschaft. Tut einfach das, was ihr könnt, um auf irgendeine Weise zu helfen. Meine Großmutter pflegte immer zu sagen, wenn du einen Dollar hast, gibt es viel zu teilen.«*

Die Purpose Basics von Rihannas sozialem Engagement

Was strebt Rihanna mit Spenden an? Menschen zu retten. Wie geht sie vor? Indem sie ihr Vermögen über Stiftungen teilt und ihre Berühmtheit nutzt, um andere zum Spenden zu bewegen. Warum? Weil sie so ist und schon als Kind so war. Wozu? Sie will Chancengleichheit in der Welt herstellen – für alle.

---

192 In conversation: Rihanna. The New York Times Style Magazin. Mai 2019: *https://www.nytimes.com/interactive/2019/05/20/t-magazine/rihanna-fenty-louis-vuitton.html*

Toms Schuhe: Spenden mit System

Blake Mycoskie kam die Idee für Toms Schuhe auf einer Reise nach Argentinien. Der Amerikaner war 29 Jahre alt und hatte gerade sein viertes Start-up gegründet, jetzt brauchte er etwas Zeit für sich. Auf dieser Reise verstand er zum ersten Mal in seinem Leben die Bedeutung von Schuhen, insbesondere für das Leben von Kindern. Er sah die Spuren des Barfußlaufens aus nächster Nähe: die Blasen, die Wunden, die Infektionen. Er gründete Toms Schuhe, das ursprünglich Shoes for Tomorrow heißen sollte. Aus Tomorrow wurde Tom. Die Idee: Für jedes verkaufte Paar Schuhe würde ein Kind in einem Teil der Welt, in dem Schuhe fehlten, ebenfalls ein Paar bekommen. Die Schuhe, die Toms weltberühmt gemacht haben, sind Variationen von Espadrilles, auch Alpargatas genannt (siehe **Abbildung 48**). Toms Schuhe ist weder eine Stiftung noch eine andere Form von Non-Profit-Organisation, sondern ein klassisches Unternehmen, das Schuhe herstellt und verkauft. Nur gibt es eben diesen wohltätigen Aspekt, der den großen Unterschied macht. Die Story zieht, alle großen Medien berichten über das Unternehmen, das Mycoskie aus seinem Apartment in Los Angeles betreibt. Am Ende des ersten Sommers haben sie 10.000 Paar Schuhe verkauft und reisen nach Argentinien, um weitere 10.000 Schuhe an Kinder zu vergeben. Mycoskie schreibt:

48 *Toms Schuhe: Wer ein Paar Alpargatas kauft, spendet automatisch ein weiteres Paar für ein bedürftiges Kind. © Jeremy Perkins, Unsplash*

»Bei jedem Stopp war ich so von meinen Emotionen überwältigt, dass ich kaum dem ersten Kind die Schuhe anziehen konnte, ohne Tränen der Freude und des Glücks.«[193] Nach fünf Jahren hat Toms Schuhe eine Million Schuhe an Kinder in Not vergeben. Mittlerweile hat sich die Idee des Gebens verändert – leider, wie ich finde, weil mich diese ganz konkrete Idee berührt hat und ich sicher bin, dass sie dafür gesorgt hat, dass Toms so viele Kunden und Fans fand. Weil die Spende so konkret war und uns immer wieder daran erinnerte, dass es so viele Menschen und vor allem Kinder gibt, die unglaublich arm und chancenlos sind. Das Unternehmen spendet heutzutage wie zum Beispiel auch Patagonia einen Teil seiner Einnahmen, konkret ein Drittel seines Gewinns für soziale Initiativen.

Die Purpose Basics des sozialen Engagements von Toms Schuhe

Was strebt *Toms Schuhe* der ursprünglichen Idee nach mit Spenden an? Das Leben von Kindern zu verbessern. Wie gehen sie vor? Indem sie für jedes verkaufte Paar Espadrilles ein weiteres an bedürftige Kinder stiften. Warum? Weil Blake Mycoskie mit unternehmerischen Mitteln zur Lösung eines sozialen Problems beitragen will. Wozu? Um eine Zukunft zu ermöglichen, in der alle Menschen die Möglichkeit haben, ihr Potenzial voll zu entfalten.

Spenden mit Vertrauen: MacKenzie Scott

Die seltsamste aller Großphilanthropen scheint mir MacKenzie Scott. Die frühere Frau von Amazon-Chef Jeff Bezos hat sich in kurzer Zeit als mysteriöse Wohltäterin einen Namen gemacht – oder sollte ich vielleicht lieber schreiben: keinen Namen gemacht? Im letzten Jahr spendete sie ca. sechs Milliarden US-Dollar – eine Milliarde mehr als die Bill & Melinda Gates Foundation. Ihre Spendenphilosophie: Anders als die Stiftung des Microsoft-Gründers gibt sie das Geld ohne Vorgaben oder Verpflichtungen an kleine Institutionen, bisher sind es ca. 500 Institutionen.

Scott, eine bescheidene und unscheinbare Schriftstellerin und Mutter von vier Kindern, die half, Amazon von der Garage aus aufzubauen, stiftet ihr Vermögen an kleine Non-Profit-Organisationen. Sie ist keine technokratische Philanthropin. Sie geht davon aus, dass die Organisationen viel besser als sie selbst wissen, was mit dem Geld zu tun ist.

---

193 Blake Mycoskie: Start something that matters. New York: 2011, S. 15.

Ihre Spenden kommen ohne Vorwarnungen. Die E-Mails, die ihre Verwalter schreiben, landen häufig in Spam-Ordnern, weil sie selbst für die Spam-Filter zu märchenhaft klingen, um wahr zu sein. Die Anrufe von Scotts Helfern sorgen dafür, dass das Gegenüber erst einmal durchatmen muss. Wie Jorge Valencia, der eine seltsame E-Mail bekam. Jemand behauptete, er arbeite für einen Philanthropen, dessen Name nicht genannt werden solle. Da stand eine Telefonnummer. Valencia, Leiter eines Non-Profits, das Stipendien für LGBTQ-Studenten vergibt, rief aus seinem Schlafzimmer in Nord-Hollywood an, seinem Büro während des Lockdowns. Es würde um eine größere Spende gehen, bekam er zu hören. Er begann zu weinen. Er sagt: Wenn dir jemand so viel Geld anvertraut, ohne daran Konditionen zu knüpfen, dann bedeutet das, dass dieser Jemand dir und deiner Art, die Organisation zu führen, vertraut.[194] Wem er danken könne? Dank sei nicht wichtig. Doch über die Summe solle er bitte schweigen.

MacKenzie Scott hat sich verpflichtet, einen Großteil ihres Vermögens zu spenden (Giving Pledge). Sie ist in einer wohlhabenden Familie aufgewachsen, dann ging die Firma ihres Vaters bankrott. Man weiß wenig von ihr, weil Scott die Öffentlichkeit scheut. Man sagt, Amazon habe viel zu wenig Steuern bezahlt und Löhne gedrückt. Das Geben bekommt damit einen Beigeschmack. Doch ist sie nicht Amazon, sie hat lediglich das Geld des Gründers. Ist es nicht ungleich wichtiger, was sie damit macht, auch wenn wir nur vermuten können, warum? Ihre Theorie der Veränderung der Welt durch ihre Spenden können wir nur ahnen, ihre Strategie, ihren Plan. Was es gibt, ist ihr Brief zum Giving Pledge. Hier ein Auszug: *»Jeder von uns kommt durch eine unendliche Reihe von Einflüssen und glücklichen Zufällen, die wir nie ganz verstehen können, zu den Gaben, die wir zu bieten haben. Zusätzlich zu den Fähigkeiten, die das Leben mir geschenkt hat, habe ich eine unverhältnismäßig große Menge an Geld, das ich teilen möchte. Meine Herangehensweise an die Philanthropie wird weiterhin überlegt sein. Sie wird Zeit, Mühe und Sorgfalt erfordern. Aber ich werde nicht warten. Und ich werde dranbleiben, bis der Safe leer ist.«*[195]

---

194 Stephanie Clifford: The inside story of MacKenzie Scott, the mysterious 60-billion-dollar woman. Marker: Oktober 2020: *https://marker.medium.com/the-inside-story-of-mackenzie-scott-the-mysterious-60-billion-dollar-woman-21952a3dc811*

195 MacKenzie Scott: The Giving Pledge. Mai 2019: *https://givingpledge.org/Pledger.aspx?id=393*

Die Purpose-Basics des sozialen Engagements von MacKenzie Scott

Was MacKenzie Scott mit ihrem Engagement anstrebt: Bekämpfung von Ungleichheit und Diskriminierung. Wie geht sie vor? Spenden an viele kleine Non-Profit-Organisationen. Warum? Die persönlichen Motive sind unklar. Fast wirkt es, als würde dieses gigantische Vermögen sie ekeln. Wozu? Um die Gesellschaft zu stabilisieren.

Fünf Tipps für überlegtes Geben

Wie kann ich Menschen etwas geben und damit eine möglichst große Wirkung erzielen? Fünf Tipps von Candice Wolfswinkel und Jessica Shortell, verantwortlich fürs Geben bei Toms Schuhe:

- Höre den Menschen und Organisationen gut zu, denen du helfen willst. Gib nicht auf Basis deiner eigenen Bedürfnisse. Was zählt, sind die Bedürfnisse der Empfänger.
- Vermeide eine Situation, in der deine Gabe versteckte Kosten für die Empfänger enthält. Prüfe die Kostenstruktur vorab genau.
- Verbinde deine Gabe mit so wenig Bedingungen wie möglich. Wer der Organisation oder dem Empfänger vertraut, vertraut auch auf den sinnvollen Einsatz der Gabe.
- Wenn du etwas gibst, dann verlange keine komplexen Reportings, sondern halte diese so simpel wie möglich, um unnötige Bürokratie zu vermeiden.
- Suche Feedback, um die Effizienz und den Einfluss deiner Gaben ständig zu optimieren. Bitte um Feedback für deinen Einsatz von Geld, Zeit oder anderen Mitteln, um zu lernen.[196]

Take-away

Der Welt etwas zu geben durch Spenden, für viele Menschen ist das ein Weg, ihre Dankbarkeit zu zeigen und zugleich eine Sache zu unterstützen. Lässt sich da etwas von Superspendern lernen? Wie gehen sie an das Thema heran?

---

196 Blake Mycoskie: Start something that matters. New York: 2011, S. 170 f.

Den Kopf freihaben, träumen

Von der Managerin zur Professorin zur Malerin

Ob sie sich jemals etwas vorgenommen habe, um aktiv die Welt zu verbessern? Ohne zu zögern antwortet sie: *»Wenn ich etwas für mich tue, dann tue ich auch immer etwas für die Welt.«*

Brigitte Witzer kenne ich seit sieben Jahren. Sie coachte mich, als ich den Sprung vom CEO zum Autor wagte. Wir trafen uns zum Kennenlernen in der Bar des Brenner Operngrills in München auf einen Espresso. Sie strahlte etwas aus, das mich sofort für sie einnahm: Sicherheit. Damals war sie Buchautorin und Executive Coach, zu ihren Kunden zählte das Topmanagement verschiedener Dax-Unternehmen. Im April 2021 trafen Brigitte Witzer und ich uns in einem Zoom-Call, um ein Interview für »That's me!« zu führen. Heute ist sie Malerin. Die Sicherheit strahlt sie immer noch aus, aber da ist etwas, das strahlt noch stärker: Glück.

»Purpose«, sagt sie, *»scheint mir ein Instrument oder eine Krücke zu sein, um mit sich selbst in Kontakt zu kommen. Doch man muss sie irgendwann wegwerfen, weil man sich sonst nur mit dem Purpose befasst und nicht mit sich.«*

Ob Purpose für ihr Leben eine Bedeutung habe? Sinn sei für sie tief verankert in den Sinnen, der sinnlichen Wahrnehmung. Und so lebe sie ihr Leben als Prozess sich ständig schärfender Sinne. Dafür brauche sie die ganz konkrete Erfahrung und weniger das Nachdenken darüber, wie etwas wohl sein könnte. *»Ich bin immer voll gesprungen«*, sagt Brigitte Witzer.

Malerin ist ihre fünfte große Verwandlung. Und im Gegensatz zu allen anderen Verwandlungen lief die letzte im Rahmen eines Experiments, das für alle, die sich mit ihrem Purpose beschäftigen, eine bedeutende Rolle spielen kann. Doch dazu gleich mehr. Zunächst ein Blick auf Brigitte Witzers biografische Verwandlungen:

- *Studentin:* Sie wollte zunächst Mathematik und Chemie studieren, weil es ihr alle rieten. Sie schnupperte hinein in die Universität und ihr wurde schlagartig klar: Chemie und Mathematik sind falsch. Sie fand zurück in ihren geheimen Traum, studierte Germanistik, Publizistik und Philosophie mit dem Ziel, Verlagsleiterin zu werden.
- *Managerin:* Mit 27 Jahren erreichte sie ihr Ziel und fragte sich: Was jetzt? Sie wechselte von Data Becker zum Riesen Bertelsmann. Sie empfand sich als

wirksam und respektiert, doch zugleich isoliert. Als ihr Geschäftsfeld in Russland wegbrach, kündigte sie, anstatt auf die Einlösung von Versprechen zu warten.

- *Professorin:* Der Dekan für den Fachbereich Polygrafische Technik der Universität Leipzig sprach sie an, ob sie sich nicht bei ihm als Professorin bewerben wolle. Sie wollte. Sie war damals 34 Jahre alt und entwickelte den neuen Studiengang Medientechnik. Die Beziehung zu den Studierenden empfand sie als sehr befriedigend, die Hochschule selbst als »zynisch und dysfunktional«. Ein Ort, der sie auspowerte. Mit 39 ließ sie sich entbeamten.
- *Executive Coach und Buchautorin:* Durch ihre Tätigkeiten als Managerin besaß sie ein großes Netzwerk, sie fand sofort Kunden, darüber hinaus genoss sie das Glück in der Arbeit mit Menschen und den Raum, sich selbst zu entwickeln. Doch ihre Bücher sind keine Erfolge, *»nicht anschlussfähig«*, sagt sie. Also weiter. Doch wohin? Als sie 59 wurde, genehmigte sie sich ein experimentelles Jahr, um ihre nächste Evolutionsstufe zu entdecken.
- *Malerin:* Seit Dezember 2018 hat Brigitte ein Atelier. Sie verkauft Bilder und hat begriffen, wie das Geschäft funktioniert: Die Hälfte der Zeit malen, die andere Hälfte vermarkten. Das Vermarkten hat viel mit ihren Erfahrungen aus der Wirtschaft und ihrer Selbstständigkeit zu tun. Die riesigen Leinwände (2,10 × 2,30 Meter) füllen sich wie von selbst. Das Malen ersetzt das Denken, was sie als große Befreiung empfindet.

Es gibt verschiedene Arten, näher an sich selbst zu rücken. Trial and Error, wie es Brigitte lange gemacht hat, ist ein Weg, sich mit seinem Purpose zu beschäftigen ist ein anderer, ein experimentelles Jahr wieder ein anderer. *»Trial and Error kostet viel Kraft«*, sagt sie. Ganz sicher. Und das experimentelle Jahr? *»War sehr gut. Ich habe alles gemacht, was mir Freude bereitete – Komponieren, Texten, Singen, Malen, Schreiben – alles mit professioneller Begleitung, in Kursen, mit Feedbacks. Am Ende war das Stärkste das Malen: die Stille reinen Glücks.«*

Für alle, die sich so etwas erlauben können, ist das eine geniale Idee, davon bin ich überzeugt. Was auch immer wir an Möglichkeiten in uns spüren, wir können sie in so einem Jahr hervorlocken, betrachten, ein Gefühl dafür bekommen, was mit uns passiert, wenn wir uns im Zustand eines bewusst Experimentierenden erleben. Auch wenn Brigitte Witzer dieses Wort vielleicht nicht mögen wird, erscheint es mir wie ein praktisches Purpose-Jahr. Keine goldenen Zirkel, keine Canvases, sondern tätiges Leben und Erleben, um das Sinnhafte zu spüren.

Einen Purpose aufzuspüren, das heißt ja weder hinter verschlossenen Türen zu grübeln noch einsam in einer Almhütte zu meditieren noch atemlos den Freundeskreis und die Kollegen zu befragen, es setzt kein Sabbatical voraus, keinen Coach, keinen Stress, keine Langeweile, nur eine Ahnung, dass da mehr ist, sowie die Neugier, dieses Mehr besser zu verstehen. Ein experimentelles Jahr mag vielen wie Luxus erscheinen, doch es hat unschätzbaren Wert. Wenn am Ende ein Lebensentwurf dabei herauskommt, der trägt, der mich auf eine tiefe Art glücklich macht, war es die Sache in jedem Fall wert.

Was können wir von ihrem Weg lernen, frage ich sie. Was würde sie raten, wenn sie ihr Leben aus der Vogelperspektive betrachtete?

»Dass wir Leben als Prozess verstehen«, sagt Brigitte Witzer. *»Evolutionen«,* nennt sie diesen und beschreibt ihn als: *»gänzlich unvorhersehbar, sprunghaft, wirksam durch Zufall, Veränderung, Driften – absolut spannend.«*

Was brauchen wir in diesem Prozess am nötigsten? Brigitte Witzer nennt diese drei Dinge:

1. *Träumen*
   Auf der Zugfahrt aus dem Fenster zu gucken und nichts zu tun. Sich Leerzeiten erlauben. Den Kopf frei haben, spüren, was ist, anstatt auf Smartphones zu starren.
2. *Haltung*
   Das Leben ist keine Kette von Problemen, die gelöst werden müssen, sondern vielmehr ein Fluss. Es geht darum, das, was im Leben ist, zu bewältigen und zu integrieren.
3. *Selbstkompetenz*
   Mehr von uns selbst zu wissen, um kompetent mit uns selbst umzugehen – allein und in Beziehungen. Den Mut haben, allein zu stehen.

Zurück zur Frage, die ich Brigitte Witzer zu Beginn gestellt habe: Ob sie sich jemals etwas vorgenommen habe, um aktiv die Welt zu verbessern? *»Wenn ich etwas für mich tue, dann tue ich auch immer etwas für die Welt«* ist ein starker Satz. Sie erzählt von den Studenten, zu denen sie bis heute eine Verbindung hat, die sie anrufen und von ihrem Lebensweg berichten. Und sie erzählt davon, wie ihre Bilder die Käufer berühren und wie glücklich sie das wiederum macht. Ich denke daran, wie sehr sie mir in ihrer Rolle als Coach auf meinem Weg geholfen hat. *»Wenn jeder vor der eigenen Tür fegt«*, sagt Brigitte Witzer schließlich, *»ist überall gekehrt. Dann ist schon viel gewonnen.«*

Take-away

Sinn hängt für Brigitte Witzer an der sinnlichen Wahrnehmung. So lebt sie ihr Leben als Prozess sich ständig schärfender Sinne. Dafür brauche sie die ganz konkrete Erfahrung und weniger das Nachdenken darüber, wie etwas wohl sein könnte. Purpose ist für sie eine nützliche Krücke, um mit sich selbst in Kontakt zu kommen.

Du brauchst mehr Empathie, Mann!

Die Bedeutung von Purpose und Mindset für den Change-Prozess von Microsoft

Satya Nadella wirkt immer lässig und entspannt. In Interviews scheint er zu plaudern, doch seine Formulierungen sind präzise und auf den Punkt, die Struktur seiner Antworten ist glasklar. Das Einzige, woran du merkst, dass ein Thema den Informatiker emotional stärker berührt, ist seine Stimme; mit der Emotion nimmt die Tonhöhe zu. Purpose ist so ein Thema.

Satya Nadella ist der CEO von Microsoft und der erfolgreichste Change Manager unserer Zeit. In den vergangenen sieben Jahren hat er das gigantische Softwareunternehmen komplett gedreht und zurück zu alter Größe geführt. Nadella sagt, es gebe nur eine Sache, die Firmen, Gesellschaften oder Kulturen zu Fall brächte, und das sei Hybris, der Hochmut. Microsoft hatte diese Hybris, und seine Aufgabe war und ist, diese produktiv zu verwandeln. »Hit Refresh« heißt sein Buch, drück den Aktualisieren-Button. Es erzählt von einer Reise zu den Wurzeln des Unternehmens – und das Spannende daran ist der Blick auf Purpose und Kultur, auf Empathie und Identität. Diese Begriffe spielen eine zentrale Rolle im Refresh-Prozess von Microsoft.

In den späten 1990er Jahren, erzählt Nadella, hatte Microsoft im Wesentlichen seine Mission erfüllt, zumindest im globalen Norden. Sie lautete: »Ein PC auf jedem Schreibtisch und in jedem Haus.« Das war die Ursprungsidee von Bill Gates. Dann begann das Schulterklopfen, und mit dem Erfolg schlich sich die Hybris in die Flure des Redmonder Unternehmens. Wir sind die Größten, Gottes Geschenke an die Menschheit, so smart, seht uns an! Zugleich begann die Suche nach dem, was als Nächstes kommen würde. Doch das Geschäft lief so gut, man ließ sich Zeit.

»Nach den Jahren, in denen wir all unsere Wettbewerber abgehängt hatten, begann sich etwas zu ändern – und zwar nicht zum Guten. Innovation wurde ersetzt durch Bürokratie. Teamwork wurde ersetzt durch interne Politik. Wir fielen zurück.«[197]

Als Nadella 2014 dritter CEO in der Geschichte von Microsoft wurde, begann er zu graben und den ursprünglichen Sinn des Unternehmens zu erforschen. Er blickte zurück, um das Unternehmen in die Zukunft zu steuern. Was er fand, war der BASIC Interpreter. Er fragte sich, aus welchem Spirit die erste Zeile Code, die jemals für den BASIC-Interpreter auf dem Altair-Computer geschrieben wurde, entstand. Antwort: Sie sollte andere stärken. So entstand in einfachen Worten der neue Purpose von Microsoft, der den Geist der Gründer in unsere Zeit holt: *»Wir ermöglichen jedem Menschen und jeder Organisation auf diesem Planeten, mehr zu erreichen.«*[198] Entlang dieser Bestimmung, dieser Core Identity, begann Nadella das Unternehmen neu auszurichten.

In einem Interview an der Stanford Universität erklärt Nadella diesen Sense of Purpose zum eigentlichen Vorteil gegenüber Konkurrenten, denn Technologie sei für ihn nichts anderes als der kollektive Geist derjenigen, die sie geschaffen haben.[199] Er sagt, Microsoft sei schon immer in Bestform gewesen, wenn es gelang, die Leidenschaft der Mitarbeiter mit einem breiteren Purpose zu verbinden. Windows, Office, die Cloud – all diese Produkte seien zu Plattformen geworden, mit deren Hilfe Menschen und Organisationen ihre eigenen Träume verwirklichen könnten.

Der zweite Pfeiler im Change-Prozess von Microsoft ist die Unternehmenskultur. Um ein lernendes Unternehmen zu werden, brauchte Microsoft ein neues

---

197 Satya Nadella: Hit Refresh. The quest do rediscover Microsoft's soul and imagine a better future for everyone. New York: 2017, S. 1.

198 *https://www.microsoft.com/en-us/about*

199 Satya Nadella: Interview in der Stanford Graduate School of Business, Oktober 2019: *https://www.youtube.com/watch?v=rtgN27z0oi0*

Mindset, ein Mindset, das Lernen und Wachsen als zentrale Tugenden schätzte. Orientierung gab das Modell der Stanford-Professorin Carol S. Dweck, das ich im zweiten Teil von »That's me!« beschreibe. Nadella hat das Modell des Growth Mindsets für die Erziehung der eigenen Kinder verwendet.

»Offen gesprochen, es war auch eine großartige Erziehung für mich«, sagt der CEO. *»Als ich das Buch las, verstand ich, dass das Gefühl für das richtige Mindset nicht nur für Individuen wichtig ist, sondern auch für Unternehmen. So sagten wir: Lasst uns nicht ›Know-it-alls‹ sein, sondern ›Learn-it-alls‹. Das war ein zentraler Punkt auf unserer Reise.«*[200]

Ein weiterer zentraler Begriff für Nadella ist Empathie. Er beschreibt es als seine ganz persönliche Herangehensweise als Informatiker Empathie mitzubringen. Ohne diese Empathie hätte er sich niemals für die Orientierung an Purpose und Mindset entschieden. Dabei war diese Sicht auf die Dinge nichts, was er von Anfang an für Leadership-Aufgaben mitbrachte. Im Gegenteil. Nadella erzählt gern eine selbstironische Anekdote aus seinem Einstellungsgespräch bei Microsoft: *»Richard gab mir kein Entwicklerproblem, das ich am Whiteboard lösen sollte [...] er hatte nur eine einfache Frage: ›Stell dir vor, du siehst ein Baby, das auf der Straße liegt, und das Baby schreit. Was tust du?‹ ›Du rufst den Notruf an‹, antwortete ich, ohne viel nachzudenken. Richard begleitete mich aus seinem Büro, legte seinen Arm um mich und sagte: ›Du brauchst ein wenig Empathie, Mann. Wenn ein Baby schreiend auf der Straße liegt, heb das Baby auf.‹«*[201]

Ermutigend für alle mit ausbaufähiger, emotionaler Intelligenz. Doch Nadella erzählt, wie er durch seine Familie im Zeitraffer Empathie gelernt habe und wie daraus seine persönliche Philosophie geworden sei, die ihm geholfen habe, neue Ideen mit Einfühlungsvermögen in andere zu betrachten. Das helfe bei der Produktentwicklung – Design Thinking ist für Nadella nichts anderes als angewandte Empathie – auch im Topmanagement.

Wie blickt er auf die Umsetzung von Purpose? Was ist seine Rolle als CEO? Er sei, einfach gesagt, der Kurator von Purpose und Kultur, sodass 100.000 Kollegen bei Microsoft in 190 Ländern ihre Zukunft und damit auch die von Microsoft ge-

---

200 Ebd.

201 Satya Nadella: Hit Refresh. The quest to rediscover Microsoft's soul and imagine a better future for everyone. New York: 2017, S. 7.

stalten können. Er sorge für Wellen, die durch das Unternehmen laufen, immer wieder, damit schließlich jeder Einzelne erreicht werde.

Muss der Purpose hundertprozentig perfekt beschrieben sein? Nein, sagt Nadella. Alles über Purpose und Kultur bei Microsoft passe auf eine Seite. Das Aufschreiben fand er relativ leicht. Viel schwerer aber sei es gewesen, gerade nicht ständig an den Worten zu drehen und zu versuchen, sie zu optimieren. Die Worte einfach stehen zu lassen, denn *»Konsistenz ist besser als Perfektion«*.[202] Warum nicht beides, möchte ich anmerken. Es ist ja nicht so, dass beide sich ausschließen.

Der Prozess, den Nadella bei Microsoft vor sieben Jahren angestoßen hat, dauert noch an. Einige glauben, eine gute Metapher für Change sei, eine Organisationskultur aufzutauen, zu ändern und danach im idealen Zustand wieder einzufrieren. Wunschdenken. Das passendere Bild ist die Reise. Das Unternehmen macht sich auf den Weg zu einer neuen Daseinsform, einer neuen Identität, zu einer neuen Geschichte, die wie in Microsofts Fall, eng mit der ursprünglichen Intention des Unternehmens verknüpft ist. Der Purpose gibt die Richtung vor. Das Mindset bestimmt das Wie, das Vorgehen. Alles andere findet sich.

Zehn Learnings von Microsoft in der Transformation

In einem Interview teilt Kathleen Hogan die Erfahrungen, die sie als Chief People Officer bei Microsoft während des Change-Prozesses gemacht hat.[203] Dieses Video ist für mich die perfekte Ergänzung zum Buch von Satya Nadella, weil Hogan pragmatisch die Dinge beim Namen nennt, die zu tun oder zu lassen sind. Hier sind ihre zehn Learnings:

1. *Ehre deine Vergangenheit, definiere deine Zukunft*
   Es geht nicht darum, die Vergangenheit zu verdammen und alles, was in der Zukunft passieren wird, schönzureden. Es geht vielmehr darum, Wertschätzung für das Gestern aufzubringen und darauf die Zukunft aufzubauen. Geändert wird das, was diese Zukunft verhindern würde – zum Beispiel das Mindset. Das Growth Mindset ist das Zukunftskonzept. Nadella sagt dazu: Es ist der Wechsel von »alles wissen« zu »alles lernen«.

202 Ebd., S. 77.
203 Chris Capossela im Gespräch mit Kathleen Hogan: *https://medius.studios.ms/Embed/Video/ENV17-FSC04*

2. *Komm auf den Punkt – einfach und doch strategisch*

   Während der neun Monate, in denen das Basispaket der neuen Microsoft-Kultur erarbeitet wurde, entstanden 50 neue Wege, die Kultur zu beschreiben. Experten waren zu Gast, es gab Fokusgruppen, Sessions mit dem obersten Management und schließlich, nach vielen Runden, entschied man sich für die folgenden Aspekte: Growth Mindset, besessen vom Kunden, divers und inklusiv, ein Microsoft (one Microsoft), einen Unterschied machen.
3. *Du kannst es nicht faken*

   Satya Nadella stand von Anfang an zu 100% hinter der Kultur. Er und sein Managementteam fanden und finden bis heute Wege, den Kulturwechsel vorzuleben – und immer wieder zu erklären, zum Beispiel in monatlichen Town Hall Meetings, die in die gesamte Firmenwelt übertragen werden.
4. *Finde eine Purpose-volle Mission*

   Es geht gar nicht nur um Kultur, denn diese sollte im Dienst einer Purpose-getriebenen Mission stehen, weil die meisten Mitarbeiter genau das wollen: Sinn und Bestimmung in ihrer Tätigkeit. Und so entsteht eben genau dieser Effekt, dass die Mitarbeiter ihre eigenen Ziele und Passionen im Namen des Purpose nutzen.
5. *Mache symbolische Änderungen, große und kleine*

   Es gab sofort einschneidende Änderungen, ein neues Beurteilungssystem für Mitarbeiter, neue Formen von Meetings, Learning Events etc. Es gab die Möglichkeit, unreflektierte Vorannahmen (BIAS), zum Beispiel in Bezug auf Diversität, besser zu verstehen, Dialogtraining und eine Liste mit 10 erwünschten inklusiven Verhaltensweisen, an der sich alle orientieren konnten.
6. *Mach es zu deiner Sache*

   Es geht darum, die neue Kultur zu einem Bestandteil der Prozesse zu machen, die das Unternehmen ausmachen. Dazu gehören ein neuer Prozess, Mitarbeiter zu rekrutieren, oder ein neuer Prozess für die Promotion von Topmanagern, zu dem nun auch die Verortung auf einem Kulturindex zählt.

7. *Kommuniziere, kommuniziere, kommuniziere*
   Dazu gehören Videos mit dem CEO, Town Hall Meetings und Kaffeetassen mit Botschaften. Entscheidend ist, dass die Themen Purpose und Kultur immer Top of Mind sind. Die Identität muss jeder (er)leben.
8. *Lass Technologie den Change beschleunigen*
   Klar steht Technologie bei einem Tech-Unternehmen wie Microsoft im Fokus, um die Kultur zu verbreiten – um zu lernen, um virtuell alle zu erreichen, um Einsichten und Daten zu finden und zu verbreiten. Dazu zählt ebenfalls die Demontage von Mythen, die sich hartnäckig halten – mithilfe von Daten und Fakten.
9. *Alle Ruder ins Wasser*
   Das Leadership Team muss geschlossen hinter der neuen Kultur stehen. Natürlich erlaubt die neue Identität individuelle Spielräume, doch es gibt klare Grenzen.
10. *Bleib bescheiden, bleib auf Kurs*
    Alle sollen sich stets daran erinnern, dass Purpose und Kultur nicht ein Ziel oder einen Zustand beschreiben, sondern vielmehr eine Reise. Bescheidenheit zählt, genau wie Nachhaltigkeit. Anstatt den großen Sieg zu verkünden, sollte lieber das Erreichen kleiner Milestones gefeiert werden.

Take-away

Bei Microsoft sind Purpose und Mindset die Kernelemente eines Change-Prozesses. CEO Satya Nadella geht zurück an den Ursprung, um den neuen Purpose im Geist der Gründer zu entwickeln, und er findet im Growth Mindset, das auf Lernen statt auf die Idee angeborener Intelligenz setzt, den perfekten Motor für die Umsetzung.

Erweiterte Diversität

Bei auticon sind alle Consultants Autisten

Neurodiversität. Diesen Begriff lernte ich im Gespräch mit auticon. auticon ist eine 2011 in Berlin gegründete internationale IT-Beratung und das erste Unternehmen in Deutschland, das ausschließlich Menschen im Autismus-Spektrum als Consultants beschäftigt. Wir reden über besondere Menschen, die kaum eine adäquate Beschäftigung finden; nur ca. 15 % von ihnen sind im ersten Arbeitsmarkt tätig, die meisten sortieren Regale ein, sind in Warenlagern beschäftigt oder arbeitslos. Der falsche Weg, sagt auticon. Denn Neurodiversität, Vielfalt in neurobiologischen Dispositionen und Entwicklungen, macht Teams stärker und innovativer, genau wie Diversität in Bezug auf Alter, Kultur oder geschlechtliche Identität. Wenn man sich traut.

Autismus ist keine Krankheit, sondern ein anderes Betriebssystem, heißt es bei auticon (siehe **Abbildung 49**). Es ist eine andere Art, die Welt, in der man lebt, wahrzunehmen, in ihr zu handeln und zu leben. Autismus ist angeboren und beeinflusst die Informationsverarbeitung, die Wahrnehmung, die Kognition und die Emotionen einer Person. Er bringt erstaunliche Stärken und Fähigkeiten mit sich – zum Beispiel logische Analyse, Genauigkeit, Unbestechlichkeit, systematische Arbeitsweise – und ist eine große Bereicherung für einzelne Personen, für Gruppen, für Unternehmen und für unsere Gesellschaft als Ganzes, wenn Autisten planvoll und mit Gefühl in bestehende Teams und Prozesse integriert werden. Denn auf der anderen Seite sind autistische Menschen sozial stärker herausgefordert. Sie besitzen eine starke Reizempfindlichkeit, tun sich meist schwer mit doppeldeutiger Kommunikation, mit Blick- und Körperkontakt und Small Talk.

»Bis heute gibt es Bedenken und Berührungsängste, die Menschen haben Angst, etwas falsch zu machen«, sagt auticon-CEO Kurt Schöffer im Zoom-Interview mit mir im März 2021. *»Doch da gibt es nichts, allenfalls ein paar Hick-ups. Und auch die lassen sich verhindern.«*

Das Erfolgsgeheimnis des Unternehmens ist ein tiefes Verständnis für beide Seiten im Umgang miteinander. Es geht um Empathie. Ihre Job Coaches, meist Neurowissenschaftler, die mit Autisten gelebt und gearbeitet haben, sorgen dafür, dass die Kunden auf die Kollegen von auticon vorbereitet werden und die Kollegen auf die Kunden.

Autismus ist ein anderes Betriebssystem

49 *Vorurteile gegenüber Autisten: Keine Krankheit, sondern ein anderes Betriebssystem*
© auticon

»Die Job Coaches nehmen den autistischen Kollegen das ab, wo sie sich schwertun. Sie gehen vorher in das Unternehmen, bereiten unseren Kunden auf den Einsatz des Kollegen vor, sprechen ganz offen Dinge an, die unsere Kollegen stressen. Das kann Körperkontakt sein. Oder: Peter tut sich schwer, wenn er in einen Meeting-Raum kommt und alle gehen auf ihn zu und schütteln ihm die Hand, dann schläft er schon die ganze Nacht vorher nicht. Wenn er aber weiß, alle wissen Bescheid und werden sitzenbleiben und Hallo sagen, dann ist der Stress weg. Es ist das, was mich fasziniert an unserem Thema. Es sind eigentlich Kleinigkeiten. Und wenn man diese kennt und beachtet, dann läuft es wie geschmiert. Wichtig ist nur, es sind bei jedem Autisten andere Kleinigkeiten. Wir sagen immer: Kennst du einen Autisten, kennst du einen Autisten. Es ist wie bei uns Neurotypischen.«

Bei auticon geht es mir wie bei vielen Menschen und Unternehmen, mit denen ich für die Recherche von »That's me!« gesprochen habe: Es klingt so einfach – es musste nur jemand darauf kommen und den Mut haben, es zu wagen. auticon ist ein Social Enterprise. Die Logik: Je erfolgreicher das Unternehmen ist, desto sozialer ist es auch. Es geht darum, Hebelkräfte zu entwickeln für eine Gesellschaft, die Diversität in einem weitgreifenden Sinne lebt. Den Blick zu öffnen, dass da noch viel mehr geht, wenn wir abseits des Weges gucken, wenn wir tiefer in die Menschen sehen und uns nicht von Äußerlichkeiten blenden lassen und wenn wir gleichzeitig offener in die Welt blicken und fragen, was wird denn da gebraucht?

Der Purpose von auticon besteht darin, Karrierechancen für Autisten zu schaffen und Blueprint zu sein für eine gelungene Inklusion. Die autistischen Fähigkeiten sollen im Kontext der IT als herausragende Stärke verstanden werden, die der Wirtschaft und der Gesellschaft nachhaltigen Ertrag bringt. Die Consultants arbeiten in den Bereichen Qualitätssicherung, Analyse und Interpretation von Daten, Design und Implementierung von Software. Sie prüfen akribisch gesetzliche Regeln, erkennen logische Brüche in komplexen Prozessen, Daten und Dokumenten, sie prüfen Regelkonformität, Integrität und Unbestechlichkeit in Bereichen wie Datensicherheit, Compliance und Cybersecurity. Das Unternehmen hat aktuell ca. 240 Autisten weltweit als IT-Consultants beschäftigt, bis 2025 sollen es 1.000 werden. Ein ambitioniertes Ziel, doch auticon hat mittlerweile 20 Büros weltweit – in Deutschland, Großbritannien, Frankreich, Italien, Kanada, Australien, der Schweiz und den USA.

Der Spirit, der auticon treibt, zielt auf gesellschaftliche Veränderung. Gründer Dirk Müller-Remus wollte als Vater eines autistischen Sohnes nicht nur diesem helfen, sondern sich generell des Themas Autisten in der Arbeitswelt annehmen.

Als Teilnehmer in verschiedenen Selbsthilfegruppen stellte er nur zwei Fragen: Was hast du für eine Ausbildung? Was tust du? Auf die erste Frage hörte er häufig: Ich habe Mathe studiert, IT, Geografie, Geschichte. Auf die zweite Frage folgte die Antwort: Ich mache Regalservice bei Edeka oder ich habe keinen Job. Und er erkannte: Es gibt Menschen, die unfassbare Talente haben, nach denen es auch eine Nachfrage gibt. Man müsste nur das Matching hinbekommen und das Ganze auf betriebswirtschaftliche Grundlagen stellen. Kurt Schöffer, einer der Investoren der ersten Stunde durch seine Tätigkeit beim Social Venture Fund, betont: »*Dirks Gedanke war nie: Ich muss was für mein Kind tun, sondern ich muss etwas für alle Autisten tun.*« Und so wurde Müller-Remus Gründer.

Bald kam Schöffer in die Geschäftsführung. »*Autismus*«, sagt er, »*ist kein kleines Thema.*« Es gibt mindestens 800.000 diagnostizierte Asperger-Autisten in Deutschland. Je nach Land schwankt die Zahl zwischen 1 % und 2 % der Bevölkerung. »*Das ist kein Thema, bei dem man einfach die Augen zumachen kann.*« Es gibt mehr männliche als weibliche Autisten (Verhältnis 4 : 1). Auch wenn diese Quote durch das Thema IT noch einmal stark gedrückt wird, beschäftigt auticon immerhin 15–18 % weibliche IT-Consultants in Deutschland.

Ob die Kunden versuchen, die IT-Consultants von auticon abzuwerben? »*Sicher.*« Schöffer lächelt. »*Wenn es klappt, dann freuen wir uns, doch in neun von zehn Fällen wollen unsere Kollegen das gar nicht. Sie wollen nicht auf ihren Job Coach verzichten und machen sich Sorgen, was passiert, wenn ein Vorgesetzter wechselt.*«

Wie sich der Job bei auticon auf die Befindlichkeit der Angestellten auswirkt, will ich wissen. Schöffer sagt nur ein Wort: »*Selbstbewusstsein.*« Er erzählt von einem Kollegen, der sich im Alter von 50 Jahren vorstellte. Die letzten sieben Jahre seines Lebens war er arbeitslos gewesen. Im ersten Jobinterview saß er mit verschränkten Armen da, starrte auf den Boden und sagte maximal ja und nein. Erst beim Thema IT wurde es spannend. Beim Abfragen, welche Programmiersprachen er denn beherrschen würde, sagte er auffällig häufig ja.

»*Wir dachten: Kein Mensch kann so viele Programmiersprachen. Also probieren wir es. Der Kollege ist jetzt im sechsten Jahr bei uns, war in acht verschiedenen Projekten, ist eloquent und hat einen unfassbaren Wandel durchgemacht.*«

Schöffer erinnert sich an eine Weihnachtsfeier, auf der man »Wer wird Millionär« gespielt habe, aber nur mit den Millionenfragen, um es ein bisschen anspruchsvoll zu machen. Es gab 20 Fragen. Er selbst hatte sieben Antworten richtig und war stolz. Er hatte eine Antwort gewusst und die anderen gut geraten oder hergeleitet. Der Kollege saß neben ihm und hatte 16 richtig. »*Ich frage ihn, wie viele hast du denn gewusst und wie viele hast du geraten? Er entgegnet trocken, ich habe alle gewusst. Und fügt in einem Nachsatz hinzu: Du bist unser CEO, du solltest es auch wissen.«*

Was sollte ein CEO eines Unternehmens wie auticon wissen? Das ist eine Frage, die ich Kurt Schöffer nicht gestellt habe. Er hat die Antwort gleich zu Beginn gegeben, ohne es direkt zu sagen. Ein CEO sollte wissen, wie er Arbeitsbedingungen schaffen kann, in denen sich seine Kollegen wohlfühlen, in denen sie sie selbst sein können, gesehen und gehört werden, ihren Fähigkeiten nach eingesetzt werden. Und er sollte etwas ausstrahlen, das jedem dieses Gefühl gibt, dass nichts und niemand ihn auf seiner Mission im Reich der Neurodiversität stoppen kann. Und das ist wohl der gravierende Unterschied zwischen einem Unternehmen mit einem eher allgemein gehaltenem Purpose und einem Unternehmen mit sozialem Purpose. Dinge, die bei dem einen erklärt werden müssen, erklären sich beim anderen von selbst. Wo ein Unternehmen noch behaupten mag, zeigt das andere. Wo eins ins Allgemeine führt und immer achtgeben muss, dass der Sinn nicht zerfasert, ist das andere einfach und klar.

auticon zeigt, was ein Impact-Unternehmen ist. Je größer sein ökonomischer Erfolg, desto größer auch der soziale Nutzen. Da beide Werte auf der gleichen Achse liegen, kann es hier nicht zu Verwechslungen kommen, zu ethischen Dilemmata. Da geht es um das Ändern der Welt – Consultant für Consultant, Projekt für Projekt, Land für Land –, bis die Wellen höherschlagen und auch andere Unternehmen diesen Weg gehen. Wie SAP zum Beispiel mit dem Projekt »Autism at Work«, ein Projekt, das 2013 in Indien entstand, zunächst als Arbeit mit autistischen Kindern. Bei SAP werden Autisten in Entwicklungsabteilungen eingesetzt, im Bereich Service & Support und im Qualitätsmanagement. Wie bei auticon schildern die Verantwortlichen bei SAP die Sensibilität im Umgang mit den Kandidaten, die vorsichtigen Bewerbungsgespräche, die Teamtrainings, die zum Thema Autismus informieren, der »Buddy« als direkter Kontakt und ständiger Ansprechpartner im Team. Projektverantwortlicher Marco Fien sagt:

»Wir stellen Kollegen mit Autismus aus denselben Gründen ein wie neurotypische Kollegen (ohne Autismus-Diagnose): Wir möchten die besten Talente gewinnen, möglichst viele verschiedene Perspektiven und Denkweisen in den Arbeitsalltag einbeziehen und von einzigartigen Fähigkeiten profitieren, die die Grundlage für Innovation bilden. Aber auch die Teams profitieren: Sie halten zusammen und unterstützen einen neuen Kollegen. Das Team wird sich so auch klarer über die eigene Kommunikation

und spricht Dinge dann direkter an. Der Umgang miteinander ist von mehr Rücksicht geprägt, was eine positive Veränderung ist.«[204]

Das SAP-Projekt ist wie auticon international aufgestellt. Neurodiversität ist ein globales Thema, ein Thema, das noch ganz am Anfang steht.

Aus der Praxis: Die eigenen Erfahrungen als Ausgangspunkt nutzen

Ich möchte entlang eines Purpose arbeiten, der nicht nur mein Leben, sondern auch das anderer Menschen zum Guten verändert und idealerweise die Gesellschaft prägt. Doch wie? Die Gründung von auticon zeigt, dass die Lösung nicht außerhalb des eigenen Erfahrungshorizonts liegen muss, sondern exakt innerhalb meiner Lebenswelt. Mir fallen Probleme auf, die ich gern lösen würde. Im ersten Schritt für mich oder die Menschen, die mir wichtig sind oder für mein Team, das ist normal. An dieser Stelle empfehle ich, innezuhalten und die Frage zu stellen: Ließe sich das Problem auch genereller lösen? Vielleicht so, dass es sich mit einer betriebswirtschaftlichen Logik verbinden lässt? Purpose kommt beim Übergang vom Ich zum Wir ins Spiel – beim Blick auf das größere Bild. Geht es um meinen Sohn oder geht es um alle Menschen innerhalb des Autismus-Spektrums? Ein Purpose-Start-up entsteht, wenn wir eine Annahme für eine Lösung im Rahmen eines Unternehmens finden.

Take-away

Diversität hat viele Facetten. Es geht nicht nur um Alter, Herkunft, Geschlecht, sondern auch darum, wie unterschiedlich unser Gehirn arbeiten kann. Neurodiversität ist das Thema von auticon, einer IT-Beratung, die ausschließlich Menschen im Autismus-Spektrum als IT-Consultants beschäftigt, Menschen, die aktuell trotz herausragender Fähigkeiten nur zu ca. 15 % am ersten Arbeitsmarkt teilnehmen. Wie gelingt ihnen das? In zwei Worten: Purpose & Empathie.

---

204 Autism at work: Gelebte Inklusion. Interview mit Stefanie Lawitzke und Marco Fien, den Projektverantwortlichen: *https://news.sap.com/germany/2018/03/autismus-inklusion/*

Dem Purpose ein Gesicht geben

Fünf Dinge, die Volkswagen von Tesla lernen könnte

Auf der Website von Tesla geht es nur um Autos. Sie ist ein attraktiver digitaler Showroom, schlicht gehalten und darauf ausgelegt, dass ich mich informiere – und kaufe. Ganz unten, im Footer, finde ich, was ich suche, das »Über uns«, versteckt hinter dem Punkt »Karriere«. Auf der Konzern-Website von Volkswagen dagegen bewege ich mich durch eine Unmenge von Informationen und Daten zur Strategie, zur Historie, zu den Konzerngrundsätzen, den Werten, dem Thema Nachhaltigkeit, der Flüchtlingshilfe, der Wirtschaft und den Menschenrechten. Natürlich geht es auch um Marken und Modelle, Karriere, Medien. Und endlich finde ich auch Volkswagens »neue Vision«.

Volkswagen ist mit ca. 670.000 Mitarbeitern der größte Autohersteller der Welt, der Goliath der Autowelt. Tesla dagegen ist der David, der zunächst unscheinbare Herausforderer mit aktuell rund 70.000 Mitarbeitern. Volkswagen wurde in der Nazizeit mit dem Purpose gegründet, »ein Volk zu mobilisieren«, womit es nach Kriegsende begann. Tesla wurde 2003 im Silicon Valley gegründet, um zu beweisen, dass Elektrofahrzeuge keinen schlechten Kompromiss bedeuten, sondern sogar mehr Spaß am Fahren.

Volkswagen hat wie die anderen deutschen Autohersteller gelacht, als Tesla die Bühne betrat, jetzt steckt das Unternehmen im größten Change-Prozess seiner Geschichte. Tesla hat einfach gemacht und ist keine 20 Jahre nach Gründung das wertvollste Autounternehmen der Welt.

Volkswagen investiert in Werbung. Tesla weigert sich fast, Werbung zu machen, auch wenn Aktionäre versuchen, diese einzufordern, weil sie glauben, dass Tesla so noch schneller noch mehr Autos verkaufen könnte (siehe **Abbildung 50**). Volkswagen hat einen Vorstand, Tesla hat Elon Musk. Volkswagen hat Kunden, Tesla hat Anhänger.

Der aus meiner Perspektive bedeutendste Unterschied, den Tesla in die Autowelt gebracht hat, ist ein revolutionärer Purpose. Es geht nicht mehr darum, den Abgasanforderungen zu genügen, wenn nötig mit Manipulation, nein: Es geht darum, aktiv den Übergang zu nachhaltiger Energie zu beschleunigen. Tesla sagt:

»Je schneller wir unsere Abhängigkeit von fossilen Brennstoffen überwinden und eine emissionsfreie Zukunft verwirklichen, desto besser.«[205]

50 *Tesla: Den Übergang zu nachhaltiger Energie beschleunigen (© Tesla)*

Die Kritik an der Nachhaltigkeit dieses Weges bezieht sich vor allem auf fragwürdige Herstellungsbedingungen von Batterien, den Rohstoffverbrauch, ihr Recycling und eine noch unzureichende Infrastruktur. Je nach Gewichtung der verschiedenen Aspekte und der Zeitachse, die man anlegt, gelangt man zu unterschiedlichen Bewertungen. Legt man das Klimaschutzkriterium als obersten Maßstab an, dann haben Elektroautos klar Vorfahrt.

Zurück zum Purpose! Der allein ist erst einmal nichts, das zeigt Tesla ebenfalls deutlich. Es braucht jemanden, der diesen Purpose nicht nur an die Wand schreibt, sondern lebt.

Das Gesicht von Tesla ist Elon Musk. Wer ist das Gesicht von Volkswagen? Vielleicht Herbert Diess, der Vorstandsvorsitzende. Ich könnte es nicht sagen. Es scheint mir vielmehr, als habe Volkswagen viele Gesichter oder am Ende gar keins. Das Unternehmen löste sich vor allem in der Dieselaffäre in Gesichter auf. Ein Vorstand dieses Weltunternehmens im Gefängnis, das war dann doch ein ungewohntes und bemerkenswertes Bild. Mehr als das: Es wirkte wie ein Sinnbild für die alte Autowelt.

---

205 *https://www.tesla.com/de_DE/about*

Blicken wir nach vorn! Der neue Purpose von Volkswagen lautet im Kontext der »geschärften« Konzernstrategie: *»Volkswagen ermöglicht seit jeher individuelle und bezahlbare Mobilität für Millionen Menschen. Unter der neuen Vision ›Shaping mobility – for generations to come‹ geben wir mit unserer geschärften Konzernstrategie TOGETHER 2025 Antworten auf die Herausforderungen von heute und morgen. Unser Ziel: Mobilität für uns und für kommende Generationen nachhaltig zu gestalten. Unser Versprechen: Mit dem elektrischen Antrieb, der digitalen Vernetzung und dem autonomen Fahren machen wir das Automobil sauber, leise, intelligent und sicher. Unser Kernprodukt wird zugleich noch emotionaler und bietet ein ganz neues Fahrerlebnis. Auch in Sachen Klima- und Umweltschutz wird es zum Teil der Lösung. So kann das Auto auch künftig ein Eckpfeiler zeitgemäßer, individueller und bezahlbarer Mobilität sein.«*[206]

Dagegen Elon Musk, der Tesla entlang des Golden Circles bei der Präsentation des Models 3 im Jahr 2016 vorstellt.[207] Er beginnt mit dem Warum, unterlegt es mit Daten zu Entwicklung des CO_2-Ausstoßes und den damit verbundenen Gefahren. Es ist exakt das oben bereits zitierte Warum. Dann stellt Musk das Wie vor, und zwar so, dass es auf einen Bierdeckel passt. Wir bewegen uns von Nischen- zu Massenmodellen, von teuer zu bezahlbar. Punkt. Das ist die Strategie, so erklärt, dass jeder sie versteht. Musk nutzt keine Aufzählungen wie Volkswagen, alles ist maximal einfach. Und es ist konkret. Im Unterschied zu Volkswagens Vision, »Mobilität zu gestalten« ist Teslas Purpose leichter zu messen, ebenfalls ein gravierender Unterschied. Hier gibt es wenig Raum für Ausreden. Wie messen wir den Erfolg? Im Gespräch mit dem Vorstandsvorsitzenden der Axel Springer SE Matthias Döpfner, sagt Elon Musk: *»Wenn wir aus der Zukunft zurückblicken und uns fragen, was ist das grundlegend Gute an Tesla, sollten vielleicht die Jahre gemessen werden, um die Tesla die Nutzung nachhaltiger Energie beschleunigt hat.«*[208]

Darüber hinaus schafft Musk wie bei jeder seinen Produktvorstellungen eine Gemeinschaft. Er fragt: *»Hat hier zufällig jemand einen Tesla?«* Bedankt sich bei allen, die einen gekauft haben, weil sie dafür sorgen, dass Tesla seinen Masterplan umsetzen kann. Musk erzeugt ein Wir, nicht weil er ein guter Redner oder Rhetoriker ist, sondern weil dieses Wir genau das ist, was ihn bewegt.

---

206 *https://www.volkswagenag.com/de/group/strategy.html*

207 Tesla unveils Model 3: *https://www.youtube.com/watch?v=Q4VGQPk2Dl8&t=561s*

208 Axel Springer Award 2020: *https://www.youtube.com/watch?v=AF2HXId2Xhg*

Noch ein Unterschied, den ich für elementar halte und der direkt mit dem Purpose verknüpft ist. Während Volkswagen schreibt, dass es darum geht, zukunftsfähige Mobilität zu gestalten, macht Tesla genau das. Bekenntnis und langsame Wende hier, Taten dort. Das Besondere an Elon Musk scheint mir, dass es ihm nicht nur darum geht, Autos zu verkaufen, sondern vielmehr einen neuen Markt zu schaffen sowie eine neue Infrastruktur, eine Umgebung, in der ein Tesla Sinn macht. Dazu gehören die Energielösungen von Tesla, die Powerwall- und Powerback-Stromspeicher sowie das Netzwerk der Elektrozapfsäulen. Sie scheinen, Teslas Purpose folgend, zwingend.

All das macht nur Sinn vor dem Hintergrund eines langfristig orientierten Denkens, das Purpose-volle Unternehmen auszeichnet. Mit dem Auto entsteht ein neuer Markt, mit dem neuen Markt entsteht eine neue Welt. Tesla will die Welt verändern, und das nicht, weil es gerade Mode ist, die Welt zu verändern, sondern weil es darum geht, das Richtige zu tun, egal, wie schwierig. In der Biografie von Elon Musk findet sich ein Abschnitt zur Anfangsphase von Tesla, die zeigt, mit welchem unerschrockenem Do-it-yourself-Geist die Gründer an das Thema herangegangen sind.

Dort heißt es, der Stanford-Absolvent und Elektromobilitäts-Nerd J. B. Straubel suchte Geldgeber für seinen Projekte, doch er bekam eine Absage nach der anderen. Im Herbst 2003 traf er Musk und erzählte ihm von seinen Plänen für ein elektrisches Flugzeug. Musk zeigte sich desinteressiert. So erzählte er ihm von seinem anderen Projekt, dem elektrischen Auto, das mit Lithium-Ionen-Akkus betrieben wird. *»Jeder andere hatte mir gesagt, ich sei verrückt, doch Elon liebte diese Idee.«*[209]

Freunde, die Musk darauf hinwiesen, dass das letzte erfolgreiche Auto-Startup in den USA Chrysler war, gegründet 1925, spornten ihn unabsichtlich nur noch mehr an. Und so bauten 18 Leute in vier Monaten einen Lotus Elise-Sportwagen zum Elektroauto um – den Tesla Roadster – und Musk sagte zur Einführung: *»Bis heute waren alle Elektroautos scheiße …«*[210]

Kurzum: Tesla operiert von Anbeginn an mit einem anderen Mindset und in einer ganz anderen Dimension von Bestimmung. Und dieser Spirit überträgt sich

---

209 Ashlee Vance: Elon Musk. How the billionaire CEO of SpaceX and Tesla is shaping our future. London: 2015, S. 149.

210 Ebd., S. 161.

auf die Käufer. So wundert es nicht, wenn Tesla-Fahrer, befragt nach ihrem Auto, gar nicht groß über das Auto selbst sprechen, sondern das, wofür dieses Auto steht – eine (Auto-)Welt im Zeichen der Nachhaltigkeit und dem schonenden Umgang mit natürlichen Ressourcen. Genau wie alle anderen Autohersteller wird Volkswagen mittel- und langfristig von dieser Bewegung profitieren, wenn es die Kurve kriegt, davon bin ich überzeugt. Warum: Weil wir alle davon profitieren und heute wohl niemand mehr ernsthaft den Umstieg auf Elektromobilität infrage stellen kann, auch wenn dies vielleicht nur ein Zwischenschritt zu einer Energieversorgung ist, die sich heute noch nicht massenhaft realisieren lässt.

Zum Schluss dieses Abschnitts noch ein Wort zur Gegenüberstellung. Ich hätte jeden Autohersteller als Gegenpart zu Tesla nehmen können, doch Volkswagen bot sich an wegen der Dieselaffäre und der Arroganz auf der einen Seite und wegen des neuen Weges, den das Unternehmen gehen will und den es zumindest auf dem Papier und erfreulicherweise auch ein Stück in der Realität bereits gegangen ist, auf der anderen. Die Hebelkräfte von Volkswagen sind ja erheblich größer aufgrund der viel höheren Stückzahlen.

Take-away

Von Tesla lässt sich vieles lernen – nicht nur in Bezug auf den Purpose. Doch dort finde ich fünf Dinge vor, die herausragend sind: Der von Tesla formulierte Purpose ist klar und positiv und messbar. Elon Musk gibt Teslas Daseinszweck ein Gesicht. Teslas Bestimmung ist groß gedacht, das Unternehmen schafft eine neue Welt. Elon Musk denkt weniger in Kunden als vielmehr in einer Community, die den Purpose teilt und nicht nur ein gutes, fortschrittliches Auto fahren will. Schließlich: Tesla geht mit einem Growth Mindset, einem Anfängergeist an die Dinge heran – und so können wir alle mit Tesla lernen und wachsen.

Vom Kostenträger zum Gesundheitslotsen
Purpose mit Bodenhaftung bei der AOK PLUS

Welche Rolle spielt Purpose bei einer Institution, die Reichskanzler Otto von Bismarck im Namen des Kaisers im Deutschen Reich gründete? 1884 kam das System der Krankenkassen in die Welt, wenig später folgten Unfall- und Rentenversicherung – politische Innovationen, um die Sozialisten rechts zu überholen und den Staat zu stabilisieren. Knapp 140 Jahre später sehen wir uns in einer anderen Realität. Die Krankenkassen sind zu Gesundheitskassen geworden, müssen mit der Digitalisierung schritthalten und auf veränderte Bedürfnisse ihrer Kunden reagieren. 2019 durfte ich bei der AOK PLUS, der AOK für Sachsen und Thüringen mit ca. 3,4 Millionen Versicherten, bei einem Zukunftsprojekt mitarbeiten. Zwei Jahre später, im März 2021, habe ich einen Zoom Call mit dem Vorstand der AOK PLUS, Stefan Knupfer. Wir sprechen über diesen Prozess der Veränderung und die Rolle von Purpose darin.

Er selbst sei kein Spezialist für Purpose, sagt Knupfer, doch nach seinem Verständnis sei *»Purpose nichts, was man erlernt oder sich verordnet, sondern vielmehr ein In-Sich-Hineingehen, ein Auf-Sich-Hören.«* Für ihn mündet die Beschäftigung mit Purpose zugespitzt in der Frage: *»Bin ich der Geisterfahrer oder sind es die anderen, die mir entgegenkommen?«*

Wir reden zunächst über seinen Purpose. Und er erzählt von seinen schwäbischen Wurzeln, seinem Studium, seinen ersten Joberfahrungen und Stefan Knupfer erklärt, dass er indirekt einem Purpose gefolgt sei, indem er die Dinge vermieden habe, die ihm nicht anziehend erschienen. Ein Thema, das mir bekannt vorkommt, weil es auch meinem ursprünglichen Ansatz entspricht. Die AOK, bei der er nach seinem Studium nach einem kurzen Intermezzo als Unternehmensberater einstieg, half ihm, seinen Purpose positiv auszulegen. *»Für mich ist es einfach absolut motivierend, für Menschen da zu sein, sie aktiv zu unterstützen.«*

Als er vor 30 Jahren bei der AOK PLUS einstieg, wehte ein anderer Geist als heute. Die Kunden wurden als Bittsteller wahrgenommen – obwohl sie Beitrag zahlten –, als Fälle, Akten. Die Krankenkasse empfand sich als Kostenträger, die Beitragsgelder einsammelte und diese verteilte. Knupfer wollte zwei Jahre bleiben, doch anstatt bald wieder zu gehen, wurde er schließlich Teil der Kräfte, die sich mit dieser traditionellen Institution auf eine Reise begeben haben. Und zwar zu Beginn in einem ähnlichen Geist wie Knupfer seinen eigenen Purpose beschreibt: negativ. Man wusste, was man nicht mehr wollte – Menschen von oben herab zu behandeln. Das anständige Behandeln von Menschen war der erste Punkt. Doch reichte das, Anständigkeit?

Der Purpose begann sich in den 2000er Jahren Stück für Stück deutlicher herauszuschälen, ohne dass ein spezielles Purpose-Projekt lief und zunächst, ohne das Wort überhaupt zu verwenden. Das kam erst viel später. Spannend scheint mir, was Knupfer als stärksten Impuls beschreibt, die AOK PLUS radikal und doch mit Ruhe und Augenmaß zu drehen. Es war ein Projekt mit einer der weltweit führenden Unternehmensberatungen, in dem die Berater konstatierten, mit Krankengeld dürfe man sich nicht wohlfühlen. So wollte man sparen.

»Doch am Ende hat sich niemand wohlgefühlt, vom Kranken bis zum Vorstand, weil mit dieser Logik nur Unmut organisiert und kein Cent gespart wurde.«

Alles wurde beschädigt: die Marke, die interne Verfasstheit aller Mitarbeiter und das Management. Knupfer sei dankbar für diese Erfahrung, sie habe ihm viel klarer den Weg gezeigt. Kosten einsparen ja, doch an anderen Stellen. Er wehre sich *»gegen ineffiziente Krankenhausstrukturen und Mondpreise der Pharmaindustrie«*. Damit sei die AOK PLUS auf dem richtigen Weg.

Kundenbegeisterung war das Thema. Es reichte nicht mehr, dass die Kunden zufrieden oder nicht unzufrieden waren. Sie sollten, wie Zappos es sagen würde, WOW rufen. Das kam an. Die Kundenloyalität begann zu steigen, ebenso der wirtschaftliche Erfolg der Krankenkasse, die sich mittlerweile als Gesundheitskasse begriff. Vor wenigen Jahren kam Purpose im Rahmen eines umfassenden Zukunftsprojekts in die Organisation. Die Grundfrage war: Braucht man in der Zukunft eigentlich noch Krankenkassen? Was ist, wenn einer der Silicon-Valley-Giganten dieses Geschäft übernehmen will? So wurde nach der »Gesundheitskasse« der »Gesundheitslotse« das neue Leitbild. Die Idee: mehr Prävention und weniger Kuration und Rehabilitation, insgesamt mehr Nähe zum Kunden in der Rolle eines Alltagsbegleiters auf dem Weg zu mehr Gesundheit. Doch wie lassen sich Sinn und Zweck des Gesundheitslotsen verstehen? Wie lässt sich ein Purpose formulieren, der nicht abgehoben ist, sondern Bodenhaftung besitzt und nah an den Bedürfnissen der Kunden ist?

Die Krankenkasse AOK
Damals – Heute

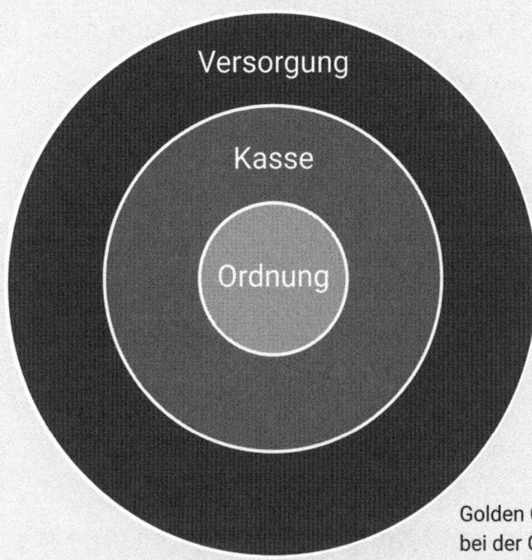

Golden Circle AOK 1884
bei der Gründung

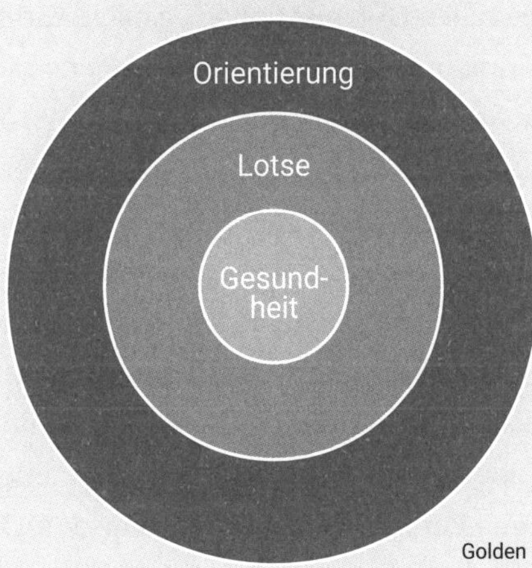

Golden Circle AOK PLUS 2021

51 *Vergleich der Golden Circles: bei Gründung des Systems der Krankenkasse 1884 und der AOK PLUS heute*

So liest sich der Golden Circle der AOK PLUS in seiner aktuellen Version im Vergleich zum historischen Golden Circle von 1884, den Stefan Knupfer für mich rekonstruiert hat (**Abbildung 51**):

Heute (2021)

- *Warum*: Weil uns die Gesundheit jedes einzelnen Menschen am Herzen liegt, ...
- *Wie*: ... agieren wir bei der AOK PLUS als Gesundheitslotse und begleiten Menschen wertschätzend und partnerschaftlich auf ihrem Weg, ihr Leben so gesund wie möglich zu gestalten – einfach, sicher und menschlich.
- *Was*: Dazu bieten wir jederzeit Orientierung und ermöglichen ihnen gemeinsam mit unseren starken Partnern Zugang zu individuellen Angeboten rund um körperliche, psychische und soziale Gesundheit.

Bei Gründung (1884)

- *Warum*: um die Ordnung im Land aufrechtzuerhalten
- *Wie*: durch ärztliche Betreuung und Krankengeld
- *Was*: die Arbeiterschaft mit den allernotwendigsten Maßnahmen vor den schlimmsten Auswirkungen von Krankheit zu schützen

Was macht man jetzt damit? Knupfer erzählt von einer Diskussion, die sich meiner Erfahrung nach in vielen Organisationen abspielt, die sich dem Thema Purpose zuwenden. Die Grundfrage ist: Soll der Purpose jetzt radikal ins Zentrum des Unternehmens rücken und die Kultur als das Erste und Wichtigste verändert werden, weil das die zentralen Stellschrauben für positive Veränderung und Erfolg sind? Oder sollen Purpose und Kultur eher hinterherlaufen und als sekundäre Errungenschaften in der Folge technisch-taktisch-strategischer Veränderungen?

Knupfer sieht das pragmatisch. Er stellt sich eine Parallelaktion vor. Auf der einen Seite der inhaltliche Wandel des Geschäftsmodells, herausgefordert vor allem durch die Digitalisierung und veränderte Kundenbedürfnisse, auf der anderen Seite die Kultur. »Sie müssen Veränderung konkret erlebbar machen – dann passt es auch, Werte und Purpose mehr ins Zentrum zu rücken.« Transformation wird so zu einer Reise in kleinen Schritten, die immer das eine mit dem anderen abgleicht.

»Purpose ist ein mächtiges Schwert«, sagt Knupfer, *»er gibt dem Ganzen einen höheren Sinn«*. Im nächsten Satz weist er darauf hin, dass man die Kolleginnen und

Kollegen aber auch nicht überfordern dürfe, die ihre Tagesarbeit machen wollten, ohne sich ständig mit kulturellen Fragen auseinanderzusetzen.

Die Pandemie habe allerdings gezeigt, wie weit die AOK PLUS als Gesundheitslotse schon gekommen sei. Seit letztem Jahr tauschen Mitarbeiter bereitwillig Rollen, übernehmen andere Aufgaben, tun, was getan werden muss. Warum eigentlich? *»Die Mitarbeiter sagen, es ist für sie viel wichtiger, dass der Kunde sie lobt, als dass der Chef sie lobt.«*

Wie lautete doch gleich die Antwort auf die Frage nach dem Warum? Weil uns die Gesundheit jedes einzelnen Menschen am Herzen liegt.

Aus der Praxis: Die Neuinterpretation der Tradition

Eine Frage, die sehr häufig in Traditionsunternehmen auftaucht, ist diese: Wie sehr sind wir der Tradition verpflichtet? Sollen wir sie ehren oder sollen wir damit brechen? Diese Frage ergibt sich im Kontext der Familie ebenso wie im Business: Werde ich Anwalt wie mein Vater und dessen Vater? Halten wir den Verlag in Ehren, wie ihn der Gründer geschaffen hat? Sind wir einfach die Fortsetzung oder sind wir der Bruch oder vielleicht die Evolution? Im Kontext von Purpose würde ich zurückblicken und fragen: Was war der ursprüngliche Funke? Die Kunst würde für mich darin bestehen, diesen Funken in unsere Zeit zu tragen und in mein Leben. Wenn das funktioniert, dann geht es für alle weiter im Sinne der Neuinterpretation der Tradition, so wie bei der AOK PLUS – von der Krankenkasse zur Gesundheitskasse zum Gesundheitslotsen. Oder vom Anwalt zum Aktivisten. Oder vom Zeitungsverlag zum rein digitalen Medienhaus. So sind wir zugleich in der Tradition, im Morgen und bei uns selbst. Voraussetzung allerdings: Wir sind uns zunächst einmal klar über unseren ganz eigenen Purpose.

Take-away

Wie geht eine 140 Jahre alte Organisation das Thema Purpose an? Die AOK PLUS hat sich auf eine Reise begeben, auf der sie sich Schritt für Schritt einer zeitgemäßen Interpretation ihres Daseinsgrundes nähert. Der inhaltliche Wandel des Geschäftsmodells und der kulturelle Wandel gehen Hand in Hand. Purpose ist nicht im Lead, sondern wird eher verstanden als ideeller Business-Partner.

Bella ciao, bella ciao, bella ciao, ciao, ciao

»Haus des Geldes« und die Symbolik des Purpose

»Bienvenidos« steht auf der Kreidetafel – willkommen. Davor ein großer Mann im Anzug, die Krawatte locker gebunden; er trägt Vollbart und eine Nerd-Brille. Er nennt sich »der Professor«. Seine »Studenten« sitzen brav in Reihen, acht ausgesuchte Verbrecher, die nichts mehr zu verlieren haben. Bienvenidos heißt: Willkommen in einem Landhaus außerhalb von Madrid, in dem wir fünf Monate verbringen werden, um ein Team zu werden und meinen Plan auszuführen. Es geht um den größten Raubüberfall der Geschichte. Die Grundregeln für die Zusammenarbeit: keine echten Namen, keine persönlichen Geschichten, keine Emotionen und schon gar keine Liebe. So werden gleich zu Beginn alle »Studenten« mit Städtenamen getauft, die Frauen heißen Tokio und Nairobi, die Männer Oslo, Helsinki, Moskau, Denver, Rio, Berlin. Und natürlich beginnt eine Romanze. Und noch eine. Und die persönlichen Geschichten quellen an die Oberfläche, und das Ganze wird sehr emotional und zu einem Ritt auf Messers Schneide.

»Haus des Geldes« ist eine der erfolgreichsten spanischen Serien. Sie lief 2017 mit mäßigem Erfolg im spanischen Fernsehen; im gleichen Jahr startete sie auf Netflix und wurde weltberühmt. Weil sie spannend ist, fantastisch besetzt, atemberaubend erzählt und – weil es eine Geschichte über die Möglichkeit der Realisierung von Purpose in dieser Welt ist. Hier geht es nur an der Oberfläche ums Geld. »Haus des Geldes« betrachtet das Warum und das Wozu, nicht von einer Person, sondern von einem Reigen von Personen, die alle miteinander verstrickt sind. Im Zentrum ruht die Figur des Professors als Mastermind, dessen Why alles in Gang gebracht hat:

Wir werden Geld stehlen und doch nicht stehlen, um alle ein gutes Leben zu leben. Und wir werden der Gesellschaft zeigen, dass Diebstahl, wie wir ihn verstehen, nicht dem Gemeinwohl schadet. Die Leute werden uns mögen. Sie werden denken, warum ist mir das nicht eingefallen?

Die Gangster brechen in die »Fábrica Nacional de Moneda y Timbre« ein, die Banknotendruckerei Spaniens, um sich selbst Geldscheine im Wert von über zwei Milliarden Euro zu drucken. Es geht nur darum, der Polizei einen Einbruch mit Geiselnahme vorzutäuschen, um lange genug in der Bank ausharren zu können, damit diese Summe gedruckt werden kann.

Tatsächlich mögen die Leute die Bande – in der Serie und im richtigen Leben. Was das Publikum anzieht, ist zum einen der Purpose der einzelnen Bandenmitglieder. Sie wollen ein lässiges Leben ohne Arbeit für sich und ihre Kinder. Damit fällt die Identifikation nicht schwer. Doch dann ist da noch der gemeinsame Purpose, der einer ganz anderen Erzählung folgt: Es geht um den Aspekt von sozialer Gerechtigkeit, die Idee, sich das vom Staat zu holen, was einem »zusteht«.

Wir haben gesehen, wie sich ein Purpose formulieren lässt, wie er sich in ein Poster verwandelt, doch »Haus des Geldes« bietet einen neuen Aspekt, der weit darüber hinausgeht. Er nutzt starke Symbole. Damit wird Purpose zu Pop. Das sind die Symbole in der Serie:

- rote Overalls
- die Maske mit dem Gesicht von Salvador Dalí
- das Lied »Bella ciao«

Aus diesem Gewebe wird ein eher assoziativer Purpose-Mythos gestrickt. Die Emotion der Farbe Rot, die künstlerische Note, repräsentiert von Dalí, und schließlich das Lied italienischer Partisanen, das diese im Kampf gegen die Nazis gesungen haben. *»O Partisan, bring mich fort. Bella ciao, bella ciao, bella ciao. O Partisan, bring mich fort, denn ich fühle, dass ich bald sterben werde.«* Das Lied wurde in einem Remix der Sommerhit 2018, inspiriert von einer Szene in »Haus des Geldes«: Am Vorabend des Überfalls isst der Professor mit dem Gangster Berlin, seiner rechten Hand, und auf dem Höhepunkt des Gemeinschaftsgefühls beginnen sie zu singen.

Die Technik, Purpose durch Symbole zu transportieren, kann äußerst wirkungsvoll sein, wie die spanische TV-Serie zeigt. Bald tragen Menschen in aller Welt rote Overalls und Dalí-Masken und singen dieses Lied, während sie auf der Straße für Demokratie, Feminismus oder die Umwelt eintreten. Sogar afrikanische Flüchtlinge, so heißt es in der Dokumentation über »Haus des Geldes«, »Das Phänomen«[211], singen nach ihrer Ankunft in Europa dieses Lied.

In der dritten Staffel der Serie fliegen mehrere weiße Zeppeline mit dem Aufdruck des Dalí-Symbols über Madrid und werfen 140 Millionen Euro in Scheinen ab. So ist die Serie zugleich die Pop-Version einer Purpose-Oper und ihre Nega-

211 Haus des Geldes: das Phänomen. Spanische Dokumentation von 2020.

tion – gierig greifen Tausende Hände nach dem Geldregen. So sieht die bessere Welt dann doch nicht aus. Schließlich noch ein Disclaimer: Bei aller Begeisterung für die Machart der Serie, ein Verbrechen bleibt ein Verbrechen, so sozial klug der Purpose auch gewählt sein mag.

Aus der Praxis: Symbole in der Kommunikation nutzen

Als der junge Steve Jobs, der Gründer von Apple, das MacIntosh-Team übernahm, war es eine kleine, rebellische Gruppe, deren Purpose darin bestand, eine Delle ins Universum zu schlagen. Als die Gruppe größer wurde, kamen Trägheit und bürokratisches Denken. Da hisste Steve Jobs eine Piratenflagge, um den Spirit der Gruppe zu verdeutlichen. Sie waren Outlaws – das Gegenteil von Bürokraten.

In Symbolen zu denken, ist eine Kunst, die starke Emotionen aufwühlt. Es macht zutiefst Sinn, Purpose und Symbole zu verknüpfen. Das funktioniert als Flagge wie bei Steve Jobs oder als bedrucktes T-Shirt. Ein sprachliches Bild mag auch reichen, wenn es häufig wiederholt wird. Greta Thunberg illustriert die Dringlichkeit ihres Anliegens häufig in der Metapher des brennenden Hauses. Zahlen funktionieren als Symbole: Bei Salesforce.com ist es die Kombination 111, die den philanthropischen Ansatz des Unternehmens verdeutlicht.

Take-away

Symbole haben im Kontext von Purpose und Identität eine starke Wirkung. Ein faszinierendes Beispiel dafür ist die spanische TV-Serie »Haus des Geldes«, die drei starke Symbole geschaffen hat: den roten Overall, die Dalí-Maske und das Lied »Bella ciao«. Diese Symbole stehen für leidenschaftliches, künstlerisches Partisanentum und haben die ganze Welt inspiriert.

Mut zu mehr gesundem Menschenverstand
Vaude, Pionier im zukunftsweisenden Wirtschaften

»*Wir werden überrannt von Anfragen, wie wir ›das mit unserem Purpose‹ machen*«, sagt Antje von Dewitz in unserem Zoom-Call im März 2021. »*Es gibt sehr viele Unternehmen, die gerade anfangen, sich diese Frage zu stellen, meist jedoch von Marketingseite. Ich denke jedoch, es muss von innen kommen. Jedes Unternehmen hat doch, wenn es die Augen öffnet, eine viel größere Verantwortung als eben nur seine Dienstleistung oder sein Produkt. Es geht um die Welt als Ganzes. Und wer sich fragt, wie er in dieser Welt verantwortlich handelt, kommt automatisch zum Purpose. Wir brauchen keine künstlichen Konzepte, um Sinn zu schaffen, der durch ein System, das in die falsche Richtung geht, ausgetrieben wurde; wir müssen einfach wieder mehr gesunden Menschenverstand wagen.*«

Die Geschäftsführerin der Outdoormarke Vaude setzt Purpose und Nachhaltigkeit konsequent im ganzen Unternehmen um. 2009 übernahm sie die Geschäftsführung von ihrem Vater, heute ist Vaude vielfach ausgezeichneter und streng zertifizierter grüner Vorreiter, Branchenprimus, Pionier und der Gemeinwohlökonomie verpflichtet. Vaude steht am anderen Ende von Fast Fashion, die atemlos Kollektion auf Kollektion folgen lässt, die häufig unter fragwürdigen ökologischen und menschlichen Bedingungen gefertigt wurde.

»*Unter der Leitung meines Vaters gab es bereits nachhaltige Ansätze, vor allem auf Produkte bezogen*«, sagt von Dewitz. »*Als ich die Geschäftsleitung übernahm, haben wir begonnen, die Werte stärker in den Mittelpunkt zu rücken. Unsere Vision lautet: Wir wollen durch unser Handeln einen positiven Beitrag zu einer lebenswerten Welt leisten – und zwar vollkommen transparent, für jedermann nachvollziehbar. Mehr Sinnhaftigkeit und Lebensqualität durch zukunftsweisendes Wirtschaften und nachhaltige Outdoor-Produkte.*«

Im Zentrum bei Vaude steht nicht ein losgelöster/künstlich definierter Purpose – Vaude vermeidet möglichst englische Begriffe –, sondern eine Kultur, die auf einem Leitbild (siehe **Abbildung 52**) beruht, das in einem mehrstufigen Prozess mit internen Workshops über mehrere Jahre gereift ist. Seit 2015 existiert das aktuelle Bild, das den Mitarbeitern Orientierung und Motivation gibt, weniger in der geschriebenen als vielmehr in der gelebten Form.

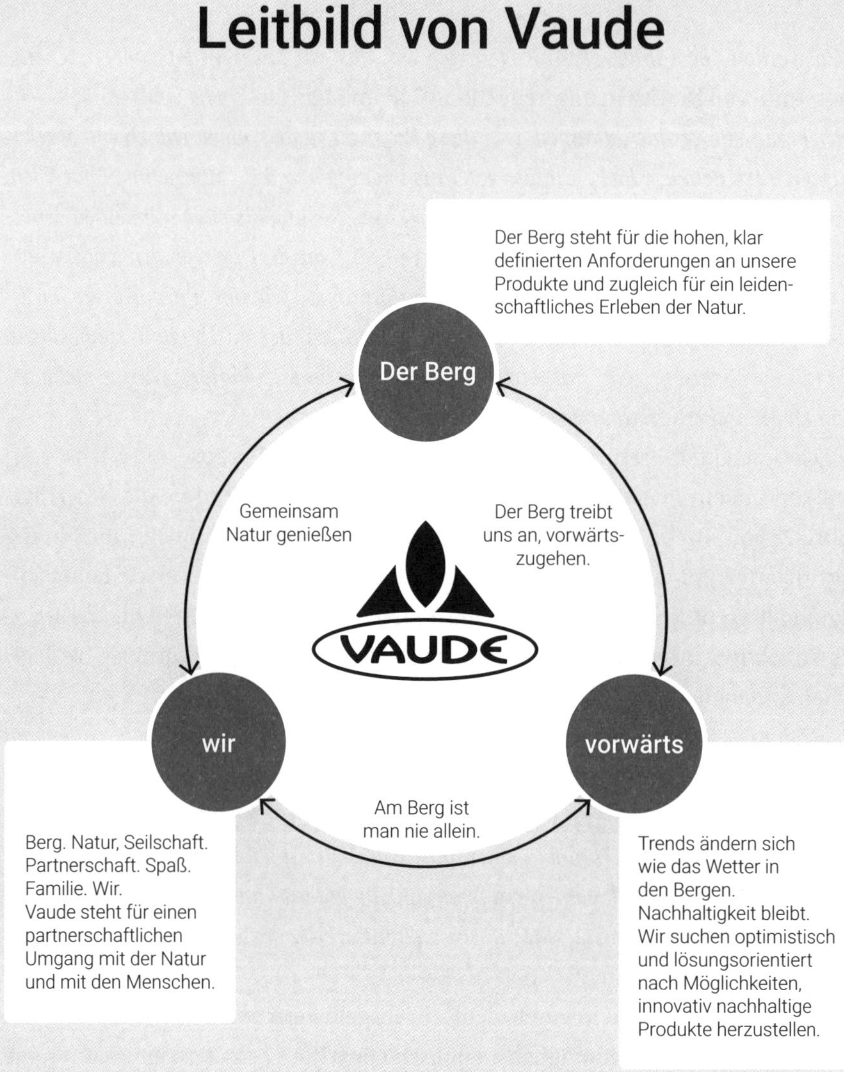

52 *Das Leitbild von Vaude, in einem mehrstufigen Prozess gereift (© Vaude)*

»Das Leitbild haben die meisten von uns verinnerlicht«, betont die Geschäftsführerin. Das Leitbild führt ins Herz des oberschwäbischen Unternehmens: Berg. Vorwärts. Wir. Das sind die zentralen Begriffe. Der Berg steht für die Verbindung mit der Natur und die hohen funktionellen Anforderungen an die Produkte. Er steht auch für den Ursprung des Unternehmens, das bei seiner Gründung im Jahr 1974 durch Albrecht von Dewitz vor allem eine Bergsportcompany war. Das Vorwärts ist gemeint als ein Vorwärts zur Natur. Es steht für die Offenheit, den Optimismus und die Innovationsfreude von Vaude. Schließlich das Wir. Es steht für den partnerschaftlichen Umgang untereinander sowie mit der Natur – dem zentralen Wert. Das Wirgefühl gleicht einer Seilschaft, Partnerschaft oder Familie. Es unterstreicht den Zusammenhalt.

In diesem Spirit agiert das Unternehmen. *»Auch in der Pandemie?«*, frage ich. *»Ja, da gerade ganz besonders. Veränderung, Flexibilität, Partnerschaftlichkeit und Agilität sind für uns normal. Und das hat uns auch geholfen, die Pandemie gut zu meistern. Wir haben festgestellt, dass nachhaltiges Wirtschaften zukunftsstark und krisenfest macht. Wenn du anerkennst, dass du eine Verantwortung hast, die darüber hinausgeht, Profit zu erwirtschaften und Steuern zu zahlen und dich dieser ganzheitlichen Verantwortung stellst, dann fängst du an, neue Wege zu gehen und neue Lösungen zu suchen.«*

Von außen betrachtet wirkt das Unternehmen eher klassisch-hierarchisch strukturiert – Gruppenleiter, Teamleiter, Abteilungsleiter, Bereichsleiter, Geschäftsleiter, Geschäftsführung.

»Das sind Rahmengeber, die ihre Mitarbeiter unterstützen«, erklärt von Dewitz. *»Wir arbeiten in kleinen Gruppen und es geht darum, diese gut zu begleiten, sodass jede und jeder Einzelne ihre/seine Talente und Leistungen entfalten kann.«*

Vaude hat ca. 500 Mitarbeiter. Ob sich so ein Leitbild auch in einem Unternehmen leben ließe, dass zehnmal so groß sei oder größer? Ja, spekuliert sie, doch weder ihr noch mir fällt auf Anhieb ein Beispiel ein.

»Immer mehr Unternehmen erkennen, dass sie eine Wertebasis brauchen und sie bemühen sich darum«, sagt sie schließlich. Viele wenden sich auch an die Vaude Academy für nachhaltiges Wirtschaften, die das Unternehmen gegründet hat, um sein Wissen und seine Erfahrungen weiterzugeben. So schließt sich der Kreis.

Vaude ist ein spannendes Beispiel für einen kulturellen Change-Prozess, der auf bestehenden Werten aufbaut. Antje von Dewitz beschreibt viele kleine Schritte, vom ersten Betriebskindergarten in Kooperation mit der Stadt Tettnang über Homeoffice, bis hin zu umfassenden Maßnahmen wie dem konsequenten Einsatz innovativer, nachhaltiger Materialien, wie zum Beispiel Rizinusöl als Rohölersatz in Funktionshosen, bis hin zur komplexen Zertifizierung der gesamten internationalen Lieferkette. Sie ist erstaunt und glücklich, wie weit ihr Unternehmen gekommen ist. Der entscheidende Punkt in dieser Entwicklung, betont sie noch einmal, sei ganz klar das Wirgefühl als zentraler Wert des Unternehmensleitbildes. Das Wir trägt alles.

Mir fällt auf, wie transparent und fundiert Vaude in der Darstellung seines nachhaltigen Engagements ist. Es vergehen Stunden beim Studium der Informationen im Nachhaltigkeitsbericht, auf den man auch über die Website gelangt. Dort wird alles detailliert geschildert und erklärt – die integrierte Nachhaltigkeitsstrategie, die Organisation, der Dialog mit den Stakeholdern, die politische Arbeit und Haltung, das Vaude Ecosystem, die Ziele im Detail, die Gremien, die Lieferkette, die Initiativen, in denen sich Vaude engagiert. Alles ist schriftlich fixiert. Man spürt, wie ernst es das Unternehmen meint. Das ist kein Gerede, keine Show, schon gar kein Greenwashing – das ist die Realität einer Firma, die im Zeichen des Purpose *»Zu einer lebenswerten Welt beitragen durch zukunftsweisendes Wirtschaften und nachhaltige Outdoor-Produkte«* geführt wird. Man spürt außerdem, dass das ein gewaltiger Prozess ist, der, einmal angestoßen, naturgemäß immer weiterläuft, weil Nachhaltigkeit und zukunftsweisendes Wirtschaften Teil eines kontinuierlichen Transformationsprozesses sind, in dem sich das Unternehmen seit 2009 befindet.

Wer Antje von Dewitz inspiriert, frage ich. Sie überlegt und antwortet schließlich: *»Greta Thunberg.«* Die Mutter von vier Kindern sagt: *»Ich habe immer vor Augen gehabt, dass meine Kinder mich angesichts der großen Umweltkatastrophen eines Tages fragen, was ich gemacht habe, um das zu verhindern? Und plötzlich gehen dank Greta die Kinder auf die Straße und stellen genau diese Frage: Was habt ihr eigentlich gemacht mit dieser Welt?«*

Von Dewitz steht zwischen zwei Generationen. Während ihr Vater ihre Arbeit mit Blick auf die Wirtschaftlichkeit, Innovationskraft und Produkte kritisch als Beirat von Vaude begleitet, treiben die Kinder sie beim Thema Ökologie an.

»Wir haben Blühwiesen vor der Fima, auf die wir sehr stolz sind. Mein Vater findet es ungepflegt, er wünscht sich den Rasen zurück. Meine Kinder sind Veganer und gucken mich kritisch an, wenn ich Milch trinke.«

Die Textilindustrie hält die Vaude-Geschäftsführerin für Mitverursacher großer ökologischer und sozialer Probleme, für die sie ihre Verantwortung übernehmen sollte. Vaude tut dies seit vielen Jahren freiwillig, indem das Unternehmen hohe Umwelt- und Sozialstandards entlang seiner globalen Lieferkette etabliert hat, verbunden mit einem hohen Aufwand und zusätzlichen Kosten. *»Wir haben einen Wettbewerbsnachteil gegenüber rein profitorientierten Unternehmen. Deshalb sind wir für ein Lieferkettengesetz, das Unternehmen dazu verpflichtet, ihre Lieferketten zu kontrollieren und zu zertifizieren.«* Die Logik: Wenn viele Firmen Verantwortung übernehmen, können alle gemeinsam auch Lösungen für große Herausforderungen wie Mikroplastik oder den Klimawandel finden.

Und Vaude, wohin geht es in den nächsten zehn Jahren? *»Wir wollen weiterwachsen. Das müssen wir als mittelständisches Familienunternehmen in einem international hart umkämpften Markt. Wir wollen aber werteorientiert wachsen.«* Wachstum mit minimalem Ressourcenverbrauch, das ist das Thema: Neue Standbeine wie Beratung, Dienstleistung, Re-Commerce und Upcycling, Geschäftsfelder, die wenig oder keine Ressourcen verbrauchen, erweitern das Portfolio und tragen zu einem möglichst kleinen ökologischen Fußabdruck der Produkte und der Marke bei.

Was ist Gemeinwohl-Ökonomie?

Die Gemeinwohl-Ökonomie bezeichnet ein alternatives Wirtschaftsmodell. Es misst unternehmerischen Erfolg nicht allein an finanziellen Maßstäben, verbunden mit den Risiken sozialer Ausbeutung und Zerstörung der Umwelt, sondern, wie der Name sagt, am Gemeinwohl. Dies umfasst ökologische Nachhaltigkeit, soziale Gerechtigkeit, Menschenwürde, demokratische Mitbestimmung und Transparenz. Das Motto lautet: *»Gut leben in einer Welt, in der die Wirtschaft im Einklang mit ethischen Werten ist.«*[212]

Die Gemeinwohl-Ökonomie sei ein *»super Instrument, Menschen dafür zu sensibilisieren, welche Verantwortung Unternehmen haben und wie sie diese im Vergleich mit anderen Unternehmen wahrnehmen«*[213], sagt Antje von Dewitz. Der Erfolg eines Unternehmens wäre nicht mehr sein Profit allein, wie im

212 Idee und Vision der Gemeinwohl-Ökonomie: *https://web.ecogood.org/de/idee-vision/die-vision-der-gwo/*

213 Gemeinwohl-Ökonomie bei Vaude: *https://nachhaltigkeitsbericht.vaude.com/gri/csr-standards/gemeinwohloekonomie.php*

traditionellen Wirtschaftssystem, sondern er würde in einer »Gemeinwohl-Bilanz« gemessen, also an der gesamtunternehmerischen Verantwortung, soweit sich diese erfassen lässt. Es wird zum Beispiel geprüft: Wie sinnvoll ist das Produkt? Wie ökologisch wird es produziert, vertrieben und entsorgt? Wie human sind die Arbeitsbedingungen? Wie kooperativ verhält sich das Unternehmen auf dem Markt?

Bei der Gemeinwohl-Bilanz gibt es zwischen −3.600 bis +1.000 Punkten. Je besser das Gemeinwohl-Bilanz-Ergebnis eines Unternehmens ist, desto mehr Vorteile könnten ihm von staatlicher Seite gewährt werden, wie etwa niedrigere Steuern, Zölle oder Zinsen. So hätten die Unternehmen, die freiwillig Verantwortung übernehmen, keine Wettbewerbsnachteile mehr. Außerdem wäre es für alle Unternehmen ein Anreiz, nicht mehr auf Kosten von Natur und Umwelt zu wirtschaften. Das ist die Idee der Gemeinwohl-Ökonomie-Bewegung, die 2010 in Bayern, Südtirol und Österreich startete und nach deren Standards sich auch Vaude regelmäßig zertifizieren lässt.[214]

Aus der Praxis: Kurz- und langfristige Erfolge richtig einschätzen

Lange Zeit habe ich selbst in Change-Prozessen oder wenn ich etwas Neues in die Welt gebracht habe, falsche Pläne gemacht. Der größte Fehler bestand immer darin, die kurzfristigen Erfolge zu überschätzen – und entsprechend frustriert zu sein und vielleicht sogar den Glauben an die Sache zu verlieren. Heute blicke ich anders darauf. Diese Perspektive lässt sich am besten so beschreiben, dass ich mir vorstelle, ich hätte es mit exponentiellem Wachstum zu tun – denn genauso ist es ja häufig auch. Zu Beginn zeigen sich die Fortschritte kaum – wie bei Vaude und seinen vielen Diskussionsrunden und Workshops, um den Purpose tief zu verankern. Irgendwann kippt es dann und wir erkennen, dass mittel- und langfristig viel mehr geht als ursprünglich gedacht. Das ist der wirklich wichtige Effekt. Den versuche ich im Auge zu behalten und auch kleinen Spuren der Veränderung Aufmerksamkeit zu schenken – ein Lächeln, wo zuvor Skepsis war, eine Frage, wo zuvor Schweigen war, ein Ja, wo vorher nur Nein war.

---

214 Ebd.

Ein starkes Bild für exponentielles Wachstum ist für mich die Idee eines tropfenden Wasserhahns. Nehmen wir an, jede Minute verdoppelt sich die Menge der Tropfen. Erst einer, dann zwei, dann vier usw. Nach einigen Minuten hätte ich genügend Wasser, um einen Fingerhut zu füllen. Nach kaum 1 Stunde wäre die Allianz-Arena mit Wasser gefüllt und wenige Minuten zuvor würde es aussehen, als wäre sie noch fast leer. Diese Effekte entstehen auch, wenn Purpose ins Unternehmen oder in unser Leben kommt. Wenn wir es gut machen und Ausdauer mitbringen und uns den Blick für die kleinen Änderungen bewahren, damit wir nicht aufgeben, obwohl wir auf dem besten Weg sind.

Take-away

Purpose und nachhaltiges Wirtschaften – das ist das Thema der deutschen Outdoormarke Vaude. Der Weg des Unternehmens zeigt, wie es durch einen Generationswechsel an der Führungsspitze Schritt für Schritt von einer produktorientierten Firma zu einer einem Unternehmen geworden ist, das sich am Gemeinwohl ausrichtet.

ANHANG

That's-me-Canvas

WAS? Das dominante Produkt oder der dominante Service

FÜR WEN? Die Zielgruppe. Zur Vereinfachung lässt sie sich in drei Bereiche segmentieren: Individuen, Organisationen, Gesellschaft als Ganzes

WARUM? Der Funke und Auslöser, das Calling

WOZU? Was bewirkt werden soll

WIE? Vier mögliche Richtungen: Werte, Prozess, Kultur, Kunden. Fokussieren. Liegt der Fokus auf dem Prozess oder der Kultur, den Werten oder den Kundenerfahrungen?

WERTE Die Grundwerte, die Ihre Existenz bestimmen

ARCHETYP Bestimmung des dominanten Archetypen und gegebenenfalls der Sub-Archetypen

STORY OF SELF/US/NOW Entwicklung der Public Narrative mit allen drei Storys, um den Purpose erzählbar zu machen

IMPACT Die Theorie der Veränderung

NEUE ROUTINEN Was sich am Verhalten im Zeichen des Purpose ändert – tägliche, wöchentliche, monatliche Routinen

EVOLUTION Eine Idee davon, wie der Purpose selbst lebendig und formbar bleibt

53 *That's-me-Canvas – Ausfüllhilfe, um den eigenen Purpose zu entdecken und ins Leben zu integrieren*

That's-me-Canvas

Beispiel Elon Musk/SpaceX

WAS?

Raumfahrt

FÜR WEN?

Skalierbar: von Minderheit zu Masse

WARUM?

Die Welt verbessern

WOZU?

Eine multiplanetare Gesellschaft erschaffen

WIE?

Wiederverwertbare Raketen, die zu Raumstationen, zum Mond und zum Mars fliegen

WERTE

Unternehmertum, Resilienz, Erfindungsgeist

ARCHETYP

Entdecker und Held

STORY OF SELF/US/NOW

Ich habe in meiner Jugend wohl zu viele Comics mit Superhelden gelesen. Ich will die Welt retten. Es wird eng auf der Erde. Wir sollten den Weltraum und seine Ressourcen nutzen.

IMPACT

Die Erde wird ein besserer Ort, wenn wir uns im Weltall verteilen.

NEUE ROUTINEN

Kein neuer Purpose, das war von Anfang an sein Ziel.

EVOLUTION

Die Evolution ist begründet in der Lern- und Anpassungsfähigkeit von Musk.

54 *That's-me-Canvas – Beispiel Elon Musk in seiner Rolle als Gründer von SpaceX*

That's-us-Canvas

TEILNEHMER Wer nimmt am Prozess der Entdeckung oder des Updates des Purpose teil? Transparente Auswahl aus allen Bereichen der Organisation

TOOLS Welche Tools werden verwendet? Wird ein Coach oder Experte für diese Tools benötigt?

ENTDECKUNG Wie läuft der Prozess ab? Wieviel Zeit ist dafür geplant? Wer bereitet was vor?

STORY In welchem Rahmen und in welcher Form wird der Purpose allen vorgestellt? Die ganze Organisation sollte teilnehmen. Viel Zeit für Fragen einplanen.

SYMBOLE Gibt es Purpose-Symbole, vielleicht eins für jeden Mitarbeiter?

AKTIVIERUNG Was passiert im Unternehmen auf Basis des Purpose? Wie hilft er, Entscheidungen zu treffen, die Stategie zu schärfen oder Bewerber anzuziehen und auszuwählen?

RITUALE Gibt es Rituale, die den Purpose immer wieder ins Zentrum rücken und sichtbar machen – etwa regelmäßige Purpose-Townhall-Meetings?

BEREICHE/TEAMS Nach welchem Plan kommt Purpose in die Bereiche und in die Teams?

MITARBEITER Ist vorgesehen, jedem Mitarbeiter individuell zu helfen, Purpose zu erkunden und mit dem Unternehmens-Purpose zu verknüpfen? Wenn ja, wie ist der Prozess?

IMPACT Ganz konkrete Darstellung des erwarteten Impacts, heruntergebrochen auf alle relevanten Bereiche, mit Kennzahlen hinterlegt

EVOLUTION Ein Plan und ein Update-Verfahren, um Feedback aus der Organisation zu erhalten, mit dessen Hilfe der Purpose sich entwickeln kann

55 *That's-us-Canvas – Ausfüllhilfe, um den Unternehmens-Purpose zu finden und in die DNA des Unternehmens zu implementieren*

Übersicht der wichtigsten Werte

Achtsamkeit	Dankbarkeit
Agilität	Demokratie
Aktivität	Demut
Aktualität	Detailgenauigkeit
Akzeptanz	Direktheit
Altruismus	Diskretion
Ambition	Disziplin
Anderssein	Diversität
Anerkennung	Dominanz
Anmut	Effektivität
Anpassungsfähigkeit	Effizienz
Ansehen	Ehrlichkeit
Anstand	Einfachheit
Antizipation	Einsicht
Ästhetik	Einzigartigkeit
Aufgeräumtheit	Eleganz
Aufgeschlossenheit	Emotionalität
Aufmerksamkeit	Empathie
Ausdauer	Energie
Ausgeglichenheit	Engagement
Ausgewogenheit	Entscheidungsfreiheit
Authentizität	Entschlossenheit
Begeisterungsfähigkeit	Entspannung
Beharrlichkeit	Entwicklung
Berühmtheit	Erfahrung
Bescheidenheit	Erfindungsreichtum
Besonnenheit	Erfolg
Beziehungen	Erholung
Bildung	Ermutigung
Bodenständigkeit	Extrovertiertheit
Brillanz	Exzellenz
Cleverness	Fairness

Familie
Fitness
Fleiß
Flexibilität
Fokus
Fortschritt
Freiheit
Freude
Freundlichkeit
Frieden
Frische
Fröhlichkeit
Furchtlosigkeit
Fürsorglichkeit
Ganzheitlichkeit
Gastfreundlichkeit
Geduld
Gefühl
Gehorsam
Gelassenheit
Gemütlichkeit
Genauigkeit
Genialität
Genuss
Gerechtigkeit
Gesundheit
Glaubwürdigkeit
Gleichheit
Globalität
Glück
Größe
Großzügigkeit
Güte

Gutsein
Harmonie
Heldentum
Herzlichkeit
Hilfsbereitschaft
Hingabe
Hoffnung
Höflichkeit
Humor
Idealismus
Individualität
Innovation
Inspiration
Integrität
Intelligenz
Intensität
Interesse
Internationalität
Introvertiertheit
Intuition
Klugheit
Kommunikation
Kompetenz
Konsequenz
Konservativität
Konsistenz
Kontinuität
Kontrolle
Konzentration
Korrektheit
Kreativität
Kundenzentriertheit
Langlebigkeit

Lebendigkeit
Legalität
Leichtigkeit
Leidenschaft
Leistung
Lernen
Liebenswürdigkeit
Logik
Loyalität
Meisterschaft
Menschen
Mindfulness
Mitgefühl
Mode
Motivation
Mut
Nachhaltigkeit
Nächstenliebe
Neugier
Neutralität
Offenheit
Optimismus
Ordnung
Originalität
Partnerschaft
Passion
Patriotismus
Perfektion
Performance
Pflicht
Phantasie
Philantropie
Popularität
Positivität
Power
Pragmatismus
Präzision
Privacy
Produktivität
Professionalität
Pünktlichkeit
Qualität
Realismus
Redlichkeit
Reflexion
Reichtum
Reinheit
Resilienz
Respekt
Rücksicht
Ruhe
Sanftmut
Sauberkeit
Schnelligkeit
Schönheit
Schwung
Selbstbeherrschung
Selbstbestimmtheit
Selbstbewusstsein
Selbstlosigkeit
Selbstvertrauen
Sensibilität
Seriosität
Sharing
Sicherheit
Simplicity

Sinn	Unterhaltsamkeit
Smart	Unternehmertum
Solidarität	Verantwortung
Sorgfalt	Verbindlichkeit
Sparsamkeit	Verbindung
Spaß	Verfügbarkeit
Spiritualität	Verlässlichkeit
Spontaneität	Verspieltheit
Standfestigkeit	Vertrauen
Stärke	Verzeihen
Status	Vision
Stille	Vitalität
Stolz	Vorsicht
Struktur	Wachsamkeit
Sustainability	Wachstum
Sympathie	Wagemut
Synergie	Wahrheit
Talent	Wärme
Tapferkeit	Weisheit
Teamwork	Weitsicht
Teilen	Wertschätzung
Tiefe	Willenskraft
Toleranz	Wohlerzogenheit
Tradition	Work-Life-Balance
Transparenz	Würde
Treue	Zeitlosigkeit
Trust	Zugänglichkeit
Tüchtigkeit	Zugehörigkeit
Tugendhaftigkeit	Zuhören
Überzeugung	Zuneigung
Umwelt	Zusammenarbeit
Unabhängigkeit	Zuverlässigkeit
Unbestechlichkeit	Zuversicht

Index

D

E

F

G

H

I

J

O

P

R

S

T

U

V

W

Z